工业和信息化部"十四五"规划教材
建设重点研究基地精品出版工程

# 数字图像处理

## DIGITAL IMAGE PROCESSING

才 华 黄丹丹 段 锦 孙俊喜 编著

北京理工大学出版社

BEIJING INSTITUTE OF TECHNOLOGY PRESS

## 图书在版编目（CIP）数据

数字图像处理 / 才华等编著. -- 北京：北京理工
大学出版社，2025.3.
ISBN 978 - 7 - 5763 - 5219 - 1

Ⅰ. TN911.73

中国国家版本馆 CIP 数据核字第 2025GJ8358 号

---

**责任编辑**：钟　博　　　　**文案编辑**：钟　博
**责任校对**：周瑞红　　　　**责任印制**：李志强

---

**出版发行** / 北京理工大学出版社有限责任公司
**社　　址** / 北京市丰台区四合庄路 6 号
**邮　　编** / 100070
**电　　话** / (010) 68944439（学术售后服务热线）
**网　　址** / http://www.bitpress.com.cn

---

**版 印 次** / 2025 年 3 月第 1 版第 1 次印刷
**印　　刷** / 三河市华骏印务包装有限公司
**开　　本** / 787 mm × 1092 mm　1/16
**印　　张** / 16
**彩　　插** / 1
**字　　数** / 367 千字
**定　　价** / 56.00 元

# 前 言

在信息爆炸、数字技术飞速发展时代,数字图像处理技术已融入人们的日常生活和工作,从智能手机的高清成像摄影到医疗系统的智能图像诊断,从自动驾驶汽车的视觉感知算法到社交媒体的图像编辑工具,数字图像处理技术无处不在。在遥感、机器人视觉、虚拟现实、增强现实、图像复原、图像压缩、模式识别等科学研究和工业制造领域,数字图像处理技术也发挥着重要作用。随着其应用的不断拓展,数字图像处理技术逐渐成为推动技术革新和社会进步的重要驱动力之一。

本书旨在为初学者以及有一定基础的读者提供全面、系统且易于理解的数字图像处理入门指南。本书从数字图像处理的基础概念出发,逐步引导读者深入了解各种先进的数字图像处理技术,覆盖了从核心理论到算法实现,再到实际应用的全方位知识体系,帮助读者更高效地学习和掌握数字图像处理技术的相关知识。

为了使读者更直观地理解数字图像处理技术,本书结合 Python 图像处理库(如 PIL、scikit‐image、Pyhon‐OpenCV 和 SciPy 等),为丰富的算法示例提供了可执行的 Python 代码,鼓励读者通过动手编程实践,将抽象的理论知识转换为具体的技术应用,灵活地使用数字图像处理知识(如图像滤波、图像复原、图像分割和目标检测等)解决现实生活中的各种实际应用问题。此外,本书也关注近年来新兴的数字图像处理方法,如机器学习、深度学习和人工智能等在图像分析中的应用,着重介绍了目标跟踪算法的基本理论和发展脉络,包括传统的目标跟踪算法和基于深度学习的目标跟踪算法,确保读者能够紧跟科技发展的步伐,领略数字图像处理技术的前沿动态。

本书参考了国内外的大量图书和论文,在此向这些资料的作者表示感谢。本书的主编之一——东北师范大学信息科学与技术学院的孙俊喜教授在本书的编写过程中做出了突出的贡献,在此对他表示深深的谢意。同时,感谢主编团队的辛苦付出。感谢实验室同学们的录入和校对工作,感谢所有为本书的出版辛勤付出的人员。

在编写本书的过程中,编者力求使本书内容全面深入,语言简洁明了,希望本书能为读者提供有价值的知识和灵感,成为读者打开数字图像处理领域大门的一把钥匙。愿本书能伴随读者在数字图像处理的旅程中收获满满的知识和技能,体验探索科技之美的无尽乐趣。

编 者

# 目　录
## CONTENTS

**第1章　图像处理概述** ⋯⋯⋯⋯⋯⋯⋯⋯⋯⋯⋯⋯⋯⋯⋯⋯⋯⋯⋯⋯ 001

  1.1　图像处理简介 ⋯⋯⋯⋯⋯⋯⋯⋯⋯⋯⋯⋯⋯⋯⋯⋯⋯⋯⋯⋯ 001

    1.1.1　图像采样 ⋯⋯⋯⋯⋯⋯⋯⋯⋯⋯⋯⋯⋯⋯⋯⋯⋯⋯⋯⋯ 001

    1.1.2　图像量化 ⋯⋯⋯⋯⋯⋯⋯⋯⋯⋯⋯⋯⋯⋯⋯⋯⋯⋯⋯⋯ 002

    1.1.3　图像处理 ⋯⋯⋯⋯⋯⋯⋯⋯⋯⋯⋯⋯⋯⋯⋯⋯⋯⋯⋯⋯ 003

  1.2　图像处理系统 ⋯⋯⋯⋯⋯⋯⋯⋯⋯⋯⋯⋯⋯⋯⋯⋯⋯⋯⋯⋯ 004

    1.2.1　图像处理系统的构成 ⋯⋯⋯⋯⋯⋯⋯⋯⋯⋯⋯⋯⋯⋯ 004

    1.2.2　原始图像获取 ⋯⋯⋯⋯⋯⋯⋯⋯⋯⋯⋯⋯⋯⋯⋯⋯⋯ 005

    1.2.3　图像传感器接口 ⋯⋯⋯⋯⋯⋯⋯⋯⋯⋯⋯⋯⋯⋯⋯⋯ 013

    1.2.4　图像处理流水线 ⋯⋯⋯⋯⋯⋯⋯⋯⋯⋯⋯⋯⋯⋯⋯⋯ 014

    1.2.5　图像与视频压缩 ⋯⋯⋯⋯⋯⋯⋯⋯⋯⋯⋯⋯⋯⋯⋯⋯ 016

    1.2.6　视频显示处理 ⋯⋯⋯⋯⋯⋯⋯⋯⋯⋯⋯⋯⋯⋯⋯⋯⋯ 020

**第2章　图像处理基础** ⋯⋯⋯⋯⋯⋯⋯⋯⋯⋯⋯⋯⋯⋯⋯⋯⋯⋯⋯⋯ 025

  2.1　人眼的视觉原理 ⋯⋯⋯⋯⋯⋯⋯⋯⋯⋯⋯⋯⋯⋯⋯⋯⋯⋯ 025

    2.1.1　人眼的构造 ⋯⋯⋯⋯⋯⋯⋯⋯⋯⋯⋯⋯⋯⋯⋯⋯⋯⋯ 025

    2.1.2　图像的形成 ⋯⋯⋯⋯⋯⋯⋯⋯⋯⋯⋯⋯⋯⋯⋯⋯⋯⋯ 026

    2.1.3　视觉亮度范围和分辨率 ⋯⋯⋯⋯⋯⋯⋯⋯⋯⋯⋯⋯ 026

    2.1.4　视觉适应性和对比灵敏度 ⋯⋯⋯⋯⋯⋯⋯⋯⋯⋯ 026

    2.1.5　亮度感觉与色觉 ⋯⋯⋯⋯⋯⋯⋯⋯⋯⋯⋯⋯⋯⋯⋯ 027

    2.1.6　马赫带效应 ⋯⋯⋯⋯⋯⋯⋯⋯⋯⋯⋯⋯⋯⋯⋯⋯⋯⋯ 029

  2.2　连续图像的描述 ⋯⋯⋯⋯⋯⋯⋯⋯⋯⋯⋯⋯⋯⋯⋯⋯⋯⋯ 029

  2.3　图像数字化 ⋯⋯⋯⋯⋯⋯⋯⋯⋯⋯⋯⋯⋯⋯⋯⋯⋯⋯⋯⋯ 030

    2.3.1　采样 ⋯⋯⋯⋯⋯⋯⋯⋯⋯⋯⋯⋯⋯⋯⋯⋯⋯⋯⋯⋯⋯ 031

    2.3.2　量化 ⋯⋯⋯⋯⋯⋯⋯⋯⋯⋯⋯⋯⋯⋯⋯⋯⋯⋯⋯⋯⋯ 032

2.3.3 图像的表示 ┈┈┈┈┈┈┈┈┈┈┈┈┈┈┈┈┈┈┈┈┈┈┈┈ 032
2.3.4 采样、量化参数与图像的关系 ┈┈┈┈┈┈┈┈┈┈┈ 033
2.3.5 图像数字化设备的组成及性能 ┈┈┈┈┈┈┈┈┈┈┈ 034
2.4 灰度直方图 ┈┈┈┈┈┈┈┈┈┈┈┈┈┈┈┈┈┈┈┈┈┈┈┈ 036
2.4.1 概念 ┈┈┈┈┈┈┈┈┈┈┈┈┈┈┈┈┈┈┈┈┈┈┈┈┈┈ 037
2.4.2 灰度直方图的性质 ┈┈┈┈┈┈┈┈┈┈┈┈┈┈┈┈┈┈ 037
2.4.3 灰度直方图的应用 ┈┈┈┈┈┈┈┈┈┈┈┈┈┈┈┈┈┈ 038
2.5 图像处理算法的形式 ┈┈┈┈┈┈┈┈┈┈┈┈┈┈┈┈┈┈ 039
2.5.1 图像处理的基本功能的形式 ┈┈┈┈┈┈┈┈┈┈┈┈ 039
2.5.2 几种具体算法的形式 ┈┈┈┈┈┈┈┈┈┈┈┈┈┈┈┈ 039
2.6 图像的数据结构与图像文件格式 ┈┈┈┈┈┈┈┈┈┈┈ 043
2.6.1 图像的数据结构 ┈┈┈┈┈┈┈┈┈┈┈┈┈┈┈┈┈┈┈ 043
2.6.2 图像文件格式 ┈┈┈┈┈┈┈┈┈┈┈┈┈┈┈┈┈┈┈┈ 045
2.7 图像的特征与噪声 ┈┈┈┈┈┈┈┈┈┈┈┈┈┈┈┈┈┈┈ 051
2.7.1 图像的特征类别 ┈┈┈┈┈┈┈┈┈┈┈┈┈┈┈┈┈┈┈ 051
2.7.2 特征提取与特征空间 ┈┈┈┈┈┈┈┈┈┈┈┈┈┈┈┈ 052
2.7.3 图像噪声 ┈┈┈┈┈┈┈┈┈┈┈┈┈┈┈┈┈┈┈┈┈┈┈ 053

第3章 图像增强 ┈┈┈┈┈┈┈┈┈┈┈┈┈┈┈┈┈┈┈┈┈┈┈ 055

3.1 逐点强度变换——像素变换 ┈┈┈┈┈┈┈┈┈┈┈┈┈┈ 055
3.1.1 对数变换 ┈┈┈┈┈┈┈┈┈┈┈┈┈┈┈┈┈┈┈┈┈┈┈ 056
3.1.2 幂律变换 ┈┈┈┈┈┈┈┈┈┈┈┈┈┈┈┈┈┈┈┈┈┈┈ 058
3.1.3 对比度拉伸 ┈┈┈┈┈┈┈┈┈┈┈┈┈┈┈┈┈┈┈┈┈┈ 059
3.1.4 二值化 ┈┈┈┈┈┈┈┈┈┈┈┈┈┈┈┈┈┈┈┈┈┈┈┈ 062
3.2 直方图处理——直方图均衡化和直方图匹配 ┈┈┈┈┈ 064
3.2.1 基于scikit-image库的对比度拉伸和直方图均衡化 ┈ 064
3.2.2 直方图匹配 ┈┈┈┈┈┈┈┈┈┈┈┈┈┈┈┈┈┈┈┈┈┈ 070
3.3 线性噪声平滑 ┈┈┈┈┈┈┈┈┈┈┈┈┈┈┈┈┈┈┈┈┈┈ 073
3.3.1 基于PIL库的线性噪声平滑 ┈┈┈┈┈┈┈┈┈┈┈┈ 073
3.3.2 基于SciPy库的ndimage模块的盒式滤波器与高斯滤波器比较 ┈ 077
3.4 非线性噪声平滑 ┈┈┈┈┈┈┈┈┈┈┈┈┈┈┈┈┈┈┈┈ 078
3.4.1 基于PIL库的非线性噪声平滑 ┈┈┈┈┈┈┈┈┈┈┈ 078
3.4.2 基于scikit-image库的非线性噪声平滑 ┈┈┈┈┈┈ 080
3.4.3 基于SciPy库的非线性噪声平滑 ┈┈┈┈┈┈┈┈┈┈ 083
3.5 小结 ┈┈┈┈┈┈┈┈┈┈┈┈┈┈┈┈┈┈┈┈┈┈┈┈┈┈ 085

第4章 频域滤波 ┈┈┈┈┈┈┈┈┈┈┈┈┈┈┈┈┈┈┈┈┈┈┈ 086

4.1 傅里叶变换 ┈┈┈┈┈┈┈┈┈┈┈┈┈┈┈┈┈┈┈┈┈┈┈ 087
4.1.1 一维傅里叶变换 ┈┈┈┈┈┈┈┈┈┈┈┈┈┈┈┈┈┈┈ 087

4.1.2　二维傅里叶变换 ················································· 092

4.2　傅里叶变换的性质 ··················································· 095

4.2.1　傅里叶变换的基本性质 ············································ 095

4.2.2　二维傅里叶变换的性质 ············································ 099

4.3　快速傅里叶变换 ····················································· 101

4.3.1　快速傅里叶变换的原理 ············································ 102

4.3.2　快速傅里叶变换的实现 ············································ 103

4.4　图像频域滤波 ······················································· 104

4.4.1　低通滤波 ························································· 105

4.4.2　高通滤波 ························································· 108

4.5　小结 ······························································· 113

## 第5章　图像复原 ························································· 114

5.1　图像退化原因与图像复原技术分类 ····································· 114

5.1.1　连续图像退化模型 ················································· 115

5.1.2　离散图像退化模型 ················································· 116

5.2　逆滤波复原 ························································· 117

5.3　约束复原 ··························································· 118

5.3.1　约束复原的基本原理 ··············································· 118

5.3.2　维纳滤波复原 ····················································· 119

5.3.3　平滑度约束最小平方滤波复原 ······································· 122

5.4　非线性复原 ························································· 125

5.4.1　最大后验复原 ····················································· 125

5.4.2　最大熵复原 ······················································· 126

5.4.3　投影复原 ························································· 127

5.4.4　同态滤波复原 ····················································· 128

5.5　盲图像复原 ························································· 128

5.5.1　直接测量法 ······················································· 129

5.5.2　间接估计法 ······················································· 129

5.6　几何失真校正 ······················································· 131

5.6.1　典型的几何失真 ··················································· 131

5.6.2　空间几何坐标变换 ················································· 132

5.6.3　校正空间像素点灰度的确定 ········································· 133

5.6.4　鱼眼图像几何失真校正方法简介 ····································· 136

5.7　图像修复技术 ······················································· 137

5.8　小结 ······························································· 139

## 第6章　形态学图像处理 ··················································· 140

6.1　基于scikit-image库形态学模块的形态学图像处理 ····················· 140

6.1.1　对二值图像的形态学操作 ·············································· 140

6.1.2　利用开、闭运算实现指纹清洗 ········································ 147

6.1.3　灰度级操作 ································································· 148

6.2　基于 scikit – image 库 filter. rank 模块的形态学图像处理 ············· 150

6.2.1　形态学对比度增强滤波器 ··············································· 150

6.2.2　形态学中值滤波器 ························································· 151

6.2.3　计算局部熵 ································································· 151

6.3　基于 SciPy 库 ndimage. morphology 模块的形态学图像处理 ············ 153

6.3.1　填充二值对象中的孔洞 ··················································· 153

6.3.2　使用开、闭运算去噪 ······················································ 154

6.3.3　计算形态学 Beucher 梯度 ··············································· 155

6.3.4　计算形态学拉普拉斯 ······················································ 156

6.4　小结 ··············································································· 157

## 第7章　图像编码 ······································································· 158

7.1　图像压缩简介 ···································································· 158

7.2　熵编码 ············································································· 160

7.2.1　哈夫曼编码 ································································· 160

7.2.2　算术编码 ···································································· 165

7.2.3　行程长度编码 ······························································ 167

7.2.4　LZW 编码 ···································································· 169

7.3　预测编码 ·········································································· 171

7.3.1　DM 编码 ······································································ 172

7.3.2　DPCM 编码 ··································································· 173

7.4　变换编码 ·········································································· 176

7.4.1　K – L 变换 ···································································· 176

7.4.2　离散余弦变换 ······························································ 178

7.5　JPEG 编码 ········································································· 182

7.6　小结 ··············································································· 185

## 第8章　图像分割 ······································································· 186

8.1　概述 ··············································································· 186

8.1.1　图像分割的目的和任务 ··················································· 186

8.1.2　图像分割的集合定义 ······················································ 187

8.1.3　图像分割的分类 ··························································· 187

8.2　像素的邻域和连通性 ···························································· 188

8.3　图像的阈值分割 ·································································· 189

8.3.1　基本原理 ···································································· 189

8.3.2　全局阈值分割 ······························································ 191

8.3.3　局部阈值分割 ···················································· 194

8.4　图像的边缘检测 ···················································· 195

8.4.1　边缘检测的基本原理 ············································ 195

8.4.2　梯度算子 ······················································ 195

8.4.3　拉普拉斯算子 ·················································· 196

8.4.4　拉普拉斯 – 高斯算子 ············································ 197

8.4.5　坎尼算子 ······················································ 198

8.4.6　方向算子 ······················································ 199

8.4.7　边缘跟踪 ······················································ 199

8.5　霍夫变换 ·························································· 201

8.5.1　直角坐标系中的霍夫变换 ········································ 202

8.5.2　极坐标系中的霍夫变换 ·········································· 203

8.6　区域生长 ·························································· 204

8.7　图像分割方法的比较 ················································ 206

8.7.1　边缘检测的优、缺点 ············································ 206

8.7.2　区域分割的优、缺点 ············································ 207

8.8　小结 ······························································ 207

第9章　图像特征提取 ···················································· 208

9.1　特征检测器与描述符 ················································ 208

9.2　哈里斯角点检测器 ·················································· 209

9.3　基于拉普拉斯 – 高斯算子、高斯差分和黑塞矩阵的斑点检测器 ············ 212

9.3.1　拉普拉斯 – 高斯算子 ············································ 212

9.3.2　高斯差分 ······················································ 212

9.3.3　黑塞矩阵 ······················································ 212

9.4　基于方向梯度直方图的特征提取 ······································ 213

9.4.1　HOG 算法 ······················································ 213

9.4.2　基于 scikit – image 库计算 HOG ·································· 214

9.5　尺度不变特征变换 ·················································· 215

9.5.1　SIFT 算法 ······················································ 215

9.5.2　cv2 库和 OpenCV – contrib 的 SIFT 函数 ·························· 215

9.5.3　基于 BRIEF、SIFT 和 ORB 匹配图像的应用 ························ 216

9.6　类 Haar 特征及其在人脸检测中的应用 ································ 220

9.6.1　基于 scikit – image 库的类 Haar 特征描述符 ······················ 220

9.6.2　基于类 Haar 特征的人脸检测的应用 ······························ 221

9.7　小结 ······························································ 223

9.8　本章练习 ·························································· 223

第10章　目标跟踪 ······················································ 224

10.1　目标跟踪基本理论 ················································· 226

10.2　传统目标跟踪方法 ································································· 227

10.2.1　光流跟踪 ······································································ 227

10.2.2　粒子滤波 ······································································ 229

10.2.3　均值漂移 ······································································ 229

10.3　相关滤波目标跟踪方法 ························································· 230

10.3.1　MOSSE ····································································· 232

10.3.2　KCF ·········································································· 233

10.3.3　SRDCF ······································································ 234

10.4　深度学习目标跟踪方法 ························································· 235

10.4.1　卷积神经网络目标跟踪方法 ··········································· 235

10.4.2　循环神经网络目标跟踪方法 ··········································· 236

10.4.3　图卷积神经网络目标跟踪方法 ········································ 237

10.5　孪生网络目标跟踪方法 ························································· 238

10.5.1　孪生网络结构 ································································ 238

10.5.2　SiamFC ······································································ 238

10.5.3　SiamRPN++ ······························································· 239

10.5.4　SiamFC++ ·································································· 240

10.6　Transformer 目标跟踪方法 ··················································· 241

10.6.1　Transformer 模型 ························································· 241

10.6.2　TransT ······································································· 243

10.6.3　SwinTrack ·································································· 244

10.6.4　OSTrack ····································································· 246

# 第 1 章

# 图像处理概述

## 1.1　图像处理简介

光作用于视觉器官，使其感受细胞兴奋，信息经视觉神经系统加工后便产生视觉（Vision）。通过视觉，人和动物感知外界物体的大小、明暗、颜色、动静，获得对机体生存具有重要意义的各种信息。至少有 80% 以上的外界信息经视觉获得，视觉可以说是人和动物最重要的感觉。

图像作为人类感知世界的视觉基础，是人类获取信息、表达信息和传递信息的重要手段。图像处理[①]（即用计算机对图像进行处理）的发展历史并不长。图像处理技术起源于 20 世纪 20 年代，当时人们采用数字压缩技术通过海底电缆从英国伦敦到美国纽约传输了一张照片。然而，由于计算技术和存储空间的限制，基于计算机的图像处理并没有得到很快的发展。直到 20 世纪 50 年代，当时的美国国家标准局的扫描仪第一次被加入一台计算机，用于进行边缘增强和模式识别的早期研究。在 20 世纪 60 年代，处理大量从卫星和空间探索取得的大尺寸图像的需求直接推动了美国国家航空航天局（National Aeronautics and Space Administration，NASA）对图像处理的研究。与此同时，高能粒子的物理研究需要对大量的云室照片进行处理以捕获感兴趣的事件。随着计算机计算能力的增加及计算成本的降低，图像处理的应用范围呈爆炸式增长，从工业检测到医疗影像，都成为图像处理的应用领域。

### 1.1.1　图像采样

多数图像传感器［如 CCD（Charge Coupled Device，电荷耦合元件）传感器等］的输出是连续的电压波形信号，这些波形的幅度和空间特性都与其所感知的光照有关。为了产生一幅图像，需要把连续的感知数据转换为数字形式，这个转换的过程称为图像采样和量化。

图像采样过程如图 1 − 1 所示。

采样频率是指 1 s 内采样的次数（即图 1 − 1 中采样间隔的倒数），它反映了采样间隔

---

① 为了简便起见，本书将"数字图像处理"简称为"图像处理"，将"数字图像"简称为"图像"，后面不再重复说明。

的大小。采样频率越高，得到的图像样本越逼真，图像的质量越高，但要求的存储量也越大。

在进行图像采样时，采样间隔的选取很重要，它决定了采样后的图像能否真实地反映原图像。一般来说，原图像的画面越复杂，色彩越丰富，则采样间隔应越小。二维图像采样是一维图像采样的推广，根据信号的采样定理，可得到图像采样的奈奎斯特（Nyquist）定理：要从取样样本中精确地复原图像，采样频率必须高于或等于源图像最高频率分量的2倍。

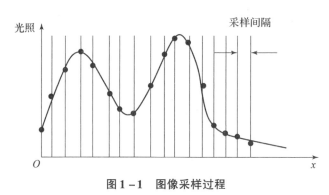

图 1-1   图像采样过程

## 1.1.2   图像量化

图像量化是指要使用多大范围的数值来表示图像采样之后的每个点。量化的结果是图像能够容纳的颜色总数，它反映了图像采样的质量。例如，如果采用 4 位存储一个点，则表示图像只能有 16 种颜色；如果采用 16 位存储一个点，则表示图像有 $2^{16}$ 种颜色。因此，量化位数越多，表示图像可以有更多种颜色，自然可以产生更为细致的图像效果。但是，这也会占用更大的存储空间。两者的基本问题都是视觉效果和存储空间的取舍。

在实际应用中，常常用 8 位、24 位和 32 位来存储一个像素。8 位图像也就是常说的灰度图像，灰度图像包含了一幅图像的主要亮度信息。在一般情况下，对图像进行算法处理时，通常会将图像转换为灰度图像。24 位图像也就是常说的真彩图像，包括 R，G，B3个通道的颜色信息。32 位图像还包含了 Alpha 通道的信息，用来表示图像的透明度。此外，在红外图像的处理中，通常用 14 位存储一个像素。

对图像传感器输出的信号进行采样和量化之后，便获得了一系列图像。该图像在通常情况下被采样为一个二维阵列 $f(x,y)$，该阵列包含 $M$ 列和 $N$ 行，其中 $(x,y)$ 是离散坐标，$M$ 是图像的宽度，$N$ 是图像的高度。$(x,y)$ 的取值范围为 $0 \leq x \leq M-1, 0 \leq y \leq N-1$。

在通常情况下，用二维矩阵表示图像，如图 1-2 所示。

$$\begin{pmatrix} f(0,0) & f(1,0) & \cdots & f(M-1,0) \\ f(0,1) & f(1,1) & \cdots & f(M-1,1) \\ \vdots & \vdots & & \vdots \\ f(0,N-1) & & \cdots & f(M-1,N-1) \end{pmatrix}$$

图 1-2   用二维矩阵表示的图像

在一般情况下，图像的原点位于左上角。图像的扫描方式是从左上角开始向右扫描，扫描完一行之后转到下一行的最左侧开始扫描，一直到达图像的右下角，即 $x$ 坐标轴方向为自左向右，$y$ 坐标轴方向为自上向下。这与传统的笛卡儿坐标系是有区别的。

### 1.1.3　图像处理

获得图像后需要尽快对获得的图像进行预期目的的处理。从一个状态的图像得到另一个状态的图像称为图像处理。

一般来说，图像处理常用方法有以下几种。

（1）图像变换。由于图像阵列很大，直接在空间域中进行处理所需计算量很大，所以往往采用各种图像变换的方法，例如傅里叶变换、沃尔什变换、离散余弦变换等间接处理技术，将空间域的处理转换为变换域的处理，这不仅可以减小计算量，而且可以实现更有效的处理（例如傅里叶变换可以在频域中进行数字滤波处理）。新兴的小波变换在时域和频域中都具有良好的局部化特性，它在图像处理中也有广泛且有效的应用。

（2）图像编码压缩。图像编码压缩可以减小描述图像的数据量（即比特数），以便节省图像传输、处理时间和减小所占用的存储器容量。压缩可以在不失真的前提下获得，也可以在允许的失真条件下进行。编码是压缩技术中最重要的方法，它在图像处理领域是发展最早且比较成熟的技术。

（3）图像增强和复原。图像增强和复原的目的是提高图像的质量，例如去除噪声及提高图像的清晰度等。图像增强不考虑图像降质的原因，突出图像中所感兴趣的部分。例如，强化图像的高频分量可以使图像中的物体轮廓清晰、细节明显；强化图像的低频分量可以减小图像中噪声的影响。图像复原要求对图像降质的原因有一定的了解，一般来说，应根据图像降质过程建立"降质模型"，再采用某种滤波方法，恢复或重建原来的图像。

（4）图像分割。图像分割是图像处理领域的关键技术之一。图像分割是将图像中有意义的特征部分提取出来，其有意义的特征包括图像的边缘、区域等，这是进一步进行图像识别、分析和理解的基础。虽然已有不少边缘提取、区域分割的方法，但是还没有一种普遍适用于各种图像的有效方法。因此，对图像分割的研究还在不断深入之中，它是图像处理领域的研究热点之一。

（5）图像描述。图像描述是图像识别和理解的必要前提。对于最简单的二值图像，可以采用其几何特性描述物体的特性。对于一般的图像，可以采用二维形状描述，它有边界描述和区域描述两类。对于特殊的纹理图像，可以采用二维纹理特征描述。随着图像处理研究的深入发展，人们已经开始进行三维物体描述的研究，提出了体积描述、表面描述、广义圆柱体描述等方法。

（6）图像分类（识别）。图像分类（识别）属于模式识别的范畴，其主要是在图像经过某些预处理（增强、复原、压缩）后，进行图像分割和特征提取，从而进行判决分类。图像分类（识别）常采用经典的模式识别方法，有统计模式分类和句法（结构）模式分类，近年来新发展起来的模糊模式识别和人工神经网络模式分类在图像分类（识别）中也越来越受到重视。

## 1.2 图像处理系统

### 1.2.1 图像处理系统的构成

一个典型的图像处理系统由图像传感器、图像编码、图像处理器、显示设备、存储设备及控制设备几大部分组成，如图 1 – 3 所示。

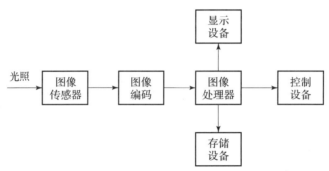

**图 1 – 3 典型的图像处理系统**

（1）图像传感器。图像传感器负责采集光照信息，常用的图像传感器有 CCD 和 CMOS 传感器等。在实际应用中，获取图像的设备不一定是传感器，可能是一个现成的图像集卡、摄像机、数码相机、扫描仪或者专用的图像设备等。这些设备将待处理的图像场景或光照信息转换为数字或者模拟信号进行下一步处理。

（2）图像编码。图像编码部分负责对图像传感器输出的图像进行采样和量化（对于模拟输出的图像传感器），将图像变换为适合图像处理器处理的数字形式。然后，将编码后的结果送入图像处理器进行进一步处理。

（3）图像处理器。图像处理器是整个图像处理系统的核心。图像处理器以采样和量化的结果作为数据源，根据图像处理任务的需求，对图像进行一系列变换，例如图像预处理、图像分割及目标识别等。图像处理器还负责与显示设备、存储设备及控制设备进行交互。

图像处理器可以是以 ×86 处理器为硬件平台的 PC，也可以是嵌入式图像处理器，例如 TI 公司的达芬奇系列专用数字视频处理器、ARM 处理器及本书所介绍的 FPGA 等。部分图像处理器有一系列现成的图像处理软件包，可以大大减小开发的工作量。例如，如果图像处理系统以 ×86 处理器为硬件平台，则它可以以 Windows 操作系统为软件平台，并在其基础上采用已经开发好的图像处理软件。

（4）显示设备。显示设备负责对图像进行显示。被显示的图像可能是最终的处理结果，或者原始图像，或者中间处理结果。显示设备可以是视频显示器、打印机，或者 Internet 上的其他设备等。

（5）存储设备。存储设备负责对视频或图像进行保存。

（6）控制设备。控制设备在图像处理系统中不是必需的。控制设备通常应用在一些专用的场合，例如工业自动化领域的自动控制系统。图像处理算法往往需要实现特定的检测目的，图像处理器根据图像处理的结果进行决策。决策的结果被输出到控制设备用于实现一些控制目的，控制设备可能是电动机、语音提示系统、报警系统或者军工领域的一些控制设备等。

## 1.2.2　原始图像获取

与其他信息的获取方式一致，图像获取也需要使用图像传感器来完成，图像传感器负责将感受到的光信号转换为电信号。尽管光电传感器有各种各样的型号，但其基本原理都是相同的：入射光子通过光电效应使硅半导体中的电子得到释放，这些电子在曝光时间内被累加，然后被转换为电压信号读出。

1. 可见光传感器

目前可见光传感器主要是 CCD 传感器和 CMOS（Complementary Metal – Oxide Semiconductor，金属氧化物半导体元件）传感器。

1）CCD 传感器

CCD 于 1969 年在贝尔实验室研制成功，之后由日本的公司开始批量生产。

CCD 传感器的基本单元是 MOS 电容器。CCD 传感器内部门电路的三相中的一个被加上偏压，在偏转的电路下面的硅衬底上产生势阱，即 MOS 电容器。该势阱吸引和存储光电子，直到它们被读出为止。通过在电路下一相加偏压，电荷被传递到下一个单元。该单元不断地重复，并连续地把电荷从每个像素传递到读出放大器并将其转换为电压信号。该读出过程的特点是像素必须被顺序读出。典型 CCD 传感器的内部结构如图 1 – 4 所示。

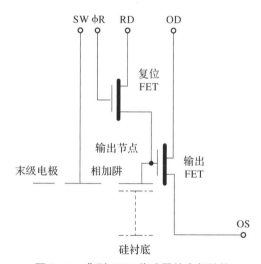

**图 1 – 4　典型 CCD 传感器的内部结构**

CCD 传感器可以分为以下几种。

（1）面阵 CCD 传感器。面阵 CCD 传感器一般有 3 种。第一种是帧转移性 CCD 传感器。它由上、下两部分组成，上半部分是集中了像素的光敏区域，下半部分是被遮光而集中了垂直寄存器的存储区域。其优点是结构较简单并容易增加像素数，其缺点是尺寸较大，易产生垂直拖影。第二种是行间转移性 CCD 传感器。它是目前 CCD 传感器的主流产品，像素群和垂直寄存器在同一平面上。其特点是集成在 1 个单片上、价格低且容易获得良好的摄影特性。第三种是帧行间转移性 CCD 传感器。它是第一种和第二种的复合型，结构复杂，但具有能大幅减少垂直拖影、容易实现可变速电子快门等优点。

（2）线列 CCD 传感器。线列 CCD 传感器用一排像素扫描图片，进行 3 次曝光——分别对应红、绿、蓝三色滤镜，捕捉一维图像。

（3）三线 CCD 传感器。在三线 CCD 传感器中，3 排并行的像素分别覆盖红、绿、蓝三色滤镜，当捕捉彩色图像时，完整的彩色图像由多排的像素组合而成。三线 CCD 传感器多用于高端数码相机，以产生高的分辨率和光谱色阶。

（4）交织传输 CCD 传感器。交织传输 CCD 传感器利用单独的阵列摄取图像和进行电量转化，允许在拍摄下一图像时读取当前图像。交织传输 CCD 传感器通常用于低端数码相机、摄像机和拍摄动画的广播拍摄机。

（5）全幅面 CCD 传感器。全幅面 CCD 传感器具有更强的电量处理能力、更大的动态范围、更低的噪声和更高的传输光学分辨率，允许即时拍摄全彩图像。全幅面 CCD 传感器由并行浮点寄存器、串行浮点寄存器和信号输出放大器组成。全幅面 CCD 传感器曝光时由机械快门或闸门控制图像的保存，并行浮点寄存器用于测光和读取测光值。图像投射到并行阵列上，全幅面 CCD 传感器接收图像信息并把它分成离散的量化元素。这些信息由并行浮点寄存器流向串行浮点寄存器。此过程反复执行，直到所有的信息传输完毕。然后，图像处理系统进行精确的图像重组。

2）CMOS 传感器

CMOS 传感器使用光电二极管检测光照信息。它并不是直接将电荷传输至输出端，而是每个像素有一个进行局部放大的嵌入式放大器。这意味着电荷被保留至传感元件本身，因此需要一个重置晶体管和连线连接至输出端。CMOS 传感器的这种特点使其对像素进行单独寻址成为可能，从而更容易读出局部阵列或者随机存取像素。

CMOS 传感器按像素结构分为被动式与主动式两种。

（1）被动式传感器。被动式图像传感器（Passive Pixel Sensor，PPS）又称为无源式图像传感器。它由一个反向偏置的光电二极管和一个开关管构成。光电二极管本质上是一个由 P 型半导体和 N 型半导体组成的 PN 结，它可以等效为一个反向偏置的二极管和一个 MOS 电容并联。当开关管开启时，光敏二极管与垂直的列线（Column Bus）连通。位于列线末端的电荷积分放大器（Charge Integrating Amplifier）读出电路保持列线电压为一常数，当光电二极管存储的信号电荷被读出时，其电压被复位到列线电压水平。与此同时，与光信号成正比的电荷由电荷积分放大器转换为电荷输出。

（2）主动式传感器。主动式图像传感器（Active Pixel Sensor，APS）又称为有源式图像传感器。几乎在 PPS 发明的同时，人们很快认识到在图像传感器内引入缓冲器或放大器可以改善图像传感器的性能，在 APS 中每一像素元件都有自己的放大器。集成在表面的放大晶体管减小了像素元件的有效表面积，降低了"封装密度"，使入射光被反射。APS 的另一个问题是如何使多通道放大器之间较好地匹配，这可以通过减小残余水平的固定图形噪声较好地实现。由于 APS 像素元件中的放大器仅在读出期间被激发，所以 APS 的功耗比 CCD 传感器小。

（3）填充因数传感器。填充因数（Fill Factor）又称为充满因数，它是指像素元件中的光电二极管相对于像素元件表面的大小。量子效率（Quantum Efficiency）是指一个像素被光子撞击后实际和理论最大值电子数的归一化值。PPS 像素元件的填充因数通常可达到 70%，因此其量子效率高。但光电二极管积累的电荷通常很小，容易受到杂波干扰。另外，像素元件内部没有信号放大器，只能依赖垂直的列线终端放大器，因此输出的信号杂波很大，其信噪比低，更因不同位置的像素元件杂波大小不一样［固定模式噪声（Fixed Pattern Noise，FPN）］而影响整个图像的质量。APS 在每个像素元件处增加了一个放大器，可以将光电二极管积累的电荷转换成电压进行放大，大大提高了信噪比，从而提高了传输过程中的抗干扰能力。但由于放大器占据了过多的像素元件表面积，所以它的填充因数相对较小，一般为 25%~35%。

　　3）CCD 传感器与 CMOS 传感器的区别

　　CMOS 传感器相比于 CCD 传感器最主要的优势就是非常省电，CMOS 电路几乎没有静态电量消耗，只有在电路接通时才有电量消耗。这就使 CMOS 传感器的耗电量只有普通 CCD 传感器的 1/3 左右。CMOS 传感器的主要问题是在处理快速变化的图像时，由于电流变化过于频繁而过热。

　　此外，CMOS 传感器与 CCD 传感器的图像扫描方法有很大的差别。例如，如果分辨率为 300 万像素，那么 CCD 传感器可连续扫描 300 万个电荷，扫描方法非常简单，就好像把水桶从一个人传给另一个人，并且只有在最后一个数据扫描完成之后才能将信号放大。CMOS 传感器的每个像素元件都有一个将电荷转化为电子信号的放大器。因此，CMOS 传感器可以在每个像素的基础上进行信号放大。采用这种方法可节省任何无效的传输操作，只需少量能量消耗就可以进行快速数据扫描，同时噪声也有所减小。CCD 传感器与 CMOS 传感器是被普遍采用的两种图像传感器，两者都是利用光电二极管进行光电转换，将图像转换为数字数据，而其主要差异是数字数据传输的方式不同。

　　CCD 传感器中每一行每个像素元件的电荷数据都会依次传送到下一个像素元件中，由最底端部分输出，再经由 CCD 传感器边缘的放大器进行放大输出；而在 CMOS 传感器中，每个像素元件都邻接一个放大器及 A/D 转换器，用类似内存电路的方式将数据输出。造成这种差异的原因在于：CCD 传感器的特殊工艺可以保证数据在传输时不会失真，各像素元件的数据可汇聚至边缘再进行放大处理；而 CMOS 传感器的数据在传输距离较大时会产生噪声，因此必须先放大后再整合各像素元件的数据。

　　由于数据传输方式不同，所以 CCD 传感器与 CMOS 传感器在效能与应用上也有很多差异，这些差异如下。

　　（1）灵敏度差异。由于 CMOS 传感器的每个像素元件由 4 个晶体管与 1 个光电二极管构成（含放大器与 A/D 转换器），使每个像素的感光元件区域远小于像素元件本身的表面积，所以在像素元件尺寸相同的情况下，CMOS 传感器的灵敏度低于 CCD 传感器。

　　（2）成本差异。由于 CMOS 传感器采用一般半导体电路最常用的 CMOS 工艺，可以轻易地将周边电路（如 AGC、CDS、Timing Generator 或 DSP 等）集成到传感器芯片中，所以可以节省外围芯片的成本。除此之外，由于 CCD 传感器采用电荷传递的方式传输数据，只要其中有一个像素元件不能运行，就会导致一整排数据不能传输，所以控制 CCD 传感器的成品率比控制 CMOS 传感器的成品率困难很多。即使有经验的厂商也很难在产品问世的半年内突破 50% 的水平，CCD 传感器的成本高于 CMOS 传感器的成本。

　　（3）分辨率差异。CMOS 传感器的每个像素元件都比 CCD 传感器复杂，其像素元件尺寸很难达到 CCD 传感器的水平。因此，当比较相同尺寸的 CCD 传感器与 CMOS 传感器时，CCD 传感器的分辨率通常会优于 CMOS 传感器。例如，市面上 CMOS 传感器的分辨率最高可达到 210 万像素 [美国豪威（Omni Vision）的 OV2610，2002 年 6 月推出]，其尺寸为 1/2 英寸[①]，像素元件尺寸为 4.25 μm，但索尼公司在 2002 年 12 月推出了 ICX452，其尺寸与 OV2610 相差不多（1/1.8 英寸），但分辨率却高达 513 万像素，像素元件尺寸也只有 2.78 μm。

（4）噪声差异。由于 CMOS 传感器的每个光电二极管都需搭配一个放大器，而放大器属于模拟电路，很难让每个放大器所得到的结果保持一致，所以与只有一个放大器放在芯片边缘的 CCD 传感器相比，CMOS 传感器的噪声就会增加很多，影响图像品质。

（5）功耗差异。CMOS 传感器的图像采集方式为主动式，光电二极管所产生的电荷会直接由晶体管放大输出，但 CCD 传感器的图像采集方式为被动式，需外加电压让每个像素元件中的电荷移动，因此，CCD 传感器除了在电源管理电路设计上的难度更高（需外加功率集成电路），高驱动电压更使其功耗远高于 CMOS 传感器。例如，美国豪威公司推出的 OV7640（1/4 英寸、VGA）在 30 帧/s 的速度下运行，功耗仅为 40 mW；而致力于低功耗 CCD 传感器的 Sanyo 公司推出的 1/7 英寸、CIF 等级的产品，其功耗却仍保持在 90 mW 以上。因此，CCD 传感器的发热量比 CMOS 传感器大，不能长时间在阳光下工作。

综上所述，CCD 传感器在灵敏度、分辨率、噪声控制等方面都优于 CMOS 传感器，而 CMOS 传感器则具有低成本、低功耗及高整合度的特点。不过，随着 CCD 传感器与 CMOS 传感器的进步，两者的差异有逐渐缩小的态势。例如，CCD 传感器一直在功耗上进行改进，以应用于移动通信市场（这方面的代表者为 Sanyo 公司）；CMOS 传感器则弥补分辨率与灵敏度方面的不足，以应用于更高端的图像产品。

2. 其他图像传感器

红外辐射是指波长为 0.75~1 000 μm，介于可见光波段与微波波段之间的电磁辐射。红外辐射是由天文学家赫胥尔在 1800 年进行棱镜试验时首次发现的。红外辐射具有以下特点及应用。

（1）所有温度在热力学绝对零度以上的物体都产生电磁辐射，而一般自然界物体的温度所对应的辐射峰值都在红外波段。因此，利用红外热像观察物体无须外界光源，相比可见光具有更好的穿透烟雾的能力。红外热像是对可见光图像的重要补充手段，广泛用于红外制导、红外夜视、安防监控和视觉增强等领域。

（2）根据普朗克定律，物体的红外辐射强度与其热力学温度直接相关。通过检测物体的红外辐射强度可以进行非接触测温，具有响应快、距离远、测温范围宽、对被测目标无干扰等优势。因此，红外测温，特别是红外热像测温在预防性检测、制程控制和品质检测等方面具有广泛应用。

（3）热是物体中分子、原子运动的宏观表现，温度是度量其运动剧烈程度的基本物理量之一。各种物理、化学现象往往伴随热交换及温度变化。分子化学键的振动、转动能级对应红外辐射波段。因此，通过检测物体对红外辐射的发射与吸收，可以分析物质的状态、结构和组分等。

（4）红外辐射具有较强的热效应，因此广泛用于红外加热等。

---

① 1 英寸（in）=0.025 4 米（m）。

现代红外技术的发展是从 20 世纪 40 年代光子型红外探测器的出现开始的。第一个实用的现代红外探测器是第二次世界大战中德国研制的 PbS 探测器，后续又出现了 PbSe、PbTe 等铅盐探测器。在 20 世纪 50 年代后期人们研制出 InSb 探测器。这些本征型探测器的响应波段局限于 8 μm 之内。为扩大波段范围，人们发展了多种掺杂非本征型器件，如 Ge：Au、Ge：Hg 等，将响应波长拓展到 150 μm 以上。到了 20 世纪 60 年代末，以 HgCdTe（MCT）为代表的三元化合物单元探测器基本成熟，探测率已接近理论极限水平。在 20 世纪 70 年代，人们发展了多元线列红外探测器。在 20 世纪 80 年代，英国又研制出一种新型的扫积型 MCT 器件（SPRITE 探测器），它将探测功能与信号延时、叠加和电子处理功能结合为一体。之后，人们重点发展了所谓的第三代红外探测技术，主要包括大阵列凝视型焦平面探测器、超长线列扫描型焦平面探测器及非制冷型焦平面探测器。最近 20 年，3～5 μm 波段的 InSb 和 MCT 焦平面探测器、8～12 μm 波段的 MCT 焦平面探测器，以及 8～14 μm 波段的非制冷焦平面探测器成为主流技术。同时，先后出现了量子阱探测器（QWIP）、第二型超晶格探测器（T2SL）、多色探测器，以及高工作温度（HOT）MCT 探测器等新技术并逐渐走向实用化。特别是非制冷焦平面探测器技术，它使红外辐射在体积、成本方面大幅改善，从而使红外热像仪真正大规模走进工业和民用领域。

非制冷焦平面探测器由许多 MEMS 微桥结构的像素元件在焦平面上二维重复排列构成，每个像素元件对特定入射角的热辐射进行测量。像素元件常用的制作材料有非晶硅、多晶硅和氧化钒，这里以非晶硅红外探测器为例说明非制冷焦平面探测器的基本原理，如图 1－5 所示。

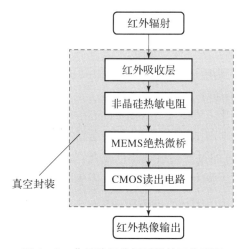

**图 1－5　非晶硅红外探测器的工作原理**

①红外辐射被像素元件中的红外吸收层吸收后引起温度变化，进而使非晶硅热敏电阻的阻值变化。

②非晶硅热敏电阻通过 MEMS 绝热微桥支撑在硅衬底上方，并通过支撑结构与制作在硅衬底上的 COMS 读出电路相连。

③CMOS 读出电路将非晶硅热敏电阻的阻值变化转换为差分电流并进行积分放大，经采样后得到红外热像中单个像素元件的灰度值。

为了提高非制冷焦平面探测器的响应率和灵敏度，要求非制冷焦平面探测器像素元件的微桥具有良好的热绝缘性能，同时为了保证红外成像的帧频，需要使像素元件的热容尽量小以保证足够小的热时间常数。利用细长的微悬臂梁支撑以提高绝热性能，将热敏材料制作在桥面上，使桥面尽量轻、薄以减小质量。在硅衬底上制作反射层，与桥面之间形成谐振腔，提高红外吸收效率。例如，元微桥通过悬臂梁的两端与硅衬底上的 CMOS 读出电路连接。因此，非制冷红外焦平面探测器是 CMOS - MEMS 单体集成的大阵列器件。

3. 色彩分离技术

不管采用什么样的技术，图像传感器感光阵列上的所有感光点都是对灰度级强度敏感的，灰度级从最暗（黑色）到最亮（白色）。这些感光点对灰度级敏感的程度称为"位深度"。因此，8 bit 的像素可以分辨出 $2^8$（即 256）个渐变的灰度，而 12 bit 的像素则可以分辨出 4 096 个渐变的灰度。

整个感光阵列上有几层色彩过滤材料，将每个像素的感光点分为几个对颜色敏感的"子像素"。这种安排方式允许对每个感光点测量不同的颜色强度。这样，每个感光点的颜色就可以看作该点的红色、绿色和蓝色透光量的叠加和。位深度越大，可以产生的 RGB 空间内的颜色就越多。例如，24 位颜色（红色、绿色和蓝色各占 8 位）可以产生 $2^{24}$（即大约 1 670 万）种颜色。

实际中常见的色彩分离技术主要是拜尔分离技术。

为了恰当地描绘彩色图像，图像传感器需要每个像素位置有 3 个颜色样本——最常见的是红色、绿色和蓝色。但是，如果放置 3 个独立的图像传感器，在成本方面又是无法接受的（尽管这种技术越来越实用化）。更重要的是，当图像传感器的分辨率提高到 500 万像素以上时，就更加有必要利用某种图像压缩方法来避免在某个像素位置输出 3 字节（在某些情况下，对于更高分辨率的图像传感器，可能需要输出 3 个 12 位的字）。

一个最常用的图像压缩方法是使用颜色过滤阵列（Color Filter Array，CFA）。CFA 仅测量像素的一个颜色分量，然后通过图像处理器对其进行插值得到其他颜色分量，这样看起来"好像"对每个像素测量了 3 个颜色分量。

当今最流行的 CFA 采用拜尔模式（Bayer Pattern），这种方法最早是由柯达公司发明的（图 1-6），其原理是利用人眼对绿色的分辨率高于对红色和蓝色的分辨率这一事实。在拜尔模式的 CFA 中，绿色的过滤点数是蓝色或者红色的过滤点数的 2 倍。这就产生了一种输出模式（也就是格式），即每发送 2 个红色像素和 2 个蓝色像素就要发送 4 个绿色像素。

4. 色彩空间

"色彩空间"一词源于西方的"Color Space"，又称为"色域"。在色彩学中，人们建立了多种色彩模型，以一维、二维、三维，甚至四维空间坐标来表示某种色彩，这种坐标系统所能定义的色彩范围即色彩空间。

常见的色彩空间有以下几种。

（1）RGB 色彩空间。

（2）CMY 和 CMYK 色彩空间。

（3）HIS 色彩空间。

（4）YUV 色彩空间。

（5）YCbCr 色彩空间。

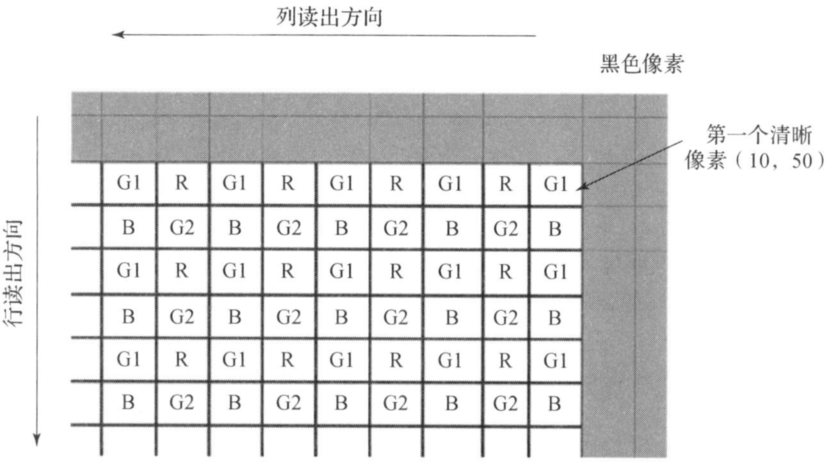

列读出方向

黑色像素

第一个清晰
像素（10，50）

行读出方向

| G1 | R | G1 | R | G1 | R | G1 | R | G1 |
| B | G2 | B | G2 | B | G2 | B | G2 | B |
| G1 | R | G1 | R | G1 | R | G1 | R | G1 |
| B | G2 | B | G2 | B | G2 | B | G2 | B |
| G1 | R | G1 | R | G1 | R | G1 | R | G1 |
| B | G2 | B | G2 | B | G2 | B | G2 | B |

**图 1 – 6　拜尔模式的 CFA**

［奇数行包括绿色（G）和红色（R）的像素，偶数行包括蓝色
（B）和绿色的像素。奇数列包括绿色和蓝色的像素，
偶数列包括红色和绿色的像素。图中读出方向为从右到左，从上到下。］

1）RGB 色彩空间

RGB 色彩空间是工业界的一种颜色标准，它通过对红（R）、绿（G）、蓝（B）3 个颜色通道的变化及它们相互之间的叠加得到各种颜色。这个标准几乎包括了人类视力能感知的所有颜色，是目前运用最广泛的色彩空间之一。

若将 RGB 单位立方体沿主对角线进行投影，可得到六边形。这样，原来沿主对角线的灰色都投影到中心白色点，而红色点$(1,0,0)$则位于右边的角上，绿色点$(0,1,0)$位于左上角，蓝色点$(0,0,1)$则位于左下角，如图 1 –7 所示。

2）CMY 和 CMYK 色彩空间

CMY 是青（Cyan）、洋红或品红（Magenta）和黄（Yellow）3 种颜色的简写，CMY 色彩空间采用相减混色模式，用这种方法产生的颜色之所以称为相减色，是因为它减少了为视觉系统识别颜色所需要的反射光。由于彩色墨水和颜料的化

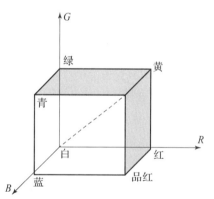

**图 1 –7　RGB 色彩模型**

学特性，使用 3 种基本色得到的黑色不是纯黑色，因此在印刷中常常添加一种真正的黑色（Blackink），这种模型称为 CMYK 模型。每种颜色分量的取值范围为 0 ~ 100。CMY 色彩空间常用于彩色打印。

CMY 色彩模型与 RGB 色彩模型的关系如图 1 –8 所示。

3）HSI 色彩空间

HSI 色彩空间是美国色彩学家孟塞尔（H. A. Munseu）于 1915 年提出的，它反映了人的视觉系统感知彩色的方式，即以色调、饱和度和亮度 3 种基本特征量来感知颜色。

（1）色调（Hue，H）：与光波的波长有关，它表示人的感官对不同颜色的感受，例如红色、绿色、蓝色等；它也可表示一定范围的颜色，例如暖色、冷色等。

（2）饱和度（Saturation，S）：表示颜色的纯度，纯光谱色是完全饱和的，加入白光会稀释饱和度。饱和度越高，颜色看起来越鲜艳，反之亦然。

（3）亮度（Intensity，I）：对应成像亮度和图像灰度，表示颜色的明亮程度。

HSI 色彩模型的建立基于两个重要的事实。

（1）I 分量与图像的色彩信息无关。

（2）H 和 S 分量与人感受颜色的方式紧密相连。

这些特点使 HSI 色彩模型非常适合彩色特性检测与分析。

HSI 色彩模型可以用双六棱锥表示，如图 1-9 所示。$I$ 轴是亮度轴，色调 $H$ 的角度范围为 $[0, 2\pi]$，其中，纯红色的角度为 0，纯绿色的角度为 $2\pi/3$，纯蓝色的角度为 $4\pi/3$。饱和度 $S$ 是任一点与 $I$ 轴的距离。

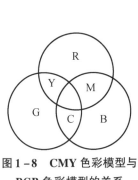

图 1-8　CMY 色彩模型与
RGB 色彩模型的关系

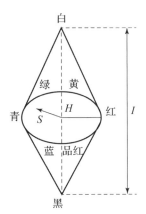

图 1-9　HIS 色彩模型

4）YUV 色彩空间

YUV 色彩空间是被欧洲电视系统所采用的一种颜色编码方法（属于 PAL 制式），是 PAL 和 SECAM 模拟彩色电视制式所采用的色彩空间。在现代彩色电视系统中，通常采用三管彩色摄影机或彩色 CCD 摄影机进行取像，然后把取得的彩色图像信号经分色、分别放大校正后得到 RGB 信号，再经过矩阵变换电路得到亮度信号 $Y$ 和两个色度信号 $B-Y$（即 $U$）、$R-Y$（即 $V$），最后发送端对亮度和色度 3 个信号分别进行编码，用同一信道发送出去。这种色彩的表示方法就是所谓的 YUV 色彩空间。采用 YUV 色彩空间的重要性是它的亮度信号 $Y$ 和色度信号 $U$，$V$ 是分离的。

$Y$ 表示亮度（Luminance 或 Luma），也就是灰阶值，而 $U$ 和 $V$ 表示色度（Chrominance 或 Chroma），其作用是描述图像的色彩及饱和度，用于指定像素的颜色。亮度是通过 RGB 信号建立的，方法是将 RGB 信号的特定部分叠加在一起。色度则定义了颜色的两个方面——色调与饱和度，分别用 Cr 和 Cb 来表示。其中，Cr 反映了 RGB 信号红色部分与 RGB 信号亮度之间的差异，而 Cb 反映了 RGB 信号蓝色部分与 RGB 信号亮度之间的差异。

YUV 色彩模型与 RGB 色彩模型的关系可以用以下两个公式表示：

$$\begin{bmatrix} Y \\ U \\ V \end{bmatrix} = \begin{bmatrix} 0.299 & 0.587 & 0.114 \\ -0.148 & -0.289 & 0.437 \\ 0.615 & -0.515 & -0.100 \end{bmatrix} \begin{bmatrix} R \\ G \\ B \end{bmatrix} \tag{1.2.1}$$

$$\begin{bmatrix} R \\ G \\ B \end{bmatrix} = \begin{bmatrix} 1 & 0 & 1.140 \\ 1 & -0.395 & -0.581 \\ 1 & 2.032 & 0 \end{bmatrix} \begin{bmatrix} Y \\ U \\ V \end{bmatrix}$$

5）YCbCr 色彩空间

YCbCr 色彩空间在世界数字组织视频标准研制过程中作为 ITU – RBT. 601 建议的一部分，其中，Y 指亮度，Cb 指蓝色色度，Cr 指红色色度。人眼对亮度更敏感，因此，在对色度分量进行子采样，减少色度分量后，人眼察觉不到图像质量的变化。

YCbCr 色彩模型其实是 YUV 色彩模型经过缩放和偏移的翻版。其中，Y 的含义一致，Cb、Cr 同样指色度，只是表示方法不同而已。在 YUV 家族中，YCbCr 是在计算机系统中应用最多的成员，其应用领域很广泛，JPEG、MPEG 均采用此格式。一般人们所讲的 YUV 大多是指 YCbCr。

YCbCr 色彩模型与 RGB 色彩模型的关系可以用以下两个公式表示：

$$\begin{bmatrix} Y \\ Cb \\ Cr \\ 1 \end{bmatrix} = \begin{bmatrix} 0.299\,0 & 0.587\,0 & 0.114\,0 & 0 \\ -0.168\,7 & -0.331\,3 & 0.500\,0 & 128 \\ 0.500\,0 & -0.418\,7 & -0.081\,3 & 128 \\ 0 & 0 & 0 & 1 \end{bmatrix} \begin{bmatrix} R \\ G \\ B \\ 1 \end{bmatrix} \tag{1.2.2}$$

$$\begin{bmatrix} R \\ G \\ B \end{bmatrix} = \begin{bmatrix} 1 & 1.402\,00 & 0 \\ 1 & -0.344\,14 & -0.714\,14 \\ 1 & 1.772\,00 & 0 \end{bmatrix} \begin{bmatrix} Y \\ Cb - 128 \\ Cr - 128 \end{bmatrix}$$

### 1.2.3　图像传感器接口

一方面，CMOS 传感器通常会输出一个并行的像素数据流，格式一般为 RGB 或者 YCbCr，同时还有场行同步信号和一个像素时钟。有时也可以用外部时钟信号及同步信号控制 CMOS 传感器的输出。

另一方面，由于 CCD 传感器直接输出模拟信号，所以，在进一步对其进行处理之前，需要先将模拟信号转换为数字信号。CCD 传感器一般搭配一个 AFE 芯片，用以解决转换问题。这个 AFE 芯片通常是 CCD 传感器专用芯片（例如 ADI 公司的 AD9978），其中配有专为 CCD 传感器设计的测量电路，例如直流偏置电路、双相关采样电路、黑电平钳位电路等。AFE 芯片和 CCD 传感器的驱动时序配合，对 CCD 传感器进行扫描，将输出的像素流数字化。在一般情况下 AFE 芯片的输出为并行像素数据或者低压差分信号（Low Voltage Differential Signal，LVDS）。LVDS 的低功耗和高抗干扰能力使其在高分辨率的图像传感器领域的应用越来越广泛。

图 1 – 10 所示是一个以 AD9978A 作为 AFE 芯片，以赛灵思（Xilinx）公司生产的 XCS400FPGA 作为图像处理器的图像采集系统示例。

图像处理器 FPGA 产生 CCD 传感器（FTT1010M）的工作时序，在一般情况下，这个时序输出信号不会直接送到 CCD 传感器，这主要是基于电平匹配和降低设计复杂度的考虑。普遍的解决方案是采用一个专用的 CCD 驱动器或一个可编程的脉冲发生器，DALSA 公司生产的图像传感器专用芯片 DPP2010A 可以产生 CCD 传感器所需要的复位时钟、转移时钟及水平驱动信号和垂直驱动信号，同时产生与 AD9978A 采样相位相关的场行同步信

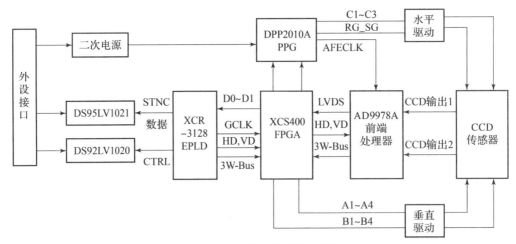

图 1 – 10　图像采集系统示例

号。AD9978A 内部集成直流偏置电路、双相关采样电路及黑电平钳位电路，可以用来补偿 CCD 传感器的暗电流噪声影响和输出放大器复位脉冲串扰信号。

同时，AD9978A 内部有可编程增益放大器（Programmable Gain Amplifier，PGA）以便适应不同的 CCD 传感器输入电压。

A/D 转换器采样电路需要输入场行同步信号（例如图 1 – 15 中的 HD 和 VD 信号）进行像素对齐，同时 FPGA 通过一个类似 SPI 的三线接口对 A/D 转换器进行配置，这些配置包括内部的 PGA 增益、采样模式、上电时序、通道切换及启动转换等的设置。整个 A/D 转换器由 CCD 驱动器的输出时钟作为参考时钟，以适应不同的采样速率。A/D 转换器直接输出 LVDS 到 FPGA 的 LVDS 输入管脚。

在大多数情况下，人们不直接与图像传感器打交道，就会直接得到一个指定接口的相机或者提前知道一组视频的数据流的具体时序。这个相机可能有各种各样的接口，本书将在视频接口的相关章节详细讨论这个问题。

## 1.2.4　图像处理流水线

图像采集并不是在图像传感器处就结束了，正好相反，它才刚刚开始。下面介绍一幅原始图像在进入下一步图像处理之前要历经哪些步骤（以数码相机为例）。有时这些步骤是在图像传感器电子模块内部完成的（尤其是使用 CMOS 传感器时），而有时这些步骤必须由图像处理来完成。在数码相机中，这一系列步骤被称为"图像处理流水线"，简称为"图像流水线"，如图 1 – 11 所示。

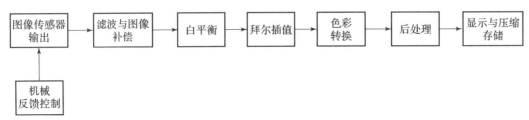

图 1 – 11　图像处理流水线示意

图像传感器输出模块通常包括图像传感器、前置放大器、自动对焦、预处理、时序控制等功能模块。后处理模块通常完成目标检测与跟踪、智能视频分析等高级图像处理任务。显示与压缩存储模块对采集的图像进行显示和压缩存储。下面对图像处理流水线中的通用模块进行详细阐述。

**1. 机械反馈控制**

在松开快门之前，对焦和曝光系统连通其他机械相机组件并根据场景的特征控制镜头位置。自动曝光算法测量各区域的亮度，然后通过控制快门速度和光圈大小对过度曝光或者曝光不足的区域进行补偿。其目标是保持图像中不同的区域形成一定的对比，并达到一个目标的平均亮度。

**2. 自动对焦**

自动对焦算法分为两类。主动方法利用红外线或者超声波发射器/接收器来估计数码相机和所要拍摄的对象之间的距离。被动方法则根据数码相机接收到的图像进行对焦决策。

在这两种算法中，图像处理器通过 PWM 信号控制各镜头和快门电动机。对于自动曝光控制，也要调整传感器的自动增益控制（Automatic Gain Control，AGC）电路。

**3. 预处理**

人眼对光线亮度的感应实际上是非线性的，人眼对光线的反应曲线称为"伽马曲线"，如图 1 – 12 所示。这个特性保证了人眼具有极宽的亮度分辨范围，可以分辨亮度差别非常大的物体。

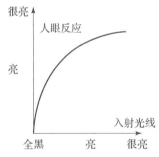

图 1 – 12　人眼的"伽马曲线"

这个特性也决定了图像传感器的输出需要经过伽马校正才能用于显示（除非是采用逆伽马特性的 CRT 显示器）。

此外，由于图像传感器通常具有一些有缺陷的感光点，所以需要对这些感光点进行预补偿。一种常用的预处理技术是中值滤波技术。

**4. 滤波与图像补偿**

这组算法考虑了镜头的物理特性，也就是镜头会在一定程度上歪曲用户实际看到的景象。不同的镜头可能引起不同的失真，例如，广角镜头会产生"桶状"或者"膨胀效应"，而长焦镜头则会产生"收缩效应"。镜头的阴影失真降低了周围图像的亮度，色差会引起图像周围出现条纹。为了纠正这些失真，图像处理器需要运用数学变换来处理图像。

预处理的另外一个用处是进行图像的稳定性补偿，或者称为防抖动。这时，图像处理器会根据接收图像的平移运动进行调整，这通常需要借助外部传感器，例如通过陀螺仪或加速度传感器实时感知图像传感器的运动。

**5. 白平衡**

预处理的另一个阶段是白平衡。当人看到一个场景时，不管条件如何，人眼总会把看到的一切调整到同一组自然颜色下的状态。例如，不管在室内荧光灯下还是在室外阳光下，一个深红色的苹果看起来都是深红色的。但是，图像传感器对于颜色的感知却极大地依赖光照条件，因此，必须将图像传感器获得的图像映射为"与光照无关"才能最终输出。这种映射处理可以手动完成，也可以自动完成。在手动系统中，可以指定数码相机进行白平衡的对象，然后调节整幅图像的"色温"以满足这种映射。在自动系统中，自动白平衡（Automatic White Balance，AWB）利用图像传感器的输入和额外的白平衡传感器来共同决定应该将图像中的哪一部分作为"真正的白色"。这实际上是调整了图像中 R、G 和 B 通道之间的相对增益。

6. 拜尔插值

拜尔插值，可能是图像处理流水线中最重要的、数值计算最多的操作。每个数码相机制造商都有自己独特的"秘方"，不过一般来讲这些算法最终可以分为两个主要的大类。

（1）非自适应算法（例如双线性插值或者双三次插值），是最简单的实现方法。在图像的平滑区域内使用非自适应算法效果很好。但是，边缘和纹理较多的区域则对该算法提出了巨大的挑战。

（2）自适应算法可以根据图像的局部特征自动改变行为，其效果更好。自适应算法的一个例子是边缘指导重构。该算法会分析某个像素周围的区域，然后决定在哪个方向进行插值。若该算法发现附近有一个边缘，则会沿着边缘方向进行插值，而不会穿越这个边缘。还有一种自适应算法是假定一个完整的物体具有恒定的颜色，这样可以防止单个物体的颜色出现突变。

除此之外，还有很多其他拜尔插值算法，它们涉及频域分析、贝叶斯决策，甚至与神经网络和遗传算法有关。

7. 色彩转换

在这个阶段，拜尔插值后的 RGB 图像被转换到目标色彩空间中（如果不在正确的色彩空间中）。在通常情况下，人眼对亮度比对颜色有更高的空间分辨率。因此，常常把图像转换为 YCbCr 格式。

## 1.2.5　图像与视频压缩

一旦图像处理完毕，根据不同的设计需求，图像处理流水线可能分为两个不同的分支。首先，经过处理的图像会被输出到显示器上。其次，图像在被存储到本地的存储介质（一般是非易失性闪存卡）之前，先用工业标准的压缩技术（如 JPEG）进行压缩处理。

图像压缩是指以较少的比特有损或无损地表示原来的像素矩阵，也称为图像编码。图像之所以能被压缩，是因为图像数据中存在冗余。图像数据的冗余主要表现如下：图像中相邻像素间的相关性引起的空间冗余；图像序列中不同帧之间的相关性引起的时间冗余；图像中不同彩色平面或频谱的相关性引起的频谱冗余。

数据压缩的目的是通过去除这些冗余来减少表示数据所需的比特数。由于图像数据庞大，其存储、传输、处理非常困难，所以图像压缩显得非常重要。

1. 图像压缩

常见的图像压缩格式有以下几种。

1）JPEG

JPEG 是当今比较流行的图像压缩格式之一。JPEG 格式主要应用于照片，一般不用于简单的线条画和其他调色板非常有限的图形。JPEG 格式的压缩比例为 10 : 1 ~ 20 : 1。当然，压缩比例越高，失真就越严重。即使在相当高的压缩比例之下，文件已经非常小，而与原始位图（BMP 文件）相比，JPEG 文件仍然保持了相当的视觉质量。JPEG 支持无损压缩，无损压缩的压缩比例通常为 2∶1。

2）JPEG2000

JPEG2000 也称为 J2K，是 JPEG 的延续。它突破了 JPEG 标准中的一些基本限制，同时具备向下兼容的能力。JPEG2000 实现了更高的压缩比，对于二值图像、计算机图形和照片等性能表现都很好。和 JPEG 类似，JPEG2000 也有有损和无损模式。JPEG2000 支持"感兴趣区域"的压缩，也就是说，对图像中被选择的区域可以用比其他区域更高的质量进行编码。

3）GIF

GIF（Graphics Interchange Format）的原意是"图像互换格式"，是 CompuServe 公司在 1987 年开发的图像文件格式。GIF 是一种基于 LZW 算法的连续色调的无损压缩格式。其压缩率一般在 50% 左右。GIF 不属于任何应用程序，目前几乎所有相关软件都支持它，公共领域有大量的软件使用 GIF 文件。GIF 文件的数据是经过压缩的，并且采用了可变长度等压缩算法。GIF 格式的还有一个特点：在一个 GIF 文件中可以存在多幅彩色图像。如果把存在于一个 GIF 文件中的多幅图像逐幅读出并显示到屏幕上，就可以构成最简单的动画。

GIF 格式自 1987 年由 CompuServe 公司引入后，因其体积小且成像相对清晰，特别适合初期慢速的互联网而大受欢迎。它采用无损压缩技术，只要图像不多于 256 色，就可以既减小文件的大小，又保持成像的质量（当然，现在也存在一些技术，可以在一定的条件下克服 256 色的限制）。但是，256 色的限制大大局限了 GIF 格式的应用范围，如彩色相机等（当然采用无损压缩技术的彩色相机照片也不适合通过网络传输）。因此，GIF 格式普遍适用于图表、按钮等只需少量颜色的图像（如黑白照片）。

4）PNG

PNG 的设计目的是替代 GIF 和 TIFF 格式，同时增加一些 GIF 格式所不具备的特性。PNG 的名称来源于"可移植网络图形格式"（Portable Network Graphic Format），也有一个非官方解释"PNG's Not GIF"。PNG 是一种位图文件存储格式。PNG 存储灰度图像时，灰度图像的深度可多达 16 位；PNG 存储彩色图像时，彩色图像的深度可多达 48 位，并且可以存储多达 16 位的 a 通道数据。PNG 使用从 LZ77 派生的无损压缩算法，一般应用于 Java 程序、网页或 S60 程序，原因是其压缩比例高，生成的文件体积小。

2. 视频压缩

所谓视频编码方式，是指通过特定的压缩技术，将某个视频格式的文件转换成另一种视频格式的文件的方式。视频流传输中最为重要的编解码标准有国际电信联盟（International Telecommunication Union，ITU）的 H. 261、H. 263、H. 264，运动静止图像专家组的 M – JPEG 和国际标准化组织/国际电工委员会运动图像专家组的 MPEG 系列标准。此外，在互联网上被广泛应用的还有 Real – Networks 的 Real Video、微软公司的 WMV 及苹果公司的 QuickTime 等。

1）H. 261

H. 261 标准由国际电信联盟电信标准化部门（ITU – Telecommunication Standardization Sector）的前身国际电报电话咨询委员会（Consultative Committee on International Telegraph and Telephone，CCITT）下属视频编码专家组（Video Coding Experts Group，VCEG）于 1988 年开发，于 1990 年制定。H. 261 主要在老的视频会议和视频电话产品中使用。H. 261 是第一个视频压缩国际标准。H. 261 标准使用混合编码框架，包括基于运动补偿的帧间预测。它使用了常见的 YCbCr 色彩空间、4∶2∶0 的色度抽样格式、8 位的抽样精度、16×16 的宏块、分块的运动补偿、按 8×8 分块进行的离散余弦变换、量化、对量化系数的 zig – zag 扫描、run – level 符号影射及霍夫曼编码。H. 261 标准只支持逐行扫描视频输入。虽然目前已很少使用 H. 261 标准，但它是视频编解码领域的鼻祖，之后的所有标准视频编解码器都是基于它设计的。

2）MPEG – 1

MPEG – 1 标准由国际标准化组织/国际电工委员会（International Organization for Standards/International Electro – Technical Commission，ISO/IEC）下属运动图像专家组（Moving Pictures Experts Group，MPEG）制定的第一个视频和音频有损压缩标准。ISO/IEC（MPEG）于 1990 年定义完成 MPEG – 1 标准。1992 年年底，MPEG – 1（Part2）被正式定为国际标准。其原来的主要目标是在音频 CD（Compact Disc）上记录图像。MPEG – 1（Part2）标准是 VCD（Video Compact Disc）的技术核心。有些在线视频也使用 MPEG – 1（Part2）标准。MPEG – 1（Part2）编解码器的质量大致上和原有的 VHS 录像带相当，VCD 应用约定 MPEG – 1（Part2）的分辨率，数字视频信号编码使用固定的比特率（1. 15 Mbit/s）。虽然只要输入视频源的质量足够好，编码的码率足够高，MPEG – 1（Part2）可获得更大的画幅尺寸、更高的运动视觉感知质量，但是考虑到要让所有商业化的 VCD 播放机有一个统一的技术标准及硬件处理能力的限制，规定高于 1. 15 Mbit/s 的码率都不被单体的 VCD 播放机（包括一些 DVD 播放机）使用。这使 VCD 在播放快速动作的视频时，由于数据量不足，压缩时宏块无法全面调整，视频画面出现模糊的方块。这也许是 VCD 在发达国家未获得成功的原因。如果考虑通用性，那么 MPEG – 1 编解码器可以说是通用性最高的编解码器，世界上几乎所有计算机都可以播放 MPEG – 1 文件。几乎所有 DVD 播放机都支持 VCD 的播放。从技术上来讲，比起 H. 261 标准，MPEG – 1 标准增加了半像素运动补偿和双向运动预测帧。和 H. 261 标准一样，MPEG – 1 只支持逐行扫描的视频输入。

3）H. 262

H. 262 标准是 ITU – T（VCEG）于 1994 年升级 H. 261 标准后制定的视频压缩标准，它与 ISO/IEC（MPEG）制定的视频压缩标准 MPEG – 2（ISO/IEC13818 – 2）在内容上相同，在 DVD、SVCD 和大多数数字视频广播系统和有线分布系统（Cable Distribution Systems）中使用。当在标准 DVD 中使用时，它支持较高的图像质量和宽屏；当在 SVCD 中使用时，它的质量不如 DVD，但是比 VCD 高出许多。MPEG – 2 也被用于新一代 DVD、HD – DVD 和蓝光光盘（Blu – ray Disc）。从技术上讲，比起 MPEG – 1，MPEG – 2 最大的改进在于增加了对隔行扫描视频的支持。MPEG – 2 虽然是一个相当老的视频压缩标准，但是它具有很高的普及度和市场接受度。ISO/IEC（MPEG）原先打算开发 MPEG – 1、MPEG – 2、MPEG – 3 和 MPEG – 4 这 4 个版本，以满足不同带宽和数字影像质量的要求。继 MPEG – 2 之后，MPEG – 3 标准最初是为 HDTV 开发的，但由于 MPEG – 2 已能适用于 HDTV，因此 MPEG – 3 还没出世就被抛弃了。

4）H. 263

H. 263 标准制定于 1995 年，主要用于视频会议、视频电话和网络视频。在对逐行扫描的视频源进行压缩方面，H. 263 标准比它之前的视频压缩标准在性能上有了较大的提升。尤其是在低码率端，它可以在保证一定质量的前提下大大地节约码率，对网络传输具有更好的支持功能。与之前的视频压缩国际标准（H. 261、MPEG - 1 和 H. 262/MPEG - 2）相比，H. 263 标准的性能有了革命性的提高。1998 年，增加了新功能的 H. 263 +（或者称为 H. 263v2）标准问世，它显著地提高了编码效率，并提供了其他功能。2000 年，H. 263 ++（或者称为 H. 263v3）标准问世，它在 H. 263 + 的基础上增加了更多新功能。

5）MPEG - 4

MPEG - 4（ISO/IEC14496 - 2）于 1999 年年初正式成为国际标准。它有时也被称为"ASP"。它可以用于网络传输、广播和媒体存储。与 H. 263 标准相比，MPEG - 4 的压缩性能有所提高。MPEG - 4 是一个适用于低传输速率的方案。和之前的视频压缩标准的主要不同点在于，MPEG - 4 更加注重多媒体系统的交互性和灵活性。MPEG - 4 是第一个含有交互性的动态图像标准，它的另一个特点是其综合性。从根本上说，MPEG - 4 可以将自然物体与人造物体在运动视觉感知上融合。MPEG - 4 的设计目标还有更广泛的适应性和更灵活的可扩展性，它引入了 H. 263 标准的技术和 1/4 像素的运动补偿技术。和 MPEG - 2 一样，它同时支持逐行扫描和隔行扫描。

6）H. 264

H. 264 标准和 MPEG - 4（ISO/IEC14496 - 10）标准是相同的标准，MPEG - 4（ISO/IEC14496 - 10）有时也被称为 MPEG - 4AVC，简称"AVC"或"JVT"。H. 264/MPEG - 4AVC 标准制定于 2003 年，是 ISO/IEC（MPEG）和 ITU - T（VCEG）合作完成的性能优异的视频压缩标准，并且已经得到了非常广泛的应用。该标准引入了一系列新的能够大大提高压缩性能的技术，并能够同时在高码率端和低码率端大大超越以前的诸标准。已经使用 H. 264 标准的产品包括索尼公司的 PSP、Nero 公司的 NeroDigital 产品套装、苹果公司的 MacOSXv10. 4，以及 HD - DVD 和蓝光光盘等。在通信、计算机、广播电视等不同领域，该标准是目前的主流视频压缩标准。

7）HEVC

HEVC 也被非正式地称为 H. 265、H. NGVC 和 MPEG - H（Part2），是一种视频压缩标准草案。HEVC 标准是在 H. 264 标准的基础上发展起来的，目前正在被 ISO/IEC（MPEG）和 ITU - T（VCEG）联合开发。ISO/IEC（MPEG）和 ITU - T（VCEG）成立了视频编码联合协作团队（Joint Collaborative Teamon - Video Coding JCT - VC）共同开发 HEVC 标准。2012 年 6 月，MPEGLA 宣布开始发放 HEVC 专利许可。2012 年 7 月，HEVC 标准草案被提交。为了便于高分辨率视频的压缩，HEVC 标准采用灵活的块结构 RQT（Residual Quad - tree Transform）及采样点自适应偏移（Sample Adaptive Offset）方式提升性能，虽然增加了算法难度，但是减少了失真，提高了压缩比例。

8）AVS

音视频编码标准（Audio Videocoding Standard，AVS）是原中华人民共和国信息产业部数字音视频编解码技术标准工作组制定的音/视频压缩标准。AVS（GB/T20090. 2）是一套包含系统、视频、音频、媒体版权管理在内的完整标准体系。它采用与 MPEG -

4AVC/H. 264 不同的专利授权方式，制定了具有中国自主知识产权的数字视频编解码技术国家标准，提出了按需纵向算法组合、简洁高效的混合编码技术体系，并被接受为国际上三大视频压缩标准之一。在技术上，AVS 标准的视频编码部分所采用的技术与 H. 264 标准非常相似，适用于多种灵活码流结构表示方法以及抗误码和内容保护技术。

9）WMV

WMV（Windows Media Video）是微软公司的视频编解码格式，包括 WMV7、WMV8、WMV9、WPV10。这一族的视频编解码格式可以应用于从拨号上网的窄带视频到 HDTV 的宽带视频。使用 WMV 的用户可以将视频文件刻录到 CD、DVD 或者其他设备上。WMV 也可以作为媒体服务器。WMV 可以被看作 MPEG - 4 的一个增强版本。WMV9 是电影电视工程师协会（Society of Motion Picture and Television Engineers，SMPTE）于 2006 年正式通过的 VC - 1 标准。在技术上，VC - 1 标准与 H. 264 标准有诸多相似之处。

10）Real Video

Real Video 是由 Real Networks 公司于 1997 年开发的视频编解码格式。Real Video 通常可以将视频压缩得更小，因此它可以在 56 Kbit/s 拨号上网的条件实现不间断的视频播放。Real Video 的文件扩展名一般为 ". am" ". rm" ". ram"，现在广泛流行的是 ". rmvb"，即动态编码率的 Real Video。Real Video 除了可以以普通的视频文件形式进行播放，还可以与 Real Server 服务器配合，在数据传输过程中一边下载一边播放视频，而不必像大多数视频那样，必须先下载，然后才能播放。Real Video 目前常用于网络在线播放视频。

## 1.2.6 视频显示处理

1. 去隔行处理

1）隔行和逐行扫描

隔行扫描方式源于早期的模拟电视广播技术，这种技术需要对图像进行快速扫描以便最大限度地减少视觉上的闪烁感。但是，当时可以运用的技术并不能以较高的速度对整个屏幕进行刷新。于是，将每帧图像进行"交错"排列或分为两个视场，一个由奇数扫描线构成，而另一个由偶数扫描线构成，如图 1 - 13 所示。NTSC 的帧刷新速率被设定为约 30（或 25）帧/秒。于是，大面积区域的刷新频率为 60（或 50）Hz，而局部区域的刷新频率为 30（或 25）Hz，这也是出于节省带宽的折中考虑，因为人眼对大面积区域的闪烁更为敏感。

隔行扫描方式不仅会产生闪烁现象，也会带来其他问题。例如，扫描线本身也常常可见。因为 NTSC 中每个视场的信号就是 1/60 s 间隔内的快照，所以一帧视频通常包括两个不同的视场。当正常观看显示屏时，这并不是一个问题，因为视频在时间上是近似一致的。然而，当画面中存在运动物体时，把隔行场转换为逐行帧（即解交织过程）会产生锯齿边缘。解交织过程非常重要，因为将视频帧作为一系列相邻的扫描线来处理将带来更高的效率。

2）去隔行

将视频源数据从一个输出隔行 NTSC 数据的摄像机中取出时，往往需要对其进行去隔行处理，这样奇数行和偶数行将交织排列在存储区中，而不是分别位于两个分离的视场缓冲区中。去隔行不仅是高效率的、基于块的视频处理所需要的，也是在逐行扫描格式中显示隔行视频所必需的（例如在一个 LCD 平板电脑中）。去隔行处理有多种方法，包括行倍增、行平均、中值滤波和运动补偿。

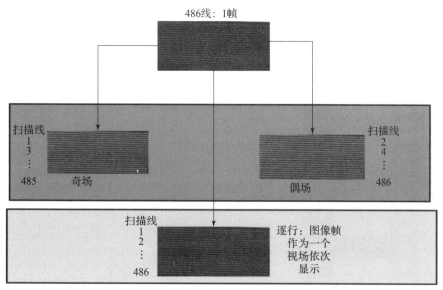

图 1 - 13 隔行扫描和逐行扫描方式的对比

2. 扫描速率转换

一旦视频完成了去隔行处理，就有必要进行扫描速率转换，以确保输入的帧速率与输出显示的刷新频率匹配。为了实现两者的均衡化，可能需要丢弃视场或者复制视场。当然，与去隔行处理类似的是，最好采用某种形式的滤波，以便消除突然的帧切换所造成的高频的人为干扰。扫描速率转换的一个具体情况是，将 24 帧/s 的视频流（通常对应 35 mm 和70 mm 的电影胶片）转换为 30 帧/s 的视频流，以满足 NTSC 视频系统的要求，这属于 3∶2 下拉。例如，若每个胶片（帧）在 NTSC 视频系统中只被用一次，则以 24 帧/s 记录的电影的运动速度将提高25%（ =30/24）。于是，3∶2 下拉被认为是一种将 24 帧/s 的视频流转换为 30 帧/s 的视频流的方法。它是通过以一定的周期化的样式重复各帧来实现的，如图 1 - 14 所示。

3. 色度采样

1）色度下采样

由于人眼的杆状细胞多于锥状细胞，故对于亮度的敏感能力要优于对色度的敏感能力。幸运的是（或者事实上通过设计可实现的是），YUV 色彩空间允许人们将更多的注意力投向 Y，而对 U 和 V 的关注程度不那么高。于是，通过对色度进行下采样的方法，视频标准和压缩算法可以大幅减小视频带宽。

YUV 色彩空间采用 A∶B∶C 表示法描述采样比例。图 1 - 15 所示为 3 种采样比例。图中黑点表示采样像素的 Y 分量，空心圆表示采样像素的 U，V 分量。

（1）4∶4∶4 表示色度没有下采样，即一个 Y 分量对应一个 U 分量和一个 V 分量。

（2）4∶2∶2 表示 2∶1 的水平下采样，没有垂直下采样，即每两个 Y 分量共用一个 U 分量和一个 V 分量。

（3）4∶2∶0 表示 2∶1 的水平下采样、2∶1 的垂直下采样，即每四个 Y 分量共用一个 U 分量和一个 V 分量。

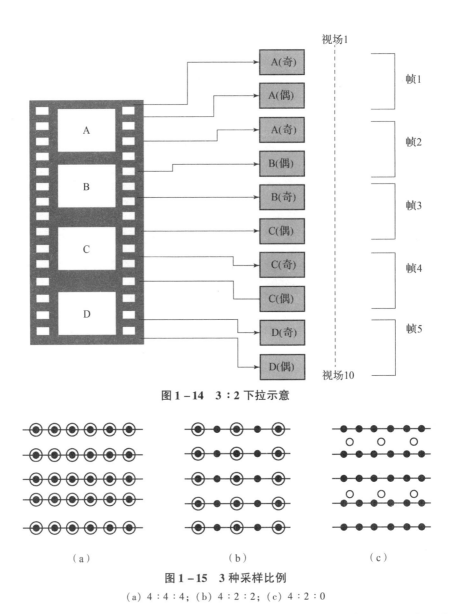

图 1-14 3:2 下拉示意

图 1-15 3 种采样比例

(a) 4:4:4; (b) 4:2:2; (c) 4:2:0

(4) 4:1:1 表示 4:1 的水平下采样,没有垂直下采样,即每四个 Y 分量共用一个 U 分量或一个 V 分量。与其他格式相比,4:1:1 采样不太常用。

2)色度重采样

在某些情况下,显示器接口所支持的色彩模型与当前色彩模型不匹配。这时需要对色彩模型空间进行转换。前文提到的式(1.2.1)和式(1.2.2)展示了 RGB 色彩模型与 YUV 色彩模型和 YCbCr 色彩模型的转换关系。在多数情况下,需要对色度进行重采样。一个简洁的色度重采样方法是从最邻近的像素上借助简单的平均化方法插值出缺失的色度值。也就是说,在一个像素上缺失的 Cb 值将被最接近的 2 个 Cb 值的平均值所取代。虽然某些应用还需要更高阶的滤波器,但这一简化的方法往往已经足够了。另一种方法是对邻近的像素的色度值进行复制,以便得到在当前像素表示中缺失的色度值。

**4. 缩放与剪切**

缩放可以生成一路分辨率与输入流的分辨率不同的输出流。在理想情况下，固定缩放的要求都是事先已知的，以避免在输入流和输出流之间进行任意缩放带来计算上的负担。在缩放前，明确待缩放图像的内容（如文字和水平线存在与否）很重要。不恰当的缩放会导致文字不可阅读或者某些水平线消失。将输入帧调整为幅面更小的输出帧时，最简单的方法是剪切。

如果无法进行剪切，还可以对图像进行下采样（减少像素和/或行的数量）或者上采样（增加像素和/或行的数量），以便在处理的复杂程度和相应的图像质量方面做出折中取舍。

**5. 其他视频显示处理**

**1）α 混合**

在显示之前往往需要将两种图像和/或视频缓冲区组合。一个涉及两路视频流的示例是画中画功能。将两路视频流组合后，需要决定在内容重叠的位置，哪路视频流将"胜出"。这就是 α 混合发挥作用的地方。可以定义一个变量 α，用它表示像素值和背景像素值之间的"透明因子"，如式（1.2.3）所示。

$$输出值 = \alpha(前景像素值) + (1-\alpha)(背景像素值) \tag{1.2.3}$$

式（1-3）表明，当 α 值为 0 时，可以实现完全透明的叠图，当 α 值为 1 时，叠图完全是不透明的，完全不显示相应区域的背景图像。α 有时通过单独的通道与各像素的亮度和色度一起发送。这就造成了"4∶2∶2∶4"的情形，其中最后一位值是一个伴随每个像素对象的 α。α 的编码形式与亮度分量的编码形式相同，但对于大多数应用来说，常常只需取少数几个亮度的离散级别（也许是 16 个）即可。

**2）合成操作**

一般来说，在输出图像完全完成之前需要进行若干次合成操作。换句话说，产生一个复合的视频可能需要将"多层"图像和视频叠放起来。二维的 DMA 功能对于合成操作来说是非常有用的，因为它允许在更大的缓冲区中定位任意尺寸的矩形缓冲区。注意，任何图像的剪切都应该在合成操作之后进行，因为定位后的叠图可能和此前剪切的边界发生冲突。

**3）色度键控**

色度键控是指两幅图像合成时，其中一幅图像中的特定颜色（往往是蓝色或者绿色）被另一幅图像中的内容所取代的现象。它提供了一种方便地合成两幅图像的方法。其原理是有意识地对第一幅图像进行剪裁，使之被第二幅图像的恰当区域所取代。色度键控可以在媒体处理器中以软件或者硬件的形式实现。

**4）输出格式化**

大多数针对消费类应用的彩色 LCD 都带有数字 RGB 接口。彩色 LCD 所显示的每个像素实际上都有 3 个子像素，即每个像素都包含红色、绿色和蓝色滤波器，人眼可以将其分辨为单色的像素。例如，一个像素实际包含了 R、G 和 B 子像素。每个子像素有 8 bit 的亮度信号，这构成了常见的 24 bit 的彩色 LCD 显示基础。在 3 种最常见的配置中，要么每个通道使用 8 bit 表示（RGB888 格式），要么每个通道使用 6 bit 表示（RGB666 格式），或者 R 和 B 通道各使用 5 bit 表示，G 通道使用 6 bit 表示（RGB565 格式）。在这 3 种配置中，

RGB888 格式提供了最好的色彩清晰度，这种格式总共有 24 bit 的分辨率，可以提供超过 1 600 万种色彩，它为 LCDTV 等高性能应用提供所需要的高分辨率和精度。RGB666 格式在便携式电子产品中非常流行，这种格式总共有 18bit 的分辨率，可以提供 262 000 种色彩。不过，由于其采用的 18 引脚（6 + 6 + 6）数据总线并不能很好地与 16 bit 处理器数据通道兼容，所以在工业上采用一种常见的折中方法，即 RGB565 格式，以此实现与 RGB666 格式的兼容。

# 第 2 章

# 图像处理基础

图像处理的目的之一是帮助人们更好地观察和理解图像中的信息，也就是说，最终要通过人眼判断图像处理的结果。因此，首先有必要研究人的视觉系统的特点，熟悉与掌握图像处理基本知识。

## 2.1　人眼的视觉原理

### 2.1.1　人眼的构造

人眼是一个平均半径为 20 mm 的球状器官。它由 3 层薄膜包围，最外层是坚硬的蛋白质膜，由角膜、巩膜组成。其中位于前方的大约 1/6 部分为有弹性的透明组织，称为角膜，光线从角膜进入人眼。其余 5/6 部分为白色的不透明组织，称为巩膜，它的作用是维持眼球形状和保护眼内组织。

中间一层由虹膜、睫状体和脉络膜组成。虹膜的中间有一个圆孔，称为瞳孔（直径为 2～8 mm）。虹膜的作用是调节晶状体厚度，控制瞳孔的大小，以控制进入人眼的光通量，其作用和照相机中的光圈一样。根据人种的不同，虹膜具有不同的颜色，如黑色、蓝色、褐色等。睫状体前接虹膜根部，后接脉络膜，外侧为巩膜，内侧则通过悬韧带与晶状体赤道部相连。睫状体经悬韧带调节晶状体的屈光度。脉络膜位于巩膜和视网膜之间，含有的丰富色素，对人的视觉系统起保护作用，对整个视觉神经有调节作用。

最内层为视网膜，它的表面分布有大量光敏细胞。这些光敏细胞按照形状可以分为锥状细胞和杆状细胞两类。每只眼睛中有 600 万～700 万个锥状细胞，并集中分布在视轴和视网膜相交点附近的黄斑区内。每个锥状细胞都连接一个神经末梢，因此，黄斑区对光有较高的分辨率，能充分识别图像的细节。锥状细胞既可以分辨光的强弱，也可以分辨色彩。杆状细胞数目更多，每只眼睛中有 7 600 万～15 000 万个杆状细胞。然而，它广泛分布在整个视网膜表面上，并且若干个杆状细胞同时连接一个神经末梢，这个神经末梢只能感受多个杆状细胞的平均光刺激，这使得在这些区域的视觉分辨率显著下降，因此杆状细胞无法辨别图像中的细微差别，而只能感知视野中景物的总的形象。杆状细胞不能感觉色彩，但它对低照明度的景物往往比较敏感。人在夜晚所观察到的景物只有黑白、浓淡之分，而没有颜色差别，这是由于夜晚的视觉过程主要由杆状细胞完成。

除了 3 层薄膜以外，在瞳孔后面还有一个扁球形的透明体，称为晶状体。它由许多同心的纤维细胞层组成，由称作睫状小带的肌肉支撑。晶状体如同可变焦距的透镜，它的曲率可以由睫状肌的收缩进行调节。睫状肌是位于虹膜和视网膜之间的三角组织，其作用是改变晶状体的形状，从而使景象始终能刚好聚焦于黄斑区。

角膜和晶状体包围的空间称为前室，前室内是对可见光透明的水状液，它能吸收一部分紫外线。晶状体后面是后室，后室内所充满的胶质透明体称为玻璃体，它起着保护眼睛的滤光作用。

### 2.1.2　图像的形成

人眼在观察景物时，光线通过角膜、前室水状液、晶状体、后室玻璃体，到达视网膜的黄斑区周围。视网膜上的光敏细胞感受到强弱不同的光刺激，产生强度不同的电脉冲，并经神经纤维传送到视神经中枢，由于不同位置的光敏细胞可产生与所接收光线强弱成比例的电脉冲，所以大脑中便形成了一幅景物的画面。

### 2.1.3　视觉亮度范围和分辨率

视觉亮度范围是指人眼所能感受到的亮度范围。视觉亮度范围非常宽——从百分之几 cd/m² 到几百万 cd/m²（cd 是国际单位制中表示发光强度的基本单位，称为"坎德拉"），但是人眼并不能同时感受这样宽的亮度范围。事实上，在人眼适应了某一平均亮度的环境以后，它所能感受的亮度范围要窄得多。当平均亮度适中时，人眼能分辨的亮度上、下限之比为 1 000∶1，而当平均亮度较低时，该比值可能只有 10∶1。即使客观上相同的亮度，当平均亮度不同时，主观感受的亮度也不同。人眼的明暗感觉是相对的，但由于人眼能适应的平均亮度范围很宽，所以总的视觉亮度范围很宽。

人眼的分辨率是指人眼在一定距离能区分相邻两点的能力，可以用能区分的最小视角 $\theta$ 的倒数来描述，如图 2-1 所示。

$\theta$ 的表达式为

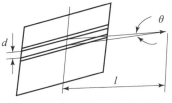

图 2-1　人眼的分辨率的计算

$$\theta = \frac{d}{l} \qquad (2.1.1)$$

式中，$d$ 为能区分的两点间的最小距离；$l$ 为人眼和这两点连线的垂直距离。

人眼的分辨率和环境照度有关，当环境照度太低时，只有杆状细胞起作用，则人眼的分辨率下降；但环境照度太高也无助于人眼的分辨率的提高，因为它可能引起"眩目"现象。

人眼的分辨率还和被观察对象的相对对比度有关。当相对对比度低时，被观察对象和背景亮度很接近，会导致人眼的分辨率下降。

### 2.1.4　视觉适应性和对比灵敏度

当人从明亮的阳光下走进正在放映电影的电影院时，会感到一片漆黑，但过一会儿，视觉便逐渐恢复，人眼这种适应暗环境的能力称为暗适应性。通常这种适应过程约需 30 s。人眼之所以具有暗适应性，一方面是由于瞳孔放大，另一方面是因为完成视觉过程的光敏细胞发生了变化，由杆状细胞代替锥状细胞工作。由于前者的光敏度约为后者的 10 000 倍，所以人眼受微弱的光刺激后能够恢复感觉。

与暗适应性相比，明适应性过程要快得多，通常只需几秒钟。例如，在黑暗中突然打开电灯时，人的视觉几乎马上就可以恢复。这是因为锥状细胞恢复工作所需的时间比杆状细胞短得多。

为了描述图像亮度的差异，给出对比度（反差）和相对对比度的概念。

对比度是图像中最高亮度 $B_{\max}$ 与最低亮度 $B_{\min}$ 之比，即

$$C_1 = \frac{B_{\max}}{B_{\min}} \tag{2.1.2}$$

相对对比度是图像中最高亮度 $B_{\max}$ 与最低亮度 $B_{\min}$ 之差同 $B_{\min}$ 之比，即

$$C_r = \frac{B_{\max} - B_{\min}}{B_{\min}} \tag{2.1.3}$$

### 2.1.5　亮度感觉与色觉

人眼对亮度差别的感觉取决于相对亮度的变化，于是，亮度感觉的变化 $\Delta S$ 可以用相对亮度变化 $\frac{\Delta B}{B}$ 来描述，即

$$\Delta S = k' \frac{\Delta B}{B} \tag{2.1.4}$$

经积分后得到的亮度感觉为

$$S = K' \ln B + K_0 \tag{2.1.5}$$

式中，$K'$ 为常数。该式表明亮度感觉与亮度 $B$ 的自然对数成线性关系。

图 2-2 所示为主观亮度感觉与亮度的关系，实线表示人眼能感觉的亮度范围，其大小为 $10^{-4} \sim 10^4$ cd/m²，但当人眼已适应某一平均亮度时，其可感觉的亮度范围很窄，如图 2-2 中虚线所示。

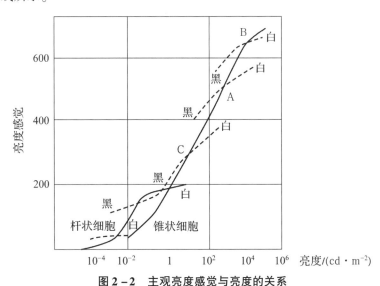

**图 2-2　主观亮度感觉与亮度的关系**

由此可见，人眼在适应某一平均亮度时，黑、白感觉对应的亮度范围较窄，随着平均亮度的下降，黑白感觉的亮度范围变窄。黑、白感觉的相对性给图像传输与重现带来了方

便，体现在如下方面。

（1）重现图像的亮度不必等于实际图像的亮度，只要保持两者的对比度不变，就能给人以真实的感觉。

（2）人眼不能感觉出来的亮度差别在重现图像时不必精确地复制出来。

正常的人眼不仅能够感受光线的强弱，还能辨别不同的颜色。人眼辨别颜色的能力叫作色觉，它是指视网膜对不同波长光的感受特性，即在一般自然光线下分辨各种不同颜色的能力。这主要是黄斑区中的锥状细胞的功劳，它非常灵敏，只要可见光波长相差 3 ~ 5 nm 即可分辨。

正常人色觉光谱的范围为由 400 nm 的紫色到 760 nm 的红色，其间大约可以区别 16 种色调。锥状细胞内有 3 种不同的感光色素，它们分别对 570 nm 的红光、535 nm 的绿光和 445 nm 的蓝光吸收率最高，红、绿、蓝 3 种光按不同的比例混合形成不同的颜色，从而使人眼产生各种色觉。

色觉正常的人在明亮条件下能看到可见光谱的各种颜色，它们从长波一端向短波一端的顺序如下：红色（700 nm）、橙色（600 nm）、黄色（580 nm）、绿色（510 nm）、蓝色（470 nm）、紫色（420 nm）。此外，人眼还能在上述两个相邻颜色范围的过渡区域看到各种中间颜色。

物体的颜色是人的视觉器官受光后在大脑的一种反映。物体的颜色取决于物体对各种波长光线的吸收、反射和透射能力。因此，物体分为消色物体和有色物体。

1. 消色物体

消色物体是指黑色、白色和灰色物体。这类物体对照明光线具有非选择吸收的特性，即光线照射到消色物体上时，消色物体对各种波长入射光是等量吸收的，因此反射光或透射光的光谱成分与入射光的光谱成分相同。当白光照射到消色物体上时，反射率在 75% 以上的消色物体呈白色；反射率在 10% 以下的消色物体呈黑色；反射率介于两者之间的消色物体呈灰色。

2. 有色物体

有色物体对照明光线具有选择吸收的特性，即光线照射到有色物体上时，有色物体对入射光中各种波长光的吸收是不等量的，有的吸收多，有的吸收少。白光照射到有色物体上，有色物体反射或透射的光线与入射光相比，不仅亮度降低，而且光谱成分变少，因此呈现各种不同的颜色。

3. 光源的光谱成分对物体颜色的影响

当有色光照射消色物体时，反射光的光谱成分与入射光的光谱成分相同。当两种或两种以上有色光同时照射到消色物体上时，消色物体呈加色法效应。如图 2 - 3 （a）所示，红、绿、蓝 3 种颜色称为三原色，黄、品、青 3 种颜色称为三补色。加色法原理是三原色光相加可以获得彩色影像。例如，强度相同的红光和绿光同时照射白色物体，该物体就呈黄色。

当有色光照射有色物体时，有色物体呈减色法效应。如图 2 - 3 （b）所示，减色法原理是白光中减去补色可以获得彩色影像。例如，黄色物体在品红光照射下会呈现红色，在青色光照射下会呈现绿色，在蓝色光照射下会呈现灰色或黑色。

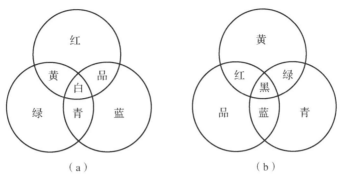

图 2-3　颜色的混合原理

（a）加色法原理；（b）减色法原理

### 2.1.6　马赫带效应

马赫带效应是在 1868 年由奥地利物理学家 E. 马赫发现的一种明度对比现象，是指人眼在明暗交界处感到亮处更亮、暗处更暗的现象。它是一种主观的边缘对比效应，如图 2-4 所示。当观察两块亮度不同的区域时，边界处亮度对比加强，使轮廓表现得特别明显。

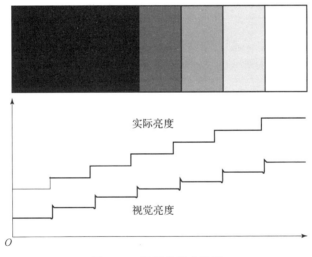

图 2-4　马赫带效应示意

马赫带效应是人类的视觉系统造成的。生理学对马赫带效应的解释是：人类的视觉系统有提高边缘对比度的机制。在亮度突变处产生亮度过冲现象，亮度过冲对人眼所见的景物有增强其轮廓的作用。

## 2.2　连续图像的描述

一幅图像可以被看作空间中各点光强度的集合。假设二维图像中任意点的光强度为 $g$，则 $g$ 与该点的空间位置 $(x,y)$、光的波长 $\lambda$ 和时间 $t$ 有关。其数学表达式为

$$g = f(x, y, \lambda, t) \tag{2.2.1}$$

若只考虑光的能量而不考虑其波长，则图像在视觉上表现为非彩色图像，称为亮度图像，其图像函数为

$$g = f(x,y,t) = \int_0^\infty f(x,y,\lambda,t) V_s(\lambda) \mathrm{d}\lambda \qquad (2.2.2)$$

式中，$V_s(\lambda)$ 为相对视敏函数。

若考虑不同波长光的色彩效应，则图像在视觉上表现为彩色图像，其图像函数为

$$g = \{f_r(x,y,t), f_g(x,y,t), f_b(x,y,t)\} \qquad (2.2.3)$$

式中，

$$f_r(x,y,t) = \int_0^\infty f(x,y,\lambda,t) R_s(\lambda) \mathrm{d}\lambda$$

$$f_g(x,y,t) = \int_0^\infty f(x,y,\lambda,t) G_s(\lambda) \mathrm{d}\lambda \qquad (2.2.4)$$

$$f_b(x,y,t) = \int_0^\infty f(x,y,\lambda,t) B_s(\lambda) \mathrm{d}\lambda$$

$R_s(\lambda)$，$G_s(\lambda)$，$B_s(\lambda)$ 依次为红、绿、蓝三原色视敏函数。

图像内容随时间变化的图像称为运动图像，图像内容不随时间变化的图像称为静止图像。静止图像是本书研究的重点，一般用 $f(x,y)$ 表示。因为光是能量的一种形式，所以 $f(x,y)$ 大于 0，即

$$0 < f(x,y) < \infty \qquad (2.2.5)$$

在每天的视觉活动中，人眼看到的图像一般都是由物体反射的光组成的。因此，$f(x,y)$ 可被看成由两个分量组成：一个分量是所见场景中的入射光量；另一个分量是所见场景中物体反射光的能力，即反射率。这两个分量称为照射分量和反射分量，分别表示为 $i(x,y)$ 和 $r(x,y)$。$i(x,y)$ 和 $r(x,y)$ 之积形成 $f(x,y)$，即

$$f(x,y) = i(x,y) \cdot r(x,y) \qquad (2.2.6)$$

式中，

$$0 < i(x,y) < \infty \qquad (2.2.7)$$

$$0 < r(x,y) < 1 \qquad (2.2.8)$$

式（2.2.8）表示反射分量在极限 0（全吸收）和 1（全反射）之间。$i(x,y)$ 的性质由光源确定，而 $r(x,y)$ 则由所见场景中物体的特性确定。

图像 $f(x,y)$ 在点 $(x,y)$ 处的光强度称为图像在该点处的亮度（$l$），由式（2.2.6）~式（2.2.8）可知，$l$ 的范围为

$$L_{\min} \leqslant l \leqslant L_{\max} \qquad (2.2.9)$$

在理论上，对 $L_{\min}$ 的唯一要求是它必须为正，对 $L_{\max}$ 的要求是它必须有限。区间 $[L_{\min}, L_{\max}]$ 叫作亮度范围。

## 2.3　图像数字化

图像数字化是将图像转化成计算机能够处理的形式的过程。

具体来说，图像数字化就是把图像分割成一个个小区域（像元或像素），并将各小区域的灰度用整数表示（图 2-5），小区域的位置和灰度称为像素的属性。

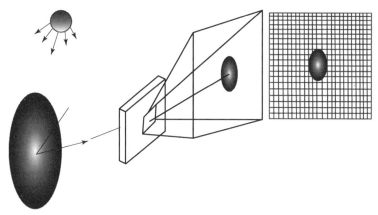

图 2-5　图像数字化示意

## 2.3.1　采样

将空间中连续的图像变换成离散点的操作称为采样。采样间隔和采样孔径是两个很重要的参数。

当进行实际的采样时，怎样选择各采样点的间隔是一个非常重要的问题。图像包含何种程度的细微的浓淡变化，取决于希望真实反映连续图像的程度。严格地说，这是一个根据采样定理加以讨论的问题。如果把包含于一维信号 $g(s)$ 中的频率限制在 $v$ 以下，那么根据式 (2.3.1)，用间距 $T = \dfrac{1}{2v}$ 进行采样的采样值 $g(iT)$ 能够完全把 $g(t)$ 恢复。

$$g(t) = \sum_{t=-\infty}^{\infty} g(iT)s(t - iT) \tag{2.3.1}$$

式中，$s(t) = \dfrac{\sin(2\pi vt)}{2\pi vt}$。

在采样时，若横向的像素数（列数）为 $M$，纵向的像素数（行数）为 $N$，则图像总像素数为 $M \times N$。

采样孔径的形状和大小与采样方式有关。

采样孔径通常有圆形、正方形、长方形、椭圆形 4 种（图 2-6）。在实际使用时，由于受到光学系统特性的影响，采样孔径会在一定程度上产生畸变，使边缘模糊，降低输入图像的信噪比。

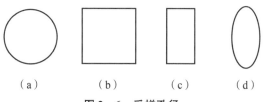

（a）　　　　（b）　　　　（c）　　　　（d）

图 2-6　采样孔径

（a）圆形；（b）正方形；（c）长方形；（d）椭圆形

采样方式是指采样间隔确定后，相邻像素间的位置关系。采样方式通常有图 2 - 7 所示的有缝、无缝和重叠 3 种方式。

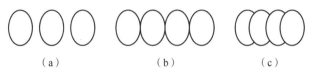

图 2 - 7　采样方式
(a) 有缝；(b) 无缝；(c) 重叠

## 2.3.2　量化

经采样，图像被分割成空间中离散的像素，但像素灰度是连续变化的，还不能用计算机进行处理。将像素灰度转换成离散的整数值的过程叫作量化。图像中不同灰度值的个数称为灰度级数，用 $G$ 表示。若一幅图像的量化灰度级数 $G = 256 = 2^8$，灰度取值范围为 $0 \sim 255$，则用 8 bit 就能表示该幅图像各像素的灰度值，因此常称之为 8 bit 量化。从视觉效果来看，采用大于或等于 6bit 量化获得的灰度图像的视觉效果就能令人满意。

在对图像数字化前需要确定图像大小（行数 $M$、列数 $N$）和灰度级数 $G$。一般图像灰度级数 $G$ 为 2 的整数幂，即 $G = 2^g$，$g$ 为量化 bit 数。那么一幅大小为 $M \times N$、灰度级数为 $G$ 的图像所需的存储空间为 $M \times N \times g(\text{bit})$，称之为图像的数据量。

## 2.3.3　图像的表示

以一幅图像 $F$ 左上角像素中心为坐标原点，像素中心沿水平向右离原点的单位距离数称为列数，沿垂直向下方向离原点的单位距离数称为行数，则一幅 $m \times n$ 的图像用矩阵表示为

$$F = \begin{bmatrix} f(0,0) & f(0,1) & \cdots & f(0,n-1) \\ f(1,0) & f(1,1) & \cdots & f(1,n-1) \\ \vdots & \vdots & & \vdots \\ f(m-1,0) & f(m-1,1) & \cdots & f(m-1,n-1) \end{bmatrix} \tag{2.3.2}$$

图像中的每个像素对应矩阵中相应的元素。

把图像表示成矩阵的优点在于能应用矩阵理论对图像进行分析处理，在表示图像的能量、相关等特性时，采用图像的矢量（向量）表示比采用图像的矩阵表示方便。若按行的顺序排列像素，使图像后一行第一个像素紧接前一行最后一个像素，则可以将图像表示成 $1 \times mn$ 的列向量 $f$：

$$f = [f_0, f_1, \cdots, f_m - 1]^{\mathrm{T}} \tag{2.3.3}$$

式中，$f_i = [f(i,0), f(i,1), \cdots, f(i,n-1)]^{\mathrm{T}}, i = 0,1,\cdots,m-1$。这种表示方法的优点在于，对图像进行处理时，可以直接利用向量分析的有关理论和方法。构成向量时，既可以按行的顺序，也可以按列的顺序，选定一种顺序后，后面的处理都要与之保持一致。

灰度图像是指每个像素的信息由一个量化的灰度来描述的图像，它没有色彩信息，如图 2 - 8 所示。若灰度图像只有两个灰度值（通常取 0 和 1），则这样的灰度图像称为二值图像，如图 2 - 9 所示。

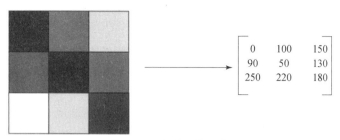

$$\rightarrow \begin{bmatrix} 0 & 100 & 150 \\ 90 & 50 & 130 \\ 250 & 220 & 180 \end{bmatrix}$$

**图 2-8　灰度图像示意**

$$\rightarrow \begin{bmatrix} 0 & 1 & 0 \\ 1 & 1 & 1 \\ 0 & 1 & 0 \end{bmatrix}$$

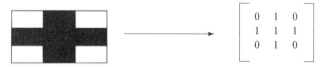

**图 2-9　二值图像示意**

彩色图像是由红、绿、蓝 3 个分量（分别用 ***R***、***G***、***B*** 表示）构成的图像，彩色图像中每个像素的颜色由其在 ***R***、***G***、***B*** 中对应像素的灰度值决定，如图 2-10 所示。

$$\boldsymbol{R}=\begin{bmatrix} 255 & 240 & 240 \\ 255 & 0 & 80 \\ 255 & 0 & 0 \end{bmatrix} \quad \boldsymbol{G}=\begin{bmatrix} 0 & 160 & 80 \\ 255 & 255 & 160 \\ 0 & 255 & 0 \end{bmatrix} \quad \boldsymbol{B}=\begin{bmatrix} 0 & 80 & 160 \\ 0 & 0 & 240 \\ 255 & 255 & 255 \end{bmatrix}$$

**图 2-10　彩色图像的 *R*、*G*、*B***

表 2-1 所示为各类图像的表示形式。

**表 2-1　各类图像的表示形式**

| 类别 | 表示形式 | 备注 |
| --- | --- | --- |
| 二值图像 | $f(x,y)=0,1$ | 用于文字、线图形、指纹等 |
| 灰度图像 | $0 \leqslant f(x,y) \leqslant 2^n-1$ | 用于普通照片，$n=6\sim8$ |
| 彩色图像 | $\{f_i(x,y)\},i=R,G,B$ | 用三原色表示 |
| 多光谱图像 | $\{f_i(x,y)\},i=1,\cdots,m$ | 用于遥感 |
| 立体图像 | $f_L,f_R$ | 用于摄影测量、计算机视觉 |
| 运动图像 | $\{f_t(x,y)\},t=t_1,\cdots,t_n$ | 用于动态分析、视频制作 |

### 2.3.4　采样、量化参数与图像的关系

数字化方式可以分为均匀采样、均匀量化和非均匀采样、非均匀量化。所谓“均匀”，指的是采样、量化为等间隔进行的。图像数字化一般采用均匀采样和均匀量化方式。采用非均匀采样和非均匀量化会使问题复杂化，因此很少采用。

一般来说，采样间隔越大，所得图像像素数越少，空间分辨率低，图像质量越差，严重时会出现像素呈块状的国际棋盘效应；采样间隔越小，所得图像像素数越多，空间分辨率高，图像质量好，但图像的数据量大。

量化等级越多，所得图像层次越丰富，灰度分辨率越高，图像质量越好，但图像的数据量大；量化等级越少，所得图像层次越不丰富，灰度分辨率越低，图像质量越差，会出现假轮廓现象，但图像的数据量小。在极少数情况下，当图像大小固定时，减少灰度级能改善图像质量，其最可能的原因是减少灰度级会提高图像的对比度。

### 2.3.5　图像数字化设备的组成及性能

图像处理的一个先决条件是将图像转化为数字形式。一个简易的图像处理系统就是一台计算机配备图像数字化设备和输出设备。图像数字化设备是图像处理系统中的先导硬件，具有图像输入和数字化的双重功能。在图像处理发展的初始阶段，图像数字化设备非常昂贵，导致图像处理技术的研究受到限制。随着科学技术的发展，图像数字化设备的应用已较普及，并日益向高速度、高分辨率、多功能、智能化的方向发展。

1. 图像数字化设备的组成与类型

图像数字化设备必须能够把图像划分为若干像素并给出它们的地址，能够度量每个像素的灰度，并把连续的度量结果量化为整数，以及能够将这些整数写入存储设备。为了完成这些功能，图像数字化设备必须包含采样孔、图像扫描机构、光传感器、量化器和输出存储体 5 个组成部分。

（1）采样孔：使图像数字化设备能够单独观测特定的像素而不受图像其他部分的影响。

（2）图像扫描机构：使采样孔按照预先规定的方式在图像上移动，从而按顺序观测每个像素。

（3）光传感器：通过采样孔测量每个像素的亮度，是一种将光强度转换为电压或电流的变换器。

（4）量化器：将光传感器输出的连续量转换为整数。典型的量化器是 A/D 转换器，它产生一个与输入电压或电流成比例的数值。

（5）输出存储体：将量化器产生的灰度值按适当格式存储起来，用于后续的计算机处理。它可以是固态存储器，也可以是磁盘或其他合适的设备。

图像数字化设备的类型很多，目前用得较多的图像数字化设备有扫描仪、数码相机和数码摄像机。

扫描仪内部具有一套光电转换系统，可以把各种图像信息转换为计算机图像数据，并传送给计算机，再由计算机进行图像处理、编辑、存储、打印输出或传送给其他设备。扫描仪的工作过程如下：①扫描仪的光源发出均匀的光线照射图像表面；②经过 A/D 转换，把当前扫描线的图像转换成电平信号；③步进电动机驱动扫描头移动，读取下一次图像数据；④经过扫描仪 CPU 处理后，图像数据暂存在缓冲器中，为输入计算机做好准备工作；⑤按照先后顺序把图像数据传输至计算机并存储起来。

按扫描原理可将扫描仪分为以 CCD 为核心的平板式扫描仪、手持式扫描仪和以光电倍增管为核心的滚筒式扫描仪；按色彩方式可将扫描仪分为灰度扫描仪和彩色扫描仪；按扫描图稿的介质可将扫描仪分为反射式（纸质材料）扫描仪、透射式（胶片）扫描仪以及既可扫描反射稿又可扫描透射稿的多用途扫描仪。

手持式扫描仪体积较小、质量小、携带方便，但扫描精度较低、扫描质量较差。

平板式扫描仪是市场上的主力军，主要产品为 A3 和 A4 幅面扫描仪，其中又以 A4 幅面扫描仪用途最广、功能最强、种类最多，其分辨率通常为 600 ～ 1 200 dpi，高的可达 2 400 dpi，色彩数一般为 30 位，高的可达 36 位。滚筒式扫描仪一般用于大幅面图像扫描，如大幅面工程图纸的数字化。它通过滚筒带动图像旋转，从而和扫描头产生相对位移来实现扫描。

扫描仪一般配有相应的软件，这些软件可用来选择扫描时的工作参数，如扫描区域、对比度、分辨率、图像深度等。此外，有些扫描仪的配套软件还具有平滑、放大、缩小、旋转、编辑等功能。

数码相机由镜头、CCD、A/D 转换器、MPU（微处理器）、内置存储器、LCD、PC 卡（可移动存储器）和接口（计算机接口、电视机接口）等部分组成。它是一种能够进行拍摄，并通过内部处理把拍摄到的景物转换成以数据文件存放的图像的新型照相机。模拟相机是以胶卷为载体，而数码相机主要以感光芯片及记忆卡为载体。数码相机还可以直接连接计算机、电视机或者打印机以输出图像。

视频数字化是对输入的模拟视频信息进行采样与量化，并经编码使其变成图像。对视频信息进行采样必须满足 3 个方面的要求：①满足采样定理；②采样频率必须是行频的整数倍；③满足两种扫描制式。这样可以保证每行有整数个取样点，同时要使每行的采样点数目相同，以便于数据处理。视频信息的采样频率和现行的扫描制式主要有 625 行/50 场和 525 行/60 场两种，它们的行频分别为 15 625 Hz 和 15 734. 265 Hz。为了保证信号同步，采样频率必须是电视信号行频的整数倍。CQR 为 NTSC、PAL 和 SE – CAM 制式制定的共同的电视图像采样标准，$f_s = 13.5$ MHz。这个采样频率正好是 PAL、SE – CAM制式行频的 864 倍、NTSC 制式行频的 858 倍，可以保证采样时采样时钟与场行同步信号同步。根据电视信号的特征，亮度信号的带宽是色度信号的带宽的 2 倍。因此，在视频数字化中，对信号的色度分量的采样频率低于对亮度分量的采样频率。

如果用 $Y:U:V$ 表示 Y，U，V 分量的采样比例，则数字视频的采样格式一般为 4∶2∶2，亮度信号用 $f_s$ 的频率采样，两个色度信号用 $f_s/2 = 6.75$ MHz 的频率采样。

视频数字化是由视频采集卡实现的。视频采集卡安装在计算机扩展槽中。它可以汇集多种视频源的信息，如电视机、录像机和摄像机的信息，对被捕捉和采集到的画面进行数字化、冻结、存储、输出及其他处理，如编辑、修整、裁剪、按比例绘制、像素显示调整、缩放等。视频采集卡为多媒体视频处理提供了强有力的硬件支持。视频采集卡的工作原理如图 2 – 11 所示。

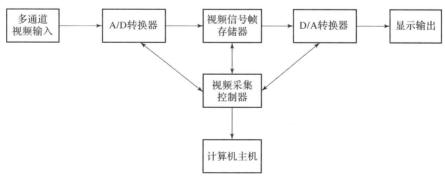

**图 2 – 11　视频采集卡的工作原理**

视频信号源、摄像机、录像机或激光视盘的信号经过 A/D 转换，被送到多制式数字解码器进行解码得到 Y，U，V 数据，然后由视频窗口控制器对其进行剪裁，改变比例后存入视频信号帧存储器。视频信号帧存储器的内容在视频窗口控制器的控制下，与 VGA 同步信号或视频编码器的同步信号一起被送到 D/A 转换器以模拟色彩空间变换矩阵，同时被送到数字式视频编辑器进行视频编码，最后输出到 VGA 监视器及电视机或录像机。采集视频的过程主要包括如下几个步骤。

（1）设置音频源和视频源（信号源），把视频源外设的视频输出与视频采集卡相连，将音频源外设的音频输出与计算机的声卡相连。

（2）准备好计算机系统环境，如优化硬盘、进行显示设置、关闭其他进程等。

（3）启动视频采集程序，预览视频采集信号，设置视频采集参数，启动信号源，然后进行视频采集。

（4）播放采集的视频，如果丢帧严重，则可修改采集参数或进一步优化采集环境，然后重新采集视频。

（5）信号源不间断地将信号送往视频采集卡的输入接口，可根据需要对采集的原始数据进行简单的编辑，如剪切掉起始和结尾处无用的视频序列、剪切掉中间部分无用的视频序列等，以减小数据所占的硬盘空间。

数码摄像机将视频采集和数字化集成，使输出的信号能直接被计算机所接受。数码摄像机的通配性好，携带方便，适用于现场数据采集。

2. 图像数字化设备的性能

虽然各种图像数字化设备的组成不同，但其性能可通过表 2-2 所示的诸项目进行相对比较。

表 2-2　图像数字化设备的性能评价项目

| 项目 | 内容 |
| --- | --- |
| 空间分辨率 | 单位尺寸能够采样的像素数，由采样孔径与采样间隔的大小和可变范围决定 |
| 灰（色）度分辨率 | 量化为多少等级（位深度）或颜色数（色深度） |
| 图像大小 | 允许扫描的最大图幅 |
| 测量特征 | 量化的实际物理参数及精度 |
| 扫描速度 | 采样数据的传输速度 |
| 噪声 | 噪声水平（应当使噪声小于图像内的反差） |
| 其他 | 黑白/彩色、价格、操作性能等 |

# 2.4　灰度直方图

在图像处理中，一个简单而有用的工具是图像的灰度直方图，它概括地反映了图像的灰度级内容和可观的信息。

### 2.4.1 概念

灰度直方图反映的是图像中各灰度像素出现的频率之间的关系。以灰度为横坐标,纵坐标为灰度的频率,频率与灰度的关系图就是灰度直方图。它是图像的重要特征之一,反映了图像灰度分布的情况。图 2 – 12 所示是一幅图像的灰度直方图。频率的计算公式为

$$v_i = \frac{n_i}{n} \tag{2.4.1}$$

式中, $n_i$ 是图像中灰度为 $i$ 的像素数; $n$ 为图像的总像素数。

图 2 – 12　一幅图像的灰度直方图

### 2.4.2 灰度直方图的性质

(1) 灰度直方图只能反映图像的灰度分布情况,而不能反映图像像素的位置,即丢失了像素的位置信息。

(2) 一幅图像对应唯一的灰度直方图,反之不成立。不同的图像可对应相同的灰度直方图。图 2 – 13 所示为不同的图像具有相同的灰度直方图的例子。

图 2 – 13　不同的图像具有相同的灰度直方图的例子

(3) 一幅图像分成多个区域,多个区域的灰度直方图之和即原图像的灰度直方图,如图 2 – 14 所示。

图像的灰度直方图 $H(i)$=区域 I 的灰度直方图 $H_1(i)$+区域 II 的灰度直方图 $H_2(i)$

图 2 – 14　整幅灰度直方图与每个区域的灰度直方图的关系

### 2.4.3 灰度直方图的应用

**1. 判断图像量化是否恰当**

灰度直方图给出了一个直观的指标，用于判断量化图像时是否合理地利用了全部允许的灰度范围。一般来说，通过数字化获取的图像应该利用全部可能的灰度范围，图 2-15（a）所示为灰度恰当分布的情况，图像数字化设备允许的灰度范围 [0,255] 均被有效利用。图 2-15（b）所示为图像对比度低的情况，图中 S，E 部分的灰度未能被有效利用，灰度级数少于 256，对比度降低。图 2-15（c）中 S，E 处具有超出图像数字化器所能处理的灰度范围的灰度，则这些灰度将被简单地置为 0 或 255，灰度差别消失，相应的内容也随之失去。由此将在灰度直方图的一端或两端产生尖峰。丢失的信息将不能恢复，除非重新数字化。可见在数字化中利用灰度直方图进行检查是一个有效的方法。灰度直方图的快速检查可以使数字化中产生的问题及早暴露。

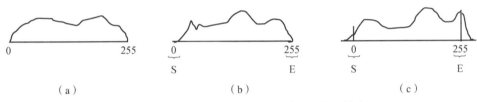

**图 2-15　灰度直方图用于判断图像量化是否恰当**

**2. 确定图像二值化的阈值**

选择灰度阈值对图像二值化是图像处理中讨论得很多的一个课题。假定一幅图像 $f(x,y)$ 如图 2-16 所示，其中背景是黑色的，物体是灰色的。背景中的黑色像素产生了灰度直方图中的左峰，而物体中的各灰度产生了灰度直方图中的右峰。物体边界像素相对而言较少，从而产生了两峰之间的谷。选择谷对应的灰度作为阈值 $T$，利用式（2.4.2）对该图像进行二值化，可以得到一幅二值图像 $g(x,y)$，用于后续处理与分析。

$$g(x,y) = \begin{cases} 0, & f(x,y) < T \\ 1, & f(x,y) \geq T \end{cases} \tag{2.4.2}$$

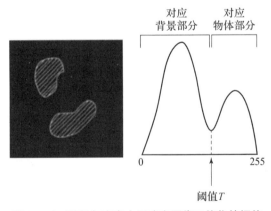

**图 2-16　利用灰度直方图确定图像二值化的阈值**

3. 计算图像中物体的面积

当物体部分的灰度比其他部分的灰度大时，可以利用灰度直方图计算图像中物体的面积：

$$A = n \sum_{i \geqslant T} v_i \tag{2.4.3}$$

式中，$n$ 为图像的像素总数；$v_i$ 为图像中灰度为 $i$ 的像素出现的频率。

4. 计算图像信息量 $H$（熵）

假设一幅图像的灰度范围为 $[0, L-1]$，各灰度像素出现的概率为 $P_0$，$P_1$，$P_2$，$\cdots$，$P_{L-1}$，根据信息论可知，各灰度像素具有的信息量分别为 $-\log_2 P_0$，$-\log_2 P_1$，$-\log_2 P_2$，$\cdots$，$-\log_2 P_{L-1}$。于是，该幅图像的平均信息量（熵）为

$$H = - \sum_{i=0}^{L-1} P_i \log_2 P_i \tag{2.4.4}$$

熵反映了图像信息的丰富程度，在图像编码和图像质量评价中具有重要意义。

# 2.5　图像处理算法的形式

## 2.5.1　图像处理的基本功能的形式

按图像处理的输出形式，图像处理的基本功能可分为 3 种形式。

（1）单幅图像→单幅图像，如图 2 – 17（a）所示。

（2）多幅图像→单幅图像，如图 2 – 17（b）所示。

（3）单（或多）幅图像→数字或符号等，如图 2 – 17（c）所示。

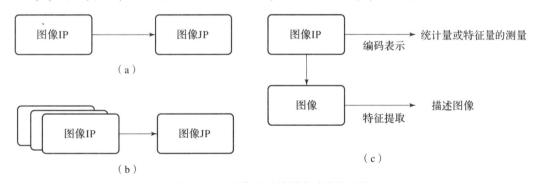

图 2 – 17　图像处理的基本功能的形式

## 2.5.2　几种具体算法的形式

1. 局部处理

对于任一像素 $(i,j)$，把其周围像素构成的集合 $\{(i+p, j+q), p, q$ 取适当的整数$\}$ 叫作像素 $(i,j)$ 的邻域，如图 2 – 18（a）所示。常用的去心邻域如图 2 – 17（b）、（c）所示，分别表示中心像素的 4 – 邻域、8 – 邻域。

在对输入图像进行处理时，某一输出像素 JP$(i,j)$ 的值由输入图像 IP$(i,j)$ 像素的邻域 $N(i,j)$ 中像素的值确定，这种处理称为局部处理，如图 2 – 19 所示。局部处理的数学表达

式为

$$\text{JP}(i,j) = \varphi_N(N[i,j]) \tag{2.5.1}$$

式中，$\varphi_N$ 表示对邻域 $N(i,j)$ 中的像素进行的某种运算。

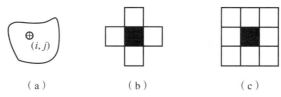

图 2-18　像素的邻域

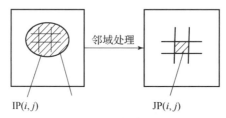

图 2-19　邻域处理

图像的移动平均平滑和空间域锐化等都属于局部处理。图 2-20 所示为利用 $3 \times 3$ 模板进行局部处理的过程。

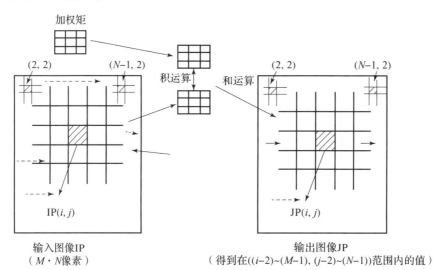

图 2-20　利用 $3 \times 3$ 模板进行局部处理的过程

在局部处理中，输出值 $\text{JP}(i,j)$ 仅与像素 $\text{IP}(i,j)$ 的灰度有关的处理称为点处理，如图 2-21 所示。点处理的数学表达式为

$$\text{JP}(i,j) = \varphi_P[\text{IP}(i,j)] \tag{2.5.2}$$

图像对比度增强、图像二值化等都属于点处理。

在局部处理中，输出像素 $\text{JP}(i,j)$ 的值取决于输入图像较大范围内像素或整幅图像像素的值，这种处理称为大局处理，如图 2-22 所示。其数学表达式为

$$\text{JP}(i,j) = \varphi_G[G(i,j)] \tag{2.5.3}$$

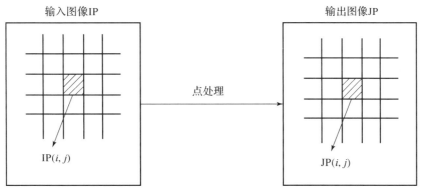

图 2 - 21　点处理

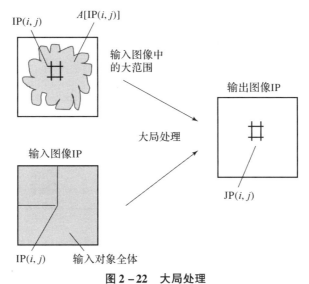

图 2 - 22　大局处理

图像的傅里叶变换就是一种大局处理。

2. 迭代处理

反复对图像进行某种运算直至满足给定的条件，从而得到输出图像的处理称为迭代处理，如图 2 - 23 所示。图像的细化处理就是一种迭代处理。

3. 跟踪处理

选择满足适当条件的像素作为起始像素，检查输入图像和已得到的输出结果，求出下一步应该处理的像素，进行规定的处理，然后决定是继续处理下面的像素，还是终止处理，这种处理称为跟踪处理。

跟踪处理具有以下特点。

（1）对某个像素的处理依赖该像素以前的处理结果，从而也就依赖起始像素的位置。因此，跟踪处理的结果与从图像哪一部分开始进行处理相关。

（2）能够利用在此以前的处理结果来限定处理范围，从而避免徒劳的处理。另外，由于限制了处理范围，所以有可能提高处理精度。

（3）可以用于边界线、等高线等的跟踪（检测）。

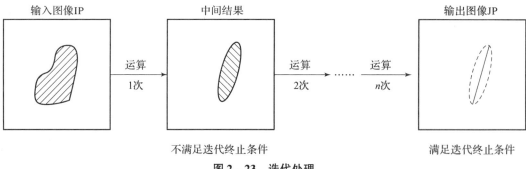

图 2-23　迭代处理

4. 窗口处理和模板处理

图像处理一般是对整幅图像进行处理，但有时只要求对图像中的特定部分进行处理。这种处理包括窗口处理和模板处理。

对图像中选定矩形区域内的像素进行处理叫作窗口处理，如图 2-24 所示。矩形区域称为窗口，一般由矩形左上角的位置和行、列方向的像素数确定。

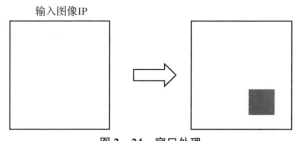

图 2-24　窗口处理

如图 2-25 所示，如果希望单独对图像中任意形状的区域进行处理，则预先准备一个和输入图像 IP 大小相同的二维数组，存储该区域的信息，然后参照二维数组对输入图像进行处理，这就是模板处理。这任意形状的区域称为模板，例如可以根据阈值处理得到物体形状作为模板。把存储模板信息的二维数组叫作模板平面。模板平面具有模板的位置信息，并且一般用二值图像的形式表示。若模板为矩形区域，则模板处理与窗口处理具有相同的效果，但与窗口处理与不同的是模板处理必须设置一个模板平面。

5. 串行处理和并行处理

在串行处理中，后一像素的输出结果依赖前面像素的处理结果，并且只能依次处理各像素而不能同时对各像素进行相同的处理。串行处理的特点如下。

（1）用输入图像的像素$(i,j)$的邻域像素和输出图像$(i,j)$以前像素的处理结果计算输出图像的像素$(i,j)$的值。

（2）处理算法要按一定顺序进行。

因此，不能同时并行计算各像素的输出值，并且串行处理的顺序会影响处理结果。

对图像内的各像素同时进行相同形式运算的处理称为并行处理。其特点如下：输出图像的像素$(i,j)$的值只用输入图像的像素$(i,j)$的邻域像素进行计算；各输出值可以独立进行计算。

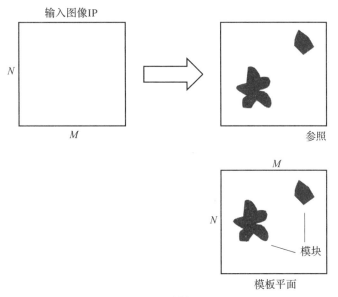

图 2 - 25　模板处理

# 2.6　图像的数据结构与图像文件格式

## 2.6.1　图像的数据结构

在图像处理中，图像数据在图像处理系统中采用何种方式存储是很重要的。最常用的存储方式是将图像的各像素灰度值用一维或二维数组相应的各元素加以存储。除此之外，还有下列存储方式（结构）。

1. 组合方式

字长是计算机 CPU 一次能并行处理的二进制数据的位数。计算机处理图像时，一般是一个像素的灰度值占用一个字。组合方式是一个字长存放多个像素的灰度值的方式。它能起到节省内存的作用，但导致计算量增加，使处理程序复杂。图 2 - 26 和图 2 - 27 所示分别为图像数据的组合方式及其处理过程。

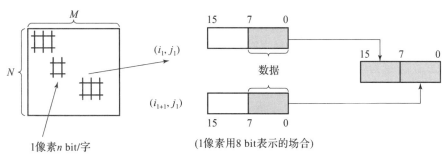

图 2 - 26　组合方式

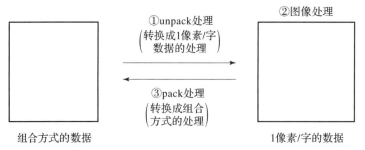

**图 2-27 组合方式的处理过程**

2. 比特面方式

比特面方式就是对图像各像素的灰度值按位存取，即将所有像素灰度值的相同的位用一个二维数组表示，形成比特面。$n$ 个位表示的灰度图像按比特面方式存取，就得到 $n$ 个比特面，如图 2-28 所示。这种结构能充分利用内存空间，便于进行比特面之间的运算，但灰度图像处理耗时较长。

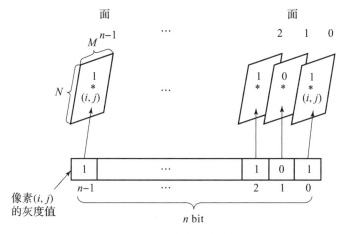

**图 2-28 比特面方式**

3. 分层结构

由原始图像开始依次构成像素数越来越少的系列图像，可以使数据表示具有分层性，其代表有锥形（金字塔）结构。

锥形结构是对 $2^k \times 2^k$ 个像素形成的图像，依次构成分辨率（$2^k \times 2^k \rightarrow 2^0 \times 2^0$，但 $2^0 \times 2^0$ 不具有反映输入图像二维构造的信息）下降的 $k+1$ 幅图像的层次集合。从输入图像 $I_0$ 开始，依次产生行列像素数都变为 1/2 的图像 $I_1$，$I_2$，$\cdots$，$I_k$。此时，图像 $I_i$ 各像素的灰度值，就是它的前一个图像的相应 $2 \times 2$ 像素的灰度的平均值（一般采用平均值，但也可以采用能表示 $2 \times 2$ 范围内性质的某个值）。

处理锥形结构的图像时，首先对像素数少的较低分辨率图像进行处理，然后根据需要，进到下一层像素数多的较高分辨率图像的对应位置进行处理。同只对原始图像进行处理相比，这种先对低分辨率图像进行处理，然后限定应该仔细进行处理的范围，再对较高分辨率图像进行处理的方法，可以使图像处理的效率得到提高。

### 4. 树结构

对一幅二值图像的行、列接连不断地二等分，如果图像被分割部分中的全体像素都变成具有相同的特征，则这一部分不再分割。采用原图像为树根的四叉树表示，主要用于特征提取和信息压缩等方面。

### 5. 多波段图像数据的存储

在彩色图像（红、绿、蓝）或多波段图像中，每个像素包含多个波段的信息。这类图像数据的存储（以多波段图像为例），有下列 3 种方式。

（1）逐波段存储（Band Interleaved by Band，BIB），在分波段处理时采用。

（2）逐行存储（Band Interleaved by Line，BIL），在逐行扫描记录设备时采用。

（3）逐像素存储（Band Interleaved by Pixel，BIP），用于分类。

以上 3 种方式如图 2 - 29 所示。

## 2.6.2　图像文件格式

一幅现实世界中的图像经扫描仪、数码相机等设备进行采集，需要以图像文件的形式存储于计算机磁盘中，然后由计算机处理。早期，各种图像由采集者自行定义格式存储。随着图像技术的发展，各领域逐渐出现了流行的图像文件格式，如 BMP、PCX、GIF、TIFF 等。不论图像以何种格式存储，这些图像格式大致都具有下列特征。

（1）描述图像的高度、宽度以及各种物理特征的数据。

（2）进行色彩定义。每点比特数（决定颜色的数量，即色深度）、彩色平面数以及非真彩色图像对应的调色板。

（3）描述图像的位图数据体。将图像用一个矩阵描述，矩阵的结构由图像的高度、宽度及每点比特数决定。如果对图像进行了压缩，则每行都是用特定压缩算法压缩过的数据。

这就是各种图像文件格式的本质。造成每种图像文件格式不同的原因是在每种图像文件格式中上述 3 种数据的存放位置、存放方式不同。

一般而言，每种图像文件格式都定义了一个文件头（Header），其中包含图像定义数据，如高度、宽度、每点比特数、调色板等。位图数据则自成一体，由文件头中的数据决定其位置和格式，再附加自己定义的数据，如版本、创作者、特征值等。BMP、PCX、GIF、TGA 等格式都属于这种结构。

TIFF 格式稍微例外，它由特征值（标记 Tag）定义寻址的数据结构，位图数据也由 Tag 定义来寻址，并且非常灵活多变。

从理论上讲，一幅图像可以用任何一种图像文件格式存储。现有的图像文件格式，从显示图像质量、表示灵活性以及表现的效率而言，各有其优、缺点，而且都被大批软件所支持。因此，多种图像文件格式共存的局面在相当长的时间内不会改变。

这里仅对 BMP 格式作较详细的介绍，对其他图像文件格式只作简介。

### 1. BMP

随着 Windows 操作系统的逐渐普及，支持 BMP 格式的应用软件越来越多。这主要是因为 Windows 操作系统把 BMP 作为标准图像文件格式，并且内含一套支持 BMP 图像处理的 API 函数。BMP 文件可分为文件头、位图信息和位图数据 3 个部分。

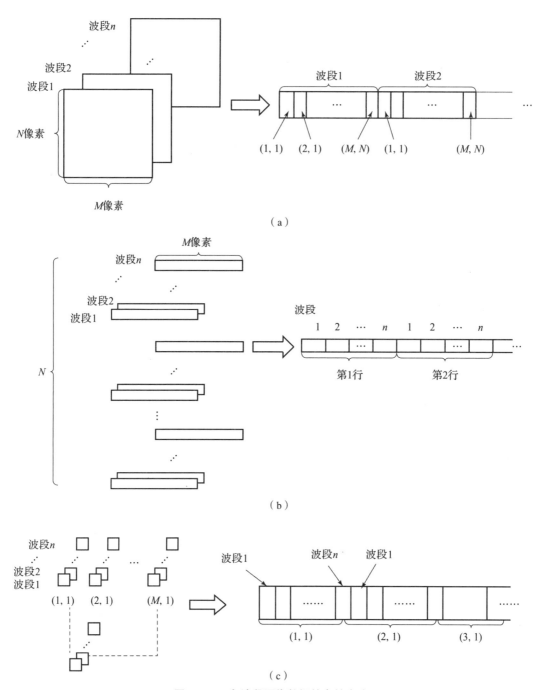

图 2-29 多波段图像数据的存储方式

（a）BIB；（b）BIL；（c）BIP

（1）文件头

文件头含有 BMP 文件的类型、大小和存放位置等信息。Windows.h 对其的定义如下。

Typedef struct tagBITMAPFILEHEADER {

WORD bftype;　/＊位图的类型，必须设置为 BM＊/

DWORD bfSize;　　/＊位图的大小，以字节为单位＊/

WORD bfReserved1;　　/＊位图保留字，必须设置为0　　＊/

WORD bfReserved2;　　/＊位图保留字，必须设置为0　　＊/

DWORD　　　　bfoffBits;　　/＊位图数据相对于文件头的偏移量表示＊/

｝BITMAPFILEHEADER;

2）位图信息

位图信息使用 BITMAPINFO 结构定义，它由位图信息头（Bitmap Information Header）和颜色表组成，前者使用 BITMAPINFOHEADER 结构定义，后者使用 RGBQUAD 结构定义。BITMAPINFO 结构具有如下形式。

typedef struct tagBITMAPINFO ｛

BITMAPINFOHEADER bmiHeader;

RGBQUAD bmiColor[ ]

｝BITMAPINFO;

（1）bmiHeader 是一个 BITMAPINFOHEADER 类型的数据结构，用于说明位图的尺寸。BITMAPINFOHEADER 的定义如下。

typedef struct tagBITMAPINFOHEADER ｛

DWORD　　biSize;　　　　　　　　　　　/＊bmiHeader 的长度＊/

DWORD　　biWidth;　　　/＊位图的宽度，以像素为单位＊/

DWORD　　biHeight;　　　/＊位图的高度，以像素为单位＊/

WORD　　biPlanes;　　　　　　　/＊目标设备的位平面数，必须为1＊/

WORDbiBitCount;　　　　/＊每个像素的位数，必须为1（单色）、4（16色）、8（256色）或24（真彩色）＊/

DWORD　　biCompression;　/＊位图的压缩类型，必须为0（不压缩）、1（BI－RLE8压缩类型）或2（BI－RLE4压缩类型）＊/

DWORD　　biSizeImage;　/＊位图的大小，以字节为单位＊/

DWORD　　biXPeIsPerMeter;　/＊位图的目标设备水平分辨率，以每米像素数为单位＊/

DWORD　　biYPeIsPerMeter;　/＊位图的目标设备垂直分辨率，以每米像素数为单位＊/

DWORD　　biClrUsed;　/＊位图实际使用的颜色表中的颜色地址数＊/

DWORD　　biClrImpotant;　/＊位图显示过程中被认为重要颜色的地址数＊/

｝BITMAPINFOHEADER;

（2）bmiColor[ ]是一个颜色表，用于说明位图中的颜色。它有若干个表项，每个表项都是一个 RGBQUAD 类型的结构，定义一种颜色。RGBQUAD 的定义如下。

typedef　　tagRGBQUAD ｛

BYTE　　rgbBlue;

BYTE　　rgbGreen;

BYTE　　rgbRed;

BYTE　　rgbReserved;

｝RGBQUAD;

在 RGBQUAD 定义的颜色中，蓝色的亮度由 rgbBlue 确定，绿色的亮度由 rgbGreen 确定，红色的亮度由 rgbRed 确定，rgbReserved 必须为 0。

例如，若某表项为 00，00，FF，00，那么它定义的颜色为纯红色。

bmiColor[ ] 表项的个数由 biBitCount 决定。

①当 biBitCount = 1，4，8 时，bmiColor[ ] 分别有 2，16，256 个表项。若某点的像素值为 $n$，则该像素的颜色为 bmiColor[$n$] 所定义的颜色。

②当 biBitCount = 24 时，bmiColor[ ] 的表项为空。位图阵列的每 3 个字节代表一个像素，3 个字节直接定义了像素中蓝色、绿色、红色的相对亮度，因此省去了 bmiColor[ ] 表项。

3）位图数据

位图阵列记录了位图的每个像素值。在生成 BMP 文件时，Windows 操作系统从位图的左下角开始（即从左到右、从下到上）逐行扫描位图，将位图的像素值一一记录下来。这些记录像素值的字节组成位图阵列。位图阵列有压缩和非压缩两种格式。

（1）非压缩格式。在非压缩格式中，位图的每个像素值对应位图阵列的若干位，位图阵列的大小由位图的亮度、高度及位图的颜色数决定。

①位图的扫描行与位图阵列的关系。

设记录一个扫描行的像素值需要 $n$ 个字节，则位图阵列的 $0 \sim (n-1)$ 个字节记录了位图的第 1 个扫描行的像素值；位图阵列的 $n \sim (2n-1)$ 个字节记录了位图的第 2 个扫描行的像素值；依此类推，位图阵列的 $[(m-1) \times n] \sim (m \times n-1)$ 个字节记录了位图的第 $m$ 个扫描行的像素值。位图阵列的大小为 $n \times$ biHeight。

当 $(\text{biWidth} \times \text{biBitCount}) \bmod 32 = 0$ 时，$n = (\text{biWidth} \times \text{biBitCount})/8$。

当 $(\text{biWidth} \times \text{biBitCount}) \bmod 32 \neq 0$ 时，$n = (\text{biWidth} \times \text{biBitCount})/8 + 4$。

上式中" + 4"而不" + 1"是为了使 1 个扫描行的像素值占用位图阵列的字节数为 4 的倍数（Windows 操作系统规定其必须在 long 边界结束），不足的用 0 填充。

②位图的像素值与位图阵列的关系（以第 $m$ 个扫描行为例）。

设记录第 $m$ 个扫描行的像素值的 $n$ 个字节分别为 a0，al，a2，…，则有以下绪论。

当 biBitCount = 1 时，a0 的 D7 位记录了位图的第 $m$ 个扫描行的第 1 个像素值，D6 位记录了位图的第 $m$ 个扫描行的第 2 个像素值，……，D0 位记录了位图的第 $m$ 个扫描行的第 8 个像素值；al 的 D7 位记录了位图的第 $m$ 个扫描行的第 9 个像素值，D6 位记录了位图的第 $m$ 个扫描行的第 10 个像素值……

当 biBitCount = 4 时，a0 的 D7 ~ D4 位记录了位图的第 $m$ 个扫描行的第 1 个像素值，D3 ~ D0 位记录了位图的第 $m$ 个扫描行的第 2 个像素值；al 的 D7 ~ D4 位记录了位图的第 $m$ 个扫描行的第 3 个像素值……

当 biBitCount = 8 时，a0 记录了位图的第 $m$ 个扫描行的第 1 个像素值；al 记录了位图的第 $m$ 个扫描行的第 2 个像素值……

当 biBitCount = 24 时，a0，al，a2 记录了位图的第 $m$ 个扫描行的第 1 个像素值；a3，a4，a5 记录了位图的第 $m$ 个扫描行的第 2 个像素值……

位图的其他扫描行的像素值与位图阵列的关系与此类似。

（2）压缩格式。Windows 操作系统支持 BI_RLE8 及 BI_RLE4 两种压缩格式。

①BI_RLE8 压缩格式。

当 biCompression =1 时，位图采用 BI_RLE8 压缩编码格式。压缩编码以 2 个字节为基本单位。其中第 1 个字节规定了用 2 个字节指定的颜色出现的连续像素的个数。

例如，压缩编码 0504 表示从当前位置开始连续显示 5 个像素，这 5 个像素的值均为 04。

在第 1 个字节为 0 时，第 2 字节有特殊的含义：0——行末；1——图末；2——转义后面的 2 个字节，这 2 个字节分别表示一下像素从当前位置开始的水平位移和垂直位移；$n$（$0 \times 003 < n < 0 \times FF$）——转义后面的 $n$ 字节，其后的 $n$ 个像素分别用这 $n$ 个字节所指定的颜色画出。注意：实际编码时必须保证后面的字节数是 4 的倍数，不足的位用 0 补充。

②BI_RLE4 压缩格式。

当 biCompression =2 时，位图采用 BI_RLE4 压缩格式。它与 BI_RLE8 压缩格式类似，唯一的不同是 BI_RLE4 压缩格式的 1 个字节包含了 2 个像素的颜色。当连续显示时，第 1 个像素按字节高 4 位规定的颜色画出，第 2 个像素按字节低 4 位规定的颜色画出，第 3 个像素按字节高 4 位规定的颜色画出……直到所有像素都画出为止。

归纳起来，BMP 文件具有下列特点。

（1）只能存放一幅图像。

（2）只能存储单色、16 色、256 色或真彩色 4 种图像数据之一。

（3）图像数据有压缩和不压缩两种处理方式，BI_RLE4 压缩格式只能处理 16 色图像数据，而 BI_RLE8 压缩格式只能处理 256 色图像数据。

（4）调色板的数据存储结构较为特殊。

2. PCX

PCX 格式是由 Zsoft 公司在 20 世纪 80 年代初设计的，专用于存储该公司开发的 PCPaintbrush 绘图软件所生成的图像数据。在授权给微软公司与其产品（变为 Microsoft Paintbrush）捆绑发行后，PCX 成为 Windows 操作系统的一部分。

PCX 文件由 3 个部分组成，即文件头、位图数据和一个多达 256 种颜色的调色板。文件头长达 128 个字节，分为几个区域，包括图像的尺寸和每个像素颜色的编码位数。位图数据可以用简单的 RLE（行程长度编码）算法压缩，像素值通常是单字节的索引值。调色板最多有 256 个 RGB 值。PCX 的最新版本可以支持真彩色图像，图像最大可达 4 GB。现在的 PCX 文件可以用 1，4，8 或 24 位/像素来对颜色数据进行编码，PCX 文件末尾处还有一个单独的位平面和一个 RGB 值的 256 色调色板。PCX 文件的特点如下。

（1）只能存储一幅图像。

（2）使用 RLE 算法进行压缩。

（3）有多个版本，能处理多种不同模式的图像数据。

（4）4 色和 16 色 PCX 文件有设定和不设定调色板数据两种选项。

（5）16 色图像数据可分为 1 个或 4 个比特面处理。

3. GIF

GIF 最初的目的是希望每个 BBS 的使用者能够通过 GIF 文件轻易存储并交换图像数据。

GIF 文件是基于颜色表的（存储的数据是该点的颜色对应颜色表的索引值），最多只支持 8 位（256 色）。GIF 格式支持在一个 GIF 文件中存放多幅彩色图像，并且可以按照一定的顺序和时间间隔将多幅彩色图像依次读出并显示在屏幕上，这样就可以形成一种简单的动画效果。

GIF 文件一般由 7 个部分组成，它们是文件头、通用调色板、位图数据以及 4 个扩充区。其中文件头和位图数据是不可缺少的，而通用调色板和 4 个扩充区不一定出现在 GIF 文件中。GIF 文件中可以有多个位图数据，每个位图数据由 3 个部分组成：一个 10 字节的图像描述、一个可选的局部颜色表和位图数据（每位图数据存储一幅图像，位图数据用 LZW 算法压缩）。4 个扩充区介绍如下：图像控制扩充区用来描述图像怎样被显示；简单文本扩充区包含显示在图像中的文本；注释扩充区以 ASCII 文本形式存放注释；应用扩充区存放生成该文件的应用程序的私有数据。

GIF 文件具有以下特点。

（1）具有多元化结构，能够存储多幅图像，这是制作动画的基础。

（2）调色板有通用调色板和局部调色板之分。

（3）采用改进版 LZW 算法，它优于 RLE 算法。

（4）最多只能存储 256 色图像，每个像素的存储数据是该颜色表的索引值。

（5）根据标识符寻找数据区。位图数据和扩充区多数没有固定的数据长度和存放位置。为了方便程序寻找，以各部分的第 1 个字节作为标识符，让程序能够判断所读到的是哪个部分。

（6）各部分有两种排列方式：①顺序排列；②交叉排列。

4．TIFF

TIFF 是 Tag Image File Format 的缩写，是由 Aldus 公司与微软公司共同开发设计的图像文件格式。

TIFF 文件主要由 3 个部分组成：文件头、标识信息区和图像数据区。TIFF 文件只有一个文件头，且一定要位于 TIFF 文件前端。文件头有一个标志参数，指出标识信息区在 TIFF 文件中的存储地址，标识信息区中有多组标识信息，每组标识信息长度固定为 12 字节。前 8 字节分别代表标识信息的代号（2 字节）、数据类型（2 字节）、数据量（4 字节）。最后 4 字节则存储数据值或标志参数。TIFF 文件有时还存放一些标识信息区容纳不下的数据，例如调色板数据。

由于应用了指针功能，所以 TIFF 文件能够存储多幅图像。若 TIFF 文件只存储一幅图像，则将标识信息区内容置 0，表示无其他标识信息区。若 TIFF 文件存放多幅图像，则第一个标识信息区末端的标志参数是一个值非 0 的长整数，表示下一个标识信息区在 TIFF 文件中的地址，只有最后一个标识信息区的末端才会出现值为 0 的长整数，表示不再有其他标识信息区和图像数据区。

TIFF 文件具有如下特点。

（1）应用指针功能，可以存储多幅图像。

（2）图像数据区没有固定的排列顺序，只规定文件头必须在 TIFF 文件前端，标识信息区和图像数据区可以随意存放。

（3）可制定私人用的标识信息区。

（4）除了一般图像处理常用的 RGB 颜色模型之外，TIFF 文件还能够接受 CMYK 等多种不同的颜色模型。

（5）可存储多个调色板数据。

（6）调色板的数据类型和排列顺序较为特殊。

（7）能够提供多种不同的压缩算法，便于使用者选择。

（8）图像数据区可以分割成几个部分分别存档。

# 2.7　图像的特征与噪声

## 2.7.1　图像的特征类别

图像的特征是图像分析的重要依据，它可以是视觉能分辨的自然特征，也可以是人为定义的某些特性或参数，即人工特征。图像的像素亮度、边缘轮廓等属于自然特征；图像经过变换得到的频谱和灰度直方图等属于人工特征。

1. 自然特征

图像是空间景物反射或者辐射的光谱能量的记录，因此具有光谱特征、几何特征和时相特征。

1）光谱特征

同一景物对不同波长的电磁波具有不同的反射率，不同景物对同一波长的电磁波也可能具有不同的反射率。因此，不同类型的景物在各波段的成像就构成了图像的光谱特征。多波段图像的光谱特征是识别目标的重要依据。

2）几何特征

几何特征主要表现为图像的空间分辨率、纹理结构及图像变形等 3 个方面。

（1）空间分辨率反映了所采用设备的性能。例如，SPOT 卫星全色图像地面分辨率被设计为 10 m。

（2）纹理结构是指图像细部的形状、大小、位置、方向以及分布特征，是图像目视判读的主要依据。

（3）图像变形导致获取图像中目标的几何形状与目标平面投影不相似。

3）时相特征

时相特征主要反映为在不同时间获取同一目标的各图像之间的差异，是对目标进行监测、跟踪的主要依据。

2. 人工特征

图像的人工特征很多，主要包括以下几种。

（1）灰度直方图特征。

（2）灰度边缘特征。图像灰度在某个方向上的局部范围内表现出不连续性，这种灰度明显变化的点的集合称为边缘。灰度边缘特征反映了图像中目标或对象所占的面积和形状。

（3）角点与线特征。角点是图像的一种重要局部特征，它决定了图像中目标的形状。在图像匹配、目标描述与识别以及运动估计、目标跟踪等领域，角点提取具有十分重要的意义。在计算机视觉和图像处理中，对角点的定义有不同的表述，如图像边界上曲率足够高的点、图像边界上曲率变化明显的点、图像边界方向变化不连续的点、图像中梯度和梯度变化率都很高的点等。针对角点的多种形式，产生了多种角点检测方法。

线是面与面的分界线、体与体的分割线，存在于两个面的交界处、立体图形的转折处、两种色彩的交界处等。

（4）纹理特征。纹理是指某种结构在比它更大的范围内大致呈现重复排列，这种结构称为纹理基元。例如，草地、森林构成自然纹理，砖墙、建筑群等构成人工纹理。

图像的特征有很多，但在实际的图像分析与应用中，重视何种特征主要依赖对象和处理目的。按描述特征的范围，可以对图像的特征进行如下分类。

（1）点特征。点特征指仅各像素就能决定的性质，如单色图像中的灰度值、彩色图像中的红（R）、绿（G）、蓝（B）成分的值。

（2）局部特征。局部特征指图像在小邻域内所具有的性质，如线和边缘的强度、方向、密度和统计量（平均值、方差）等。

（3）区域特征。区域特征在图像中的对象（一般指与该区域外部有区别的具有一定性质的区域）内的点或者局部的特征分布或者统计量，以及区域的几何特征（面积、形状）等。

（4）整体特征。整体特征指将整个图像作为一个区域看待时的统计性质和结构特征等。

### 2.7.2  特征提取与特征空间

获取图像特征信息的操作称为特征提取。它是模式识别、图像分析与理解等的关键步骤之一。如图 2 - 30 所示，通过特征提取，可以获得特征构成的图像（称为特征图像）和特征参数。

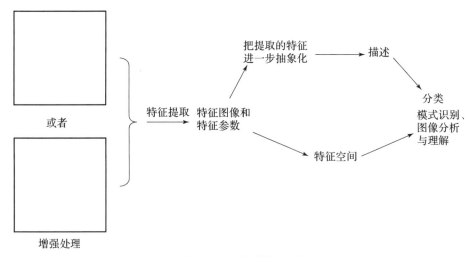

**图 2 - 30  特征提取示意**

把从图像提取的 $m$ 个特征量 $y_1, y_2, \cdots, y_m$，用 $m$ 维的 $\boldsymbol{Y} = [y_1 \ y_2 \cdots \ y_m]$ 表示，称为特征向量。由各特征构成的 $m$ 维空间叫作特征空间，那么特征向量 $\boldsymbol{Y}$ 在特征空间中对应一点。具有类似特征量的目标上各点在特征空间中形成群（称为聚类），把特征空间按照聚类的分布，依靠某种标准进行分割，就可以判断各点属于哪一类。也可以使用鉴别函数对特征空间进行分割。图 2 – 31 所示为二维特征空间分割与聚类的例子。关于模式分类和识别的方法将在第 10 章中介绍。

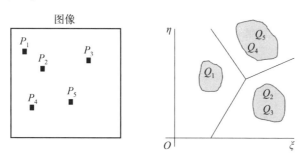

图 2 – 31  二维特征空间分割与聚类的例子

### 2.7.3  图像噪声

所谓图像噪声，就是妨碍人的视觉器官或系统传感器对所接收图像信息进行理解或分析的各种因素。一般图像噪声是不可预测的随机信号，它只能用概率统计的方法去认识。由于图像噪声影响图像的输入、采集、处理各环节以及输出结果，所以抑制噪声已成为图像处理中极其重要的问题。

1. 图像噪声的种类

图像噪声按其产生的原因可分为外部噪声和内部噪声。外部噪声是指图像处理系统外部的噪声，如天体放电干扰、电磁波从电源线窜入系统所产生的噪声。

内部噪声是指图像处理系统内部的噪声，一般有如下四种形式。

（1）由光和电的基本性质引起的噪声。例如，电流可看作电子或空穴的运动，这些粒子的运动产生随机散粒噪声；导体中电子流动产生热噪声；光量子运动产生光量子噪声。

（2）机械运动产生的噪声。例如，接头振动使电流不稳，磁头或磁带、磁盘抖动等产生噪声。

（3）元器件噪声。例如，光学底片的颗粒产生噪声，磁带、磁盘缺陷产生噪声，光盘的疵点产生噪声。

（4）图像处理系统内部电路噪声。例如，CRT 的偏转电路二次发射电子产生噪声。

从统计理论的观点出发，图像噪声可分为平稳噪声和非平稳噪声。凡是统计特征不随时间变化的图像噪声均称平稳噪声；凡是统计特征随时间变化的图像噪声均称为非平稳噪声。按图像噪声幅度分布形态，图像噪声可分为幅度呈正态分布的高斯噪声、幅度呈瑞利分布的瑞利噪声、突发的幅度高而持续时间短的脉冲噪声等。还可以按频谱分布形状进行分类，如频谱均匀分布的白噪声、各频率能量呈正态分布的高斯噪声等。按产生过程，图像噪声可分为量化噪声和椒盐噪声（双极脉冲噪声）等。

2. 图像噪声的特征

对于灰度图像 $f(x,y)$ 来说，它可看作二维亮度分布，则图像噪声可看作对亮度的干扰，用 $n(x,y)$ 表示。图像噪声是随机性的，因此需用随机过程描述，即需要知道其分布函数或密度函数。在许多情况下这些函数很难测出或描述，甚至不可能得到，因此常用统计特征描述图像噪声，如均值、方差（交流功率）、总功率等。

3. 图像噪声的模型

按图像噪声对图像的影响，其可分为加性噪声模和乘性噪声两大类。设 $f(x,y)$ 为理想图像，$n(x,y)$ 为图像噪声，实际输出图像为 $g(x,y)$。

对于加性噪声而言，其特点是与图像光强大小无关，即

$$g(x,y) = f(x,y) + n(x,y) \tag{2.7.1}$$

对于乘性噪声而言，其特点是与图像光强大小相关，随图像的亮度变化而变化，即

$$g(x,y) = f(x,y)\left[1 + n(x,y)\right] = f(x,y) + f(x,y)n(x,y) \tag{2.7.2}$$

乘性噪声的分析和计算都比较复杂。通常假定图像和图像噪声是互相独立的，通常对数变换后当作加性噪声来处理。

4. 常见的图像噪声

（1）光电管噪声。光电管通常作为光学图像和电子信号之间的转换器件，如各种光密度计和传真机所用的光电管。光电管噪声的频率一般低于 $2 \times 10^9$ Hz，通常认为它是白噪声。

（2）摄像管噪声。现在常用的摄像管有两大类。一类是利用光导效应的光导摄像管，如视像管、硅靶管等。对光导摄像管而言，照度增加，光电流随之增大，信噪比得到改善。因此，强光下光导摄像管有较好的信噪比性能。另一类是固态摄像管，如 CCD 等。目前光导摄像管的性能优于固态摄像等。

（3）前置放大器噪声。摄像机的信噪比取决于前置放大器，它与摄像管的引线、接地方式、屏蔽方式等有密切关系。

（4）光学噪声。光学噪声是指光学现象产生的噪声，如底片的颗粒噪声、投影屏和荧光屏的颗粒噪声等。

# 第 3 章　图像增强

本章讨论图像处理中一些最基本的工具，如均值滤波器/中值滤波器和直方图均衡化。图像增强的目的是提高图像的质量或使特定的特征显得更加突出。图像增强更为通用，并且没有假定退化过程的强模型（与图像复原不同）。图像增强的例子有对比度拉伸、平滑和锐化。本章介绍这些基本概念，并讲述如何使用 Python 库函数以及 PIL、scikit – image 和 SciPy 等库实现这些技术。从内容安排上来说，本章先从介绍逐点强度变换开始；接着介绍对比度拉伸、二值化、半色调化和抖动算法，以及相应的 Python 库函数；然后讨论不同的直方图处理技术，如直方图均衡化（包括其全局和自适应版本）及直方图匹配；最后介绍几种图像去噪技术。在介绍图像去噪技术时，先介绍一些线性平滑技术，如均值滤波器和高斯滤波器，然后介绍相对较新的非线性噪声平滑技术，如中值滤波器、双边滤波器和非局部均值滤波器，以及在 Python 中实现它们的方法。

## 3.1　逐点强度变换——像素变换

逐点强度变换运算对输入图像的每个像素 $f(x,y)$ 应用传递函数 $T$，在输出图像中生成相应的像素。逐点强度变换可以表示为 $g(x,y) = T[f(x,y)]$ 或等同于 $S = T(r)$，其中 $r$ 为输入图像中像素的灰度，$s$ 为输出图像中相同像素的灰度变换。这是一个无内存操作，在点 $(x,y)$ 处的输出强度只取决于同一点的输入强度。相同强度的像素得到相同的变换。这不会带来新的信息，也不可能导致信息的丢失，但可以改善视觉外观或者使特征更容易检测。这就是为什么逐点强度变换通常作为图像处理流程中的预处理步骤。图 3 – 1 所示为点处理与掩模/核处理，对于考虑邻域像素的空间滤波器，其也应用于逐点强度变换。

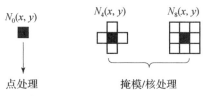

**图 3 – 1　点处理与掩模/核处理**

一些常见的逐点强度变换包括图像负片、颜色空间变换、对数变换、幂律变换、对比度拉伸和二值化。

逐点强度变换的表达式如下：

$$f \xrightarrow{\quad T(\,\cdot\,) \quad} g = T(f)$$
$$f(x,y), 1 \leqslant x \leqslant M, 1 \leqslant y \leqslant N$$ (3.1.1)
$$g(x,y), 1 \leqslant x \leqslant M, 1 \leqslant y \leqslant N$$

式中，$T(\,\cdot\,)$ 为在已知像素的邻域 $N$ 上定义的空间算子。

映射已知灰度或颜色级别的 $r$ 至新的级别 $s$：

$$f(x,y) \rightarrow g(x,y), \quad s = T(r)$$
$$x = 1, \cdots, M; \; y = 1, \cdots, N; \; s, r = 0, \cdots, 255$$ (3.1.2)

先从相关 Python 库中导入所有需要的模块，代码如下。

```
impor numpy as np
from skimage impor data,img_as_float,img_as_ubyte,exposure, io, color
from skimage.io impor imread
from skimage.exposure impor cumulative_distribution
from skimage.restoration impor denoise_bilateral,denoise_nl_means,
estimate_sigma
from skimage.measure impor compare_psnr
from skimage.util impor random_noise
from skimage.color impor rgb2gray
from PIL impor Image,ImageEnhance,ImageFilter
from scipy impor ndimage,misc
impor matplotlib.pylab as pylab
```

### 3.1.1 对数变换

当需要将图像压缩或拉伸至一定灰度范围时，对数变换是非常有用的。例如，在显示傅里叶频谱的操作中，因为其中直流分量的值比其他分量的值大得多，所以如果没有对数变换，其他频率分量几乎总是看不见的。对数变换函数的一般形式为

$$s = T(r) = c \cdot \log(1 + r)$$

式中，$c$ 为常数。

实现输入图像的 RGB 颜色通道直方图的代码如下。

```
im = Image.open("../newimages/parrot.jpg")
im_r,im_g,im_b = im.split()
plt.style.use('ggplot')
plt.figure(figsize =(15,5))
plt.subplot(121)
plt.imshow(im,cmap = 'gray')
plt.title("原始鹦鹉图像",size =20)
plt.axis('off')
plt.subplot(122)
plt.hist(np.array(im_r).ravel(),bins =256,range =(0,256),color = 'r',alpha =0.5)
plt.hist(np.array(im_g).ravel(),bins =256,range =(0,256),color = 'g',alpha =0.5)
plt.hist(np.array(im_b).ravel(),bins =256,range =(0,256),color = 'b',alpha =0.5)
plt.xlabel("像素值",size =20)
plt.ylabel("频率",size =20)
plt.title("RGB 颜色通道直方图",size =20)
plt.show()
```

运行上述代码，输出结果如图 3-2 所示，可以看到在应用对数变换之前的原始鹦鹉图像与 RGB 颜色通道直方图。

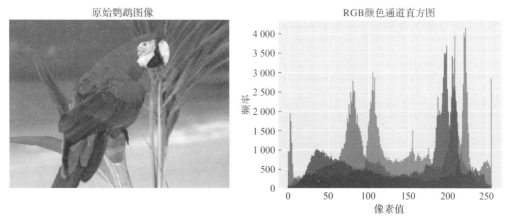

图 3 - 2　原始鹦鹉图像与 RGB 颜色通道直方图

现在使用 PIL 库（Python 图像库）的 point( ) 函数进行对数变换，并将此变换作用于 RGB 图像，从而对 RGB 颜色通道直方图产生影响。代码如下。

```
im = im.point(lambdai:255 * np.log(1 + i/255))
im_r,im_g,im_b = im.split()
plt.style.use('ggplot')
plt.figure(figsize = (15,5))
plt.subplot(121)
plt.imshow(im,cmap = 'gray')
plt.title('经对数变换后的鹦鹉图像',size = 20)
plt.axis('off')
plt.subplot(122)
plt.hist(np.array(im_r).ravel(),bins = 256,range = (0,256),color = 'r',alpha = 0.5)
plt.hist(np.array(im_g).ravel(),bins = 256,range = (0,256),color = 'g',alpha = 0.5)
plt.hist(np.array(im_b).ravel(),bins = 256,range = (0,256),color = 'b',alpha = 0.5)
plt.xlabel('像素值',size = 20)
plt.ylabel('频率',size = 20)
plt.title('RGB 颜色通道对数变换直方图',size = 20)
plt.show()
```

运行上述代码，输出结果如图 3 - 3 所示。

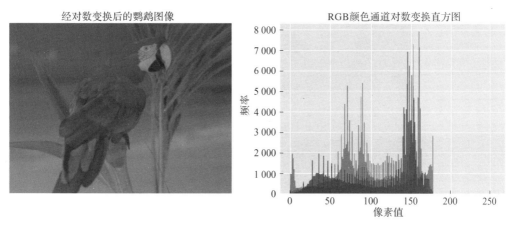

图 3 - 3　经对数变换后的鹦鹉图像与 RGB 颜色通道对数变换直方图

### 3.1.2 幂律变换

使用 PIL 库的 point( ) 函数对灰度图像进行变换（变换函数的一般形式为 $s = T(r) = c \cdot r^\gamma$，式中 $c$ 为常数）。这里对 scikit – image 库的 RGB 图像进行幂律变换，然后可视化幂律变换对 RGB 颜色通道直方图的影响。代码如下。

```
im = img_as_float(imread('../images/earthfromsky.jpg'))
gamma = 5
im1 = im * * gamma
pylab.style.use('ggplot')
pylab.figure(figsize = (15,5))
pylab.subplot(121), plot _hist ( im [ ⋯, 0 ], im [ ⋯, 1 ], im [ ⋯, 2 ], 'histogram-
forRGBchannels(input),)
pylab.subplot(122), plot _hist ( im1 [ ⋯, 0 ], im1 [ ⋯, 1 ], im1 [ ⋯, 2 ], 'histogram-
forRGBchannels(output)')
pylab.show( )
```

运行上述代码，输出结果如图 3 – 4 所示。

图 3 – 4　从天空俯瞰地面的图像

当 $\gamma = 5$ 时，输出结果如图 3 – 5 所示。

图 3 – 5　幂律变换( $\gamma = 5$ )后的从天空俯瞰地面的图像

幂律变换前后的 RGB 颜色通道直方图如图 3 - 6 所示。

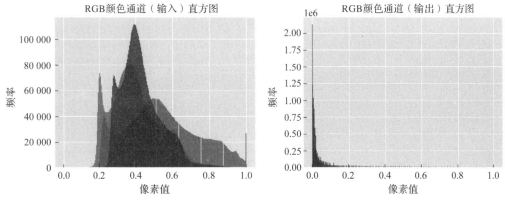

图 3 - 6　幂律变换前后的 RGB 颜色通道直方图

### 3.1.3　对比度拉伸

对比度拉伸是以低对比度图像作为输入，将强度值的较窄范围拉伸到所需的较宽范围，以输出高对比的输出图像，从而提高图像的对比度。对比度拉伸只是一个应用于图像像素值的线性缩放函数，因此图像增强效果不会特别剧烈（相对于更复杂的直方图均衡化，稍后进行介绍）。

在进行对比度拉伸前，必须指定上、下像素值的极限值（图像将在其上进行归一化），例如，对于灰度图像，为了使输出图像遍及整个可用像素值范围，通常将极限值设置为 0 和 255。对此，只需要从原始图像的累积分布函数（CDF）中找到一个合适的 $m$ 值。对比度拉伸通过将原始图像中灰度低于 $m$ 的像素变暗（向下限拉伸）和将原始图像中灰度高于 $m$ 的像素变亮（向上限拉伸），从而产生更高的对比度。接下来介绍如何使用 PIL 库实现对比度拉伸。

1. 使用 PIL 库进行点操作

先加载一幅 RGB 图像，并将其划分成不同的颜色通道，以可视化不同颜色通道像素值的直方图。代码如下。

```
im = Image.open("../newimages/cheetah.png")
im_array = np.array(im)
plt.style.use('ggplot')
plt.figure(figsize =(15,5))
plt.subplot(121)
plt.imshow(im_array)
plt.axis('off')
plt.subplot(122)
plt.hist(im_array[…,0].ravel(),bins =256,range =(0,256),color = 'r',alpha =0.5)
plt.hist(im_array[…,1].ravel(),bins =256,range =(0,256),color = 'g',alpha =0.5)
plt.hist(im_array[…,2].ravel(),bins =256,range =(0,256),color = 'b',alpha =0.5)
plt.xlabel('像素值',size =20)
plt.ylabel('频率',size =20)
plt.legend()
plt.show()
```

运行上述代码，输出结果如图3-7所示。可以看到，输入的猎豹图像是低对比度图像，因为RGB颜色通道直方图集中在一定范围内，而不是分散在所有可能的像素值上。

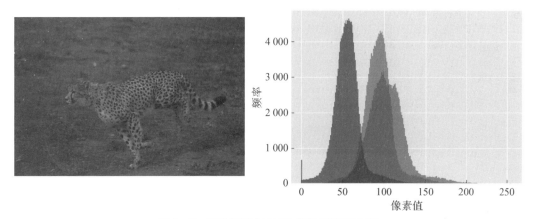

**图3-7 猎豹图像与RGB颜色通道直方图**

以下代码演示了PIL库的point()函数如何用于实现对比度拉伸。变换函数由contrast()函数定义为分段线性函数。

```
im = Image.open("C:/newimages/cheetah.png")
im = im.point(contrast)
im_r,im_g,im_b = im.split()[:3]
im_r_array = np.array(im_r)
im_g_array = np.array(im_g)
im_b_array = np.array(im_b)
plt.style.use('ggplot')
plt.figure(figsize = (15,5))
plt.subplot(121)
plt.imshow(im,cmap = 'gray')
plt.axis('off')
plt.subplot(122)
plt.hist(im_r_array.ravel(),bins = 256,range = (0,256),color = 'r',alpha = 0.5,
label = 'RedChannel')
plt.hist(im_g_array.ravel(),bins = 256,range = (0,256),color = 'g',alpha = 0.5,
label = 'GreenChannel')
plt.hist(im_b_array.ravel(),bins = 256,range = (0,256),color = 'b',alpha = 0.5,
label = 'BlueChannel')
plt.xlabel('像素值',size = 20)
plt.ylabel('频率',size = 20)
plt.yscale('log')
plt.legend()
plt.show()
```

运行上述代码，输出结果如图3-8所示。可以看到，经过变换后，每个颜色通道的直方图已经被拉伸到像素值的端点。

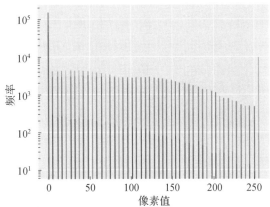

图 3 – 8　变换后的猎豹图像与 RGB 颜色通道直方图

**2. 使用 PIL 库的 ImageEnhance 模块**

PIL 库 ImageEnhance 模块也可以用于对比度拉伸。以下代码展示了如何使用对比度对象的 enhance( )方法来提高相同输入图像的对比度。

```
im = Image.open("C:/newimages/cheetah.png")
contrast = ImageEnhance.Contrast(im)
im1 = np.reshape(np.array(contrast.enhance(2).getdata()).astype(np.uint8),
(im.height,im.width,4))
plt.style.use('ggplot')
plt.figure(figsize = (15,5))
plt.subplot(121)
plt.imshow(im1,cmap = 'gray')
plt.axis('off')
plt.subplot(122)
plt.hist(np.array(im1[…,0]).ravel(),bins = 256,range = (0,256),color = 'r',
alpha = 0.5)
plt.hist(np.array(im1[…,1]).ravel(),bins = 256,range = (0,256),color = 'g',
alpha = 0.5)
plt.hist(np.array(im1[…,2]).ravel(),bins = 256,range = (0,256),color = 'b',
alpha = 0.5)
plt.xlabel('像素值',size = 20)
plt.ylabel('频率',size = 20)
plt.yscale('log')
plt.legend()
plt.show()
```

运行上述代码，输出结果如图 3 – 9 所示。可以看到，输入图像的对比度提高，RGB 颜色通道直方图向端点拉伸。

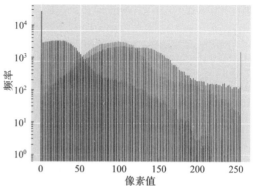

图 3 – 9　猎豹图像对比度提高及 RGB 颜色通道直方图拉伸

### 3.1.4　二值化

二值化是一种点操作，它通过将阈值以下的所有像素的值变为 0，从灰度图像创建二值图像。如果 $g(x,y)$ 是 $f(x,y)$ 在全局阈值 $T$ 处的二值函数，则它可以表示为

$$g(x,y) = \begin{cases} 1, f(x,y) > T \\ 0, \text{其他} \end{cases} \qquad (3.1.3)$$

为什么需要将灰度图像转换为二值图像？可能原因如下：对将图像分为前景和背景感兴趣；图像需要用黑白打印机打印（所有灰色阴影只需要用黑白圆点表示）；需要用形态学操作对图像进行预处理，等等。这将在本章后面加以讨论。

1. 固定阈值的二值化

使用 PIL 库的 point( ) 函数以固定阈值进行二值化处理。代码如下。

```python
im = Imagim = Image.open('C:/new images/lighthouse.png').convert('L')
plt.hist(np.array(im).ravel(), bins =256, range =(0, 256), color = 'g')
plt.xlabel('像素值')
plt.ylabel('频率')
plt.title('像素值的直方图')
plt.show()
plt.figure(figsize =(12, 18))
plt.gray()
plt.subplot(2, 2, 1)
plt.imshow(im)
plt.axis('off')
plt.title('原始钟塔图像')
thresholds = [0, 50, 100, 150, 200]
for i in range(1, 5):
    im_binary = im.point(lambda x: x > thresholds[i])
    plt.subplot(2, 2, i +1)
    plt.imshow(im_binary)
    plt.axis('off')
    plt.title('阈值为' + str(thresholds[i]) +'的二值图像')
plt.show()
```

运行上述代码，输出结果如图 3 – 10 和图 3 – 11 所示。

从图 3 – 11 可以看到，不同阈值的二值图像的阴影处理不得当，导致出现人工痕迹显著的伪轮廓。

第 8 章将详细讨论几种不同的阈值算法。

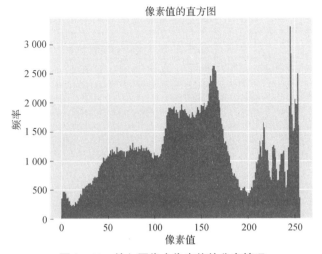

图 3－10　输入图像中像素值的分布情况

图 3－11　原始钟塔图像与不同灰度阈值的二值图像

### 2. 半色调二值化

在阈值化（二值化）中，一种减少伪轮廓的方法是在量化前对输入图像加入均匀分布的白噪声。具体的做法是，对于灰度图像的每个输入像素 $f(x,y)$，添加一个独立的均匀分布于 $[-128,128]$ 上的随机数，然后进行二值化处理。这种技术称为半色调二值化。代码如下。

```
im = Image.open('C:/new images/lighthouse.png').convert('L')
noise = np.random.randint(-128,128,(im.height,im.width))
im = Image.fromarray(np.clip(np.array(im) + noise, 0, 255).astype(np.
uint8))
plt.figure(figsize=(12,18))
plt.subplot(2,2,1)
plt.imshow(im, cmap='gray')
plt.axis('off')
plt.title('带有噪声的原始钟塔图像')
thresholds = [0,50,100,150,200]
for i in range(2,5):
    im_binary = im.point(lambda x: x > thresholds[i])
    plt.subplot(2,2,i)
    plt.imshow(im_binary, cmap='gray')
    plt.axis('off')
    plt.title('阈值为' + str(thresholds[i]) +'的二值图像')
plt.show()
```

运行上述代码，输出结果如图 3-12 所示。可以看到，虽然生成的二值图像仍有一定的噪声，但是伪轮廓已经大大减少，且没有那么模糊（当从远处看它们时）。

## 3.2 直方图处理——直方图均衡化和直方图匹配

直方图处理为改变图像中像素值的动态范围提供了一种更好的方法，它使强度直方图具有理想的形状。正如在前面的图中所看到的，对比度拉伸操作的图像增强效果是有限的，因为它只能应用线性缩放函数。

直方图处理可以通过使用非线性（和非单调）传递函数将输入图像的像素强度映射到输出图像的像素强度，从而使其功能变得更加强大。本节使用 scikit-image 库的曝光模块来演示直方图均衡化和直方图匹配的实现。

### 3.2.1 基于 scikit-image 库的对比度拉伸和直方图均衡化

直方图均衡化采用单调的非线性映射，该映射重新分配输入图像的像素强度，使输出图像的像素强度分布均匀（直方图平坦），从而提高图像的对比度。直方图均衡化的变换函数如下：

$$s_k = T(r_k) = \sum_{j=0}^{k} P_r(r_j) = \sum_{j=0}^{k} n_j/N$$

$$0 \leqslant r_k \leqslant 1, k = 0, 1, 2, \cdots, 255 \tag{3.2.1}$$

式中，$N$ 为全部像素数；$n_j$ 为灰度为 $j$ 的像素频率。

带有噪声的原始钟塔图像

阈值为100的二值图像

阈值为150的二值图像

阈值为200的二值图像

**图 3 - 12　钟塔图像的半色调二值化处理**

以下代码演示了如何使用曝光模块的 equalize_hist( ) 函数对 scikit - image 库进行直方图均衡化。直方图均衡化的实现有两种不同的风格：第一种是对整个图像的全局操作；第二种是局部的（自适应的）操作，即将图像分割成块，并在每个块上运行直方图均衡化。

```
img = color.rgb2gray(io.imread('C:/new images/aero1.jpg'))
img_eq = exposure.equalize_hist(img)
img_adapteq = exposure.equalize_adapthist(img, clip_limit =0.03)
plt.gray()
images = [img, img_eq, img_adapteq]
titles = ['(俯瞰地面的)原始图像', '全局直方图均衡化后的图像', '自适应直方图均衡化后的图像']
plt.figure(figsize =(20,10))
for i in range(3):
    plt.subplot(1, 3, i +1)
    plt.imshow(images[i], cmap = 'gray')
    plt.title(titles[i], size =15)
    plt.axis('off')
plt.figure(figsize =(15,5))
for i in range(3):
    plt.subplot(1, 3, i +1)
    plt.hist(images[i].ravel(), color = 'g')
    plt.title(titles[i], size =15)
plt.show()
```

运行上述代码，输出结果如图 3 - 13 所示。可以看到，经过直方图均衡化后，输出图像的直方图变得几乎一致，但与全局直方图均衡化后的图像相比，自适应直方图均衡化后的图像更清晰地揭示了图像的细节。

(俯瞰地面的)原始图像　　　　全局直方图均衡化后的图像　　　　自适应直方图均衡化后的图像

图 3 - 13　（俯瞰地面的）原始图像及其直方图均衡化

全局（近均匀）直方图均衡化和自适应（拉伸和分段均匀）直方图均衡化像素分布的情况如图 3 - 14 所示。

以下代码对两种不同的直方图处理技术，即基于 scikit - image 库的对比度拉伸和直方图均衡化进行比较。

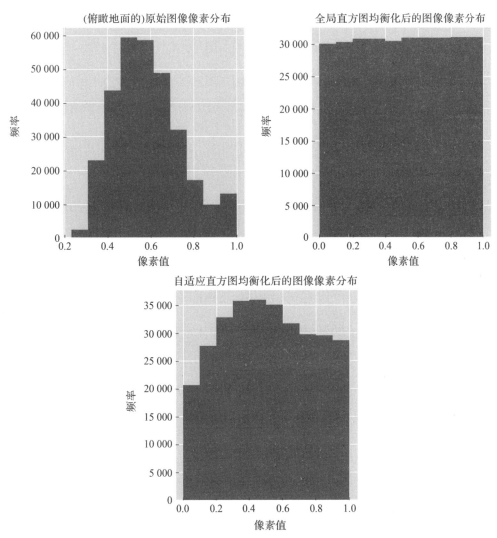

**图 3-14　（俯瞰地面的）原始图像像素分布、全局直方图均衡化和自适应直方图均衡化后的图像像素分布**

```
def plot_img_and_hist(image, axes, bins = 256):
image = img_as_float(image)
    ax_img, ax_his = axes
    ax_cdf = ax_hist.twinx()
    # Display image
    ax_img.imshow(image, cmap = plt.cm.gray)
    ax_img.set_axis_off()
    # Display histogram
    ax_hist.hist(image.ravel(), bins = bins, histtype = 'step', color = 'black')
    ax_hist.ticklabel_format(axis = 'y', style = 'scientific', scilimits = (0, 0))
    ax_hist.set_xlabel('像素强度', size = 15)
    ax_hist.set_xlim(0, 1)
```

```
        ax_hist.set_yticks([])
        # Display cumulative distribution
        img_cdf, bins = exposure.cumulative_distribution(image, bins)
        ax_cdf.plot(bins, img_cdf, 'r')
        ax_cdf.set_yticks([])
        return ax_img, ax_hist, ax_cdf
# Load an example image
#img = data.moon()
img = io.imread('C:/new images/cheetah.png') #beans_g
# Contras stretching
p2, p98 = np.percentile(img, (2, 98))
img_rescale = exposure.rescale_intensity(img, in_range =(p2, p98))
# Equalization
img_eq = exposure.equalize_hist(img)
# Adaptive Equalization
img_adapteq = exposure.equalize_adapthist(img, clip_limit =0.03)
# Display results
fig = plt.figure(figsize =(20, 10))
axes = np.zeros((2, 4), dtype =object)
axes[0, 0] = fig.add_subplot(2, 4, 1)
for i in range(1, 4):
        axes[0, i] = fig.add_subplot(2, 4, 1 + i, sharex =axes[0,0], sharey =axes
[0,0])
for i in range(0, 4):
        axes[1, i] = fig.add_subplot(2, 4, 5 + i)
ax_img, ax_hist, ax_cdf = plot_img_and_hist(img, axes[:, 0])
ax_img.set_title('低对比度图像', size =20)
y_min, y_max = ax_hist.get_ylim()
ax_hist.set_ylabel('像素总数', size =20)
ax_hist.set_yticks(np.linspace(0, y_max, 5))
ax_img, ax_hist, ax_cdf = plot_img_and_hist(img_rescale, axes[:, 1])
ax_img.set_title('对比度拉伸', size =20)
ax_img, ax_hist, ax_cdf = plot_img_and_hist(img_eq, axes[:, 2])
ax_img.set_title('直方图均衡化', size =20)
ax_img, ax_hist, ax_cdf = plot_img_and_hist(img_adapteq, axes[:, 3])
ax_img.set_title('自适应直方图均衡化', size =20)
ax_cdf.set_ylabel('总强度分数', size =20)
ax_cdf.set_yticks(np.linspace(0, 1, 5))
# preven overlap of y -axis labels
fig.tight_layout()
plt.show()
```

运行上述代码，输出结果如图 3 - 15 所示。可以看到，自适应直方图均衡化后的图像比直方图均衡化后的图像效果更好，因为前者使输出图像的细节更加清晰。

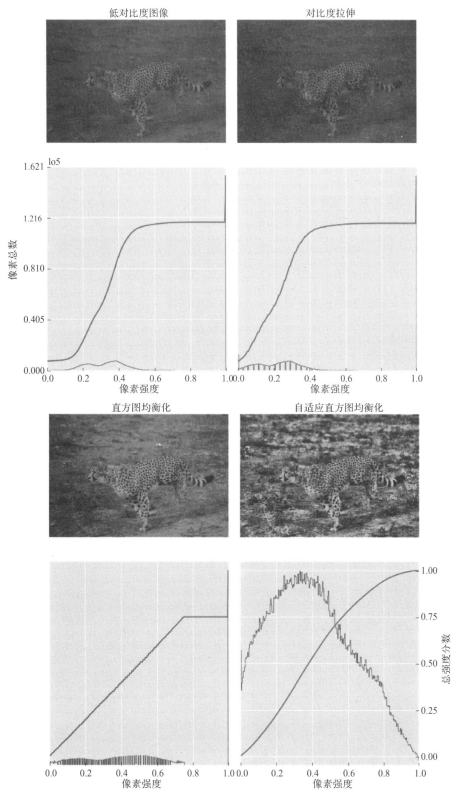

图 3−15　低对比度彩色猎豹图像的增强及其像素分布情况

### 3.2.2 直方图匹配

直方图匹配是指一幅图像的直方图与另一个模板（参考）图像的直方图匹配的过程。实现直方图匹配的算法如下。

（1）计算每个图像的累积直方图。

（2）已知输入（将要调整的）图像中的任意像素值 $x_i$，在输出图像中通过匹配输入图像的直方图与模板图像的直方图找到对应的像素值 $x_j$。

（3）已知 $x_i$ 为像素值的累积直方图 $G(x_i)$，找到一个像素值 $x_j$，使其累积分布值 $H(x_j)$ 在模板图像中等于 $G(x_i)$，即 $H(x_j) = G(x_i)$。

（4）使输入值 $x_i$ 被 $x_j$ 替代。

以下代码演示了如何实现直方图匹配。

```python
def cumulative_distribution(im):
    hist, bins = np.histogram(im.flatten(), bins = 256, range = (0, 256), density = True)
    cdf = hist.cumsum()
    cdf = 255 * cdf / cdf[-1]        # 归一化
    return cdf, bins[:-1]
def cdf(im):
    c, b = cumulative_distribution(im)
    # pad the beginning and ending pixels and their CDF values
    c = np.insert(c, 0, [0] * int(b[0]))
    c = np.append(c, [255] * (255 - int(b[-1])))
    return c
def hist_matching(c, c_t, im):
    """
    c: CDF of inpu image computed with the function cdf()
    c_t: CDF of template image computed with the function cdf()
    im: inpu image as 2D numpy ndarray
    Returns the modified pixel values for the inpu image.
    """
    pixels = np.arange(256)
    # find closes pixel - matches corresponding to the CDF of the inpu image
    new_pixels = np.interp(c, pixels, c_t)
    im = (np.reshape(new_pixels[im.ravel()], im.shape)).astype(np.uint8)
    return im
def plot_image(im, title):
    plt.imshow(im, cmap = 'gray')
    plt.title(title)
    plt.axis('off')
im = imread('C:/new images/beans_g.png')
im_ = imread('C:/new images/lena_g.png')
# Convert to grayscale and ensure they are in float format for processing
if im.ndim == 3:
```

```
        im = rgb2gray(im)
if im_t.ndim = = 3:
        im_t = rgb2gray(im_t)
# Ensure the images are in float format
im = im.astype(np.float64)
im_t = im_t.astype(np.float64)
# Scale images to 0 -255 range
im = (im * 255).astype(np.uint8)
im_t = (im_t * 255).astype(np.uint8)
plt.figure(figsize = (20, 12))
# Plot input image
plt.subplot(2, 3, 1)
plot_image(im, '输入图像')
# Plot template image
plt.subplot(2, 3, 2)
plot_image(im_t, '模板图像')
# Compute and plot CDFs
c = cdf(im)
c_t = cdf(im_t)
plt.subplot(2, 3, 3)
p = np.arange(256)
plt.plot(p, c, 'r. -', label = '输入图像')
plt.plot(p, c_t, 'b. -', label = '模板图像')
plt.legend(prop = {'size': 15})
plt.title('累积分布函数', size = 20)
# Perform histogram matching
im_matched = hist_matching(c, c_t, im)
plt.subplot(2, 3, 4)
plot_image(im_matched, '直方图匹配的输出图像')
# Plot CDFs after matching
c_matched = cdf(im_matched)
plt.subplot(2, 3, 5)
plt.plot(p, c, 'r. -', label = '输入图像')
plt.plot(p, c_t, 'b. -', label = '模板图像')
plt.plot(p, c_matched, 'g. -', label = '输出图像')
plt.legend(prop = {'size': 15})
plt.title('累积分布函数', size = 20)
plt.show()
```

　　运行上述代码，输出结果如图 3 - 16 所示。可以看到，经过直方图匹配后，输出图像的累积分布函数与输入图像的累积分布函数重合，提高了输入图像的对比度。

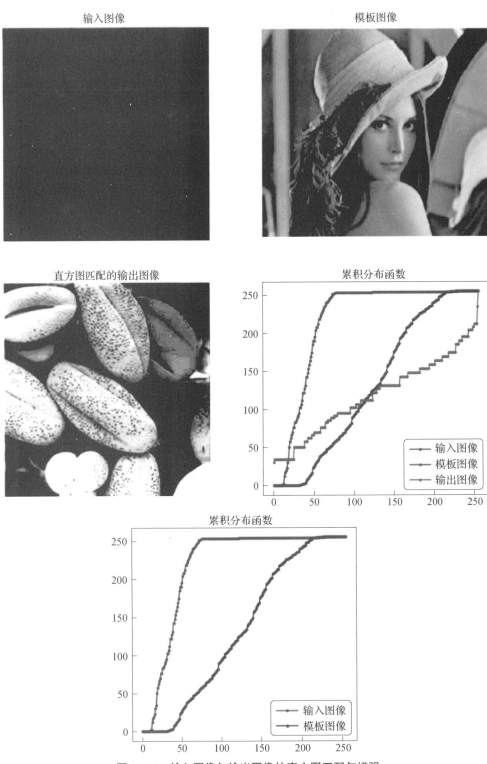

图 3-16　输入图像与输出图像的直方图匹配与增强

# 3.3　线性噪声平滑

线性（空间）滤波具有对（在邻域内）像素值加权求和的功能，它是一种线性运算，可以用来对图像进行模糊或去噪。模糊用于预处理过程，如删除不重要的（不相关的）细节。常用的线性滤波器有盒式滤波器（也称为均值滤波器）和高斯滤波器。滤波器是通过一个小（如 3×3）核（掩模）得以实现的，即在输入图像上滑动掩模重新计算像素值，并将过滤函数应用到输入图像的每个可能的像素（输入图像中心像素值所对应的掩模所具有的权重被像素值的加权和所替代）。例如，盒式滤波器用其邻域像素值的平均值替换每个像素值，并通过去除清晰的特征实现平滑效果。

下面阐述如何对图像应用线性噪声平滑：先使用 PIL 库的 ImageFilter 模块，然后使用 SciPy 库的 ndimage 模块的滤波功能。

## 3.3.1　基于 PIL 库的线性噪声平滑

本小节演示 PIL 库的 ImageFilter 模块的函数如何用于线性噪声平滑，即如何使用线性滤波器平滑噪声。

### 1. 基于 ImageFilter 模块的平滑

以下代码演示了 PIL 库的 ImageFilter 模块的滤波功能如何对噪声图像去噪。通过改变输入图像的噪声水平来观察其对线性滤波器的影响。本例使用了受欢迎的山魈图像作为输入图像（该图像受知识共享许可协议保护），可在 flickr 官网和 SIPI 图像库中找到它。

```
image_path = 'C:/new images/mandrill.jpg'
plt.figure(figsize=(10,35))
i = 1
for prop_noise in np.linspace(0.05,0.3,6):
    im = Image.open(image_path)
    n = int(im.width * im.height * prop_noise)
    x_coords = np.random.randint(0, im.width, n)
    y_coords = np.random.randint(0, im.height, n)
    for x, y in zip(x_coords, y_coords):
        im.putpixel((x,y), (0,0,0) if np.random.rand() < 0.5 else (255,255,255))
    im.save(f'C:/new images/mandrill_spnoise_{prop_noise}.jpg')
    plt.subplot(6,2,i)
    plt.imshow(im)
    plt.title(f'掺杂了 {int(100 * prop_noise)}% 噪声的原始图像', size=15)
    plt.axis('off')
    i += 1
    im_blurred = im.filter(ImageFilter.BLUR)
    plt.subplot(6,2,i)
    plt.imshow(im_blurred)
    plt.title('模糊图像', size=20)
```

```
      plt.axis ('off')
      i + = 1
plt.show ()
```

运行上述代码,输出结果如图 3 - 17 所示,可以看到,随着输入图像噪声的增大,平滑后的图像质量变差。

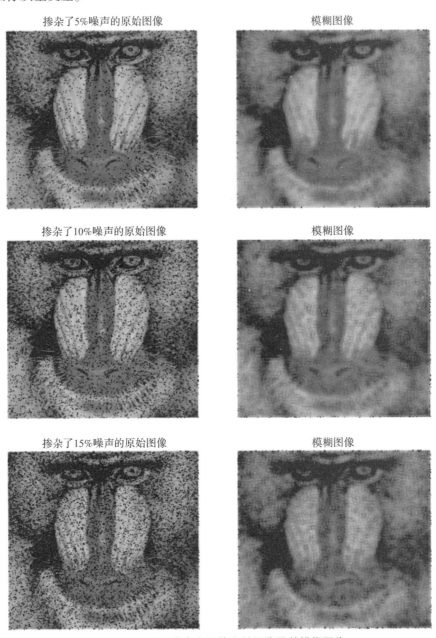

图 3 -17    不同噪声水平的山魈图像及其模糊图像

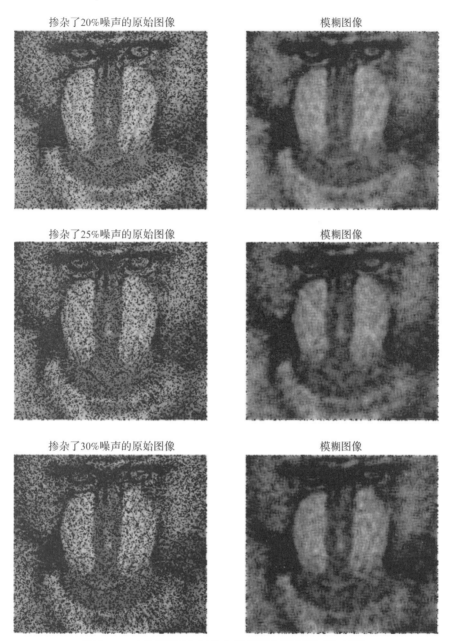

**图 3 – 17　不同噪声水平的山魈图像及其模糊图像（续）**

2. 基于盒式滤波器的均值化平滑

以下代码演示了如何使用 PIL 库的 ImageFilter. Kernel( ) 函数和核大小为 3×3 和 5×5 的盒式滤波器来平滑噪声图像。

```
im = Image.open('C:/new images/mandrill_spnoise_0.1.jpg')
plt.figure(figsize =(20,7))
plt.subplot(1,3,1)
plt.imshow(im)
```

```
plt.title ('原始图像', size =30)
plt.axis ('off')
for n in [3, 5]:
    box_ blur_ kernel = np.reshape (np.ones (n * n), (n, n)) / (n * n)
    #print (box_ blur_ kernel)
    im1 = im.filter (ImageFilter.Kernel ( (n, n), box_ blur_ kernel.flatten
()))
    plt.subplot (1, 3, (2 if n = =3 else 3))
    plt.imshow (im1)
    plt.title ('核大小为 ' + str (n) + 'x' + str (n) + ' 的模糊化', size =20)
    plt.axis ('off')
plt.show ()
```

运行上述代码，输出结果如图 3 -18 所示。可以看到，输出图像是通过将较大尺寸的盒模糊核与已经过平滑处理的噪声图像进行卷积得到的。

原始图像　　　　　　　　核大小为3×3的模糊化　　　　　　　核大小为5×5的模糊化

  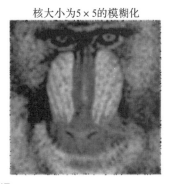

**图 3 -18　不同核大小的均值化平滑**

3. 基于高斯滤波器的高斯平滑

高斯滤波器也是一种线性滤波器，但与简单的盒式滤波器不同的是，它采用核窗口内像素的加权平均值来平滑一个像素（相邻像素的权重随着相邻像素与像素的距离呈指数递减）。以下代码演示了 PIL 库的 ImageFilter. GaussianBlur( )函数如何用不同半径的核实现对较大噪声图像的平滑。

```
im = Image. open (' ../images/mandrill_spnoise_0.2. jpg')
plt.figure(figsize =(20, 6))
for i, radius in enumerate(range(1, 4), start =1):
    im1 = im.filter(ImageFilter.GaussianBlur(radius))
    plt.subplot(1, 3, i)
    plt.imshow(im1, cmap = 'gray')
    plt.title('半径为 ' + str(radius))
    plt.axis('off')
plt.show()
```

运行上述代码，输出结果如图 3 -19 所示。可以看到，随着半径的增大，高斯滤波器去除的噪声越来越多，图像变得更加平滑，也变得更加模糊。

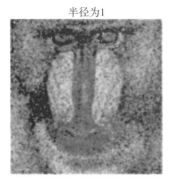
半径为1

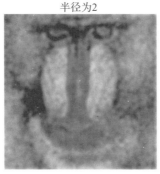
半径为2

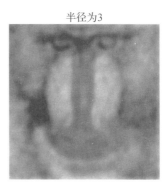
半径为3

图 3 – 19　不同半径的高斯平滑

### 3.3.2　基于 SciPy 库的 ndimage 模块的盒式滤波器与高斯滤波器比较

可以使用 SciPy 库的 ndimage 模块的函数对图像进行线性滤波。以下代码演示了如何应用线性滤波器对带有脉冲（椒盐）噪声的山魈图像进行去噪处理。

```
im = imread('C:/new images/mandrill_spnoise_0.1.jpg')
k = 7        #7×7 核
im_box = ndimage.uniform_filter(im, size = (k, k, 1))
# 高斯滤波器
s = 2        # sigma 值
t = (((k - 1) /2) - 0.5) /s        #为带有 sigma 值的 k×k 高斯核截断参数
im_gaussian = ndimage.gaussian_filter(im, sigma = (s, s, 0), truncate = t)
# 设置图像展示大小
fig = plt.figure(figsize = (30, 10))
plt.subplot(131)
plot_image(im, '原始图像', title_size = 25)
plt.subplot(132)
plot_image(im_box, '带有盒式滤波器(的模糊化)', title_size = 25)
plt.subplot(133)
plot_image(im_gaussian, '带有高斯滤波器(的模糊化)', title_size = 25)
plt.show()
```

运行上述代码，输出结果如图 3 – 20 所示。可以看到，在核的大小相同的条件下，盒式滤波器与高斯滤波器采用同样尺寸的核进行平滑，其输出图像更加模糊。

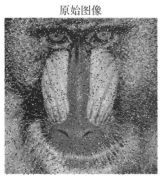
原始图像

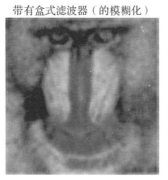
带有盒式滤波器（的模糊化）

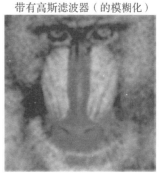
带有高斯滤波器（的模糊化）

图 3 – 20　不同滤波器平滑噪声图像比较

## 3.4　非线性噪声平滑

非线性（空间）滤波器同样作用于邻域，类似线性滤波器，通过在图像上滑动核（掩模）来实现。但是，其过滤操作基于有条件地使用邻域内像素的值，并且不会显式地使用一般形式的乘积和的系数。例如，使用非线性滤波器可以有效地减小噪声，其基本功能是计算中值滤波器所在邻域的灰度。中值滤波器进行非线性的滤波，因为中值运算是非线性的运算。中值滤波器非常流行，因为对于某些类型的随机噪声（例如脉冲噪声），它提供了优异的去噪能力，具有比类似大小的线性滤波器少得多的模糊。非线性滤波器比线性滤波器更加强大。典型的非线性滤波器有中值滤波器、双边滤波器和非局部均值滤波器。下面阐述这些基于 PIL 库、scikit – image 库和 SciPy 库的非线性滤波器。

### 3.4.1　基于 PIL 库的非线性噪声平滑

PIL 库的 ImageFilter 模块为图像的非线性去噪提供了一系列功能。本小节通过案例展示其中的几种。

中值滤波器用邻域像素值的中值替换每个像素值。尽管中值滤波器可能去除图像中的某些细节，但它可以极好地去除椒盐噪声。使用中值滤波器，先要给邻域强度一个优先级，然后选择中值。中值滤波器对统计异常值具有较高的平复性和适应性，模糊程度较低，易于实现。以下代码演示了 PIL 库的 ImageFilter 模块的 MedianFilter( ) 函数如何从有噪声的山魈图像中去除椒盐噪声（添加不同级别的噪声，使用不同大小的核窗口作为中值滤波器）。

```
def plot_image(image, title, size =20):        # 设置默认字体大小为20
    plt.imshow(image)
    plt.title(title, size =size)
    plt.axis('off')
i = 1
plt.figure(figsize =(25, 35))
for prop_noise in np.linspace(0.05, 0.3, 3):
    im = Image.open('C:/new images/mandrill.jpg')
    im = im.convert('RGB')
    #选择随机位置添加噪声
    n = int(im.width * im.height * prop_noise)
    x, y =np.random.randint(0, im.width, n), np.random.randint(0, im.height, n)
    for (xi, yi) in zip(x, y):
        im.putpixel((xi, yi), (0, 0, 0) if np.random.rand() < 0.5 else (255,
255, 255))      #生成椒盐噪声
    im.save(f'C:/new images/mandrill_spnoise_{prop_noise:.2f}.jpg')
    plt.subplot(6, 4, i)
    plot_image(im, f'掺杂了 {int(100 * prop_noise)}% 噪声的原始图像', size =20)
    i += 1
```

```
    for sz in [3, 7, 11]:
        iml = im.filter(ImageFilter.MedianFilter(size = sz))
        plt.subplot(6, 4, i)
        plot_image(iml, f'输出(中值滤波器大小为{sz})', size = 20)
        i += 1
plt.show()
```

　　运行上述代码,输出结果如图 3 – 21 所示。从图中可以看出,中值滤波器对椒盐噪声的滤波效果明显好于盒式滤波器和高斯滤波器,但存在一定的斑块,丢失了某些细节。

掺杂了5%噪声的原始图像　　输出(中值滤波器大小为3)　　输出(中值滤波器大小为7)　　输出(中值滤波器大小为11)

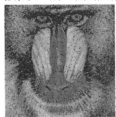  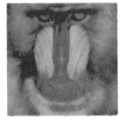 

掺杂了17%噪声的原始图像　　输出(中值滤波器大小为3)　　输出(中值滤波器大小为7)　　输出(中值滤波器大小为11)

 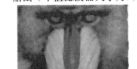

掺杂了30%噪声的原始图像　　输出(中值滤波器大小为3)　　输出(中值滤波器大小为7)　　输出(中值滤波器大小为11)

  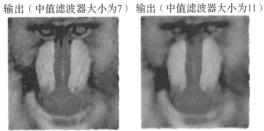

**图 3 – 21　对不同核大小、添加不同噪声级别的噪声图像应用中值滤波器后的输出图像**

　　以下代码演示了如何使用 MaxFilter( ) 函数去除椒盐噪声。

```
def plot_image(image, title, size = 10):
    plt.imshow(image, cmap = 'gray')
    plt.title(title, size = size)
    plt.axis('off')
im = Image.open('C:/new images/mandrill_spnoise_0.1.jpg')
plt.subplot(1, 3, 1)
plot_image(im, '掺杂了10% 噪声的原始图像')
sz = 3
iml = im.filter(ImageFilter.MaxFilter(size = sz))
plt.subplot(1, 3, 2)
```

```
plot_image(im1,'输出(最大值滤波器大小为' + str(sz) + ')')
im1 = im1.filter(ImageFilter.MinFilter(size = sz))
plt.subplot(1,3,3)
plot_image(im1,'输出(最小值滤波器大小为' + str(sz) + ')')
plt.show()
```

运行上述代码,输出结果如图 3-22 所示。可以看到,最大值滤波器和最小值滤波器在去除图像中的椒盐噪声方面都具有一定的效果。

掺杂了10%噪声的原始图像　　输出(最大值滤波器大小为3)　　输出(最小值滤波器大小为3)

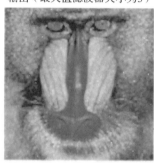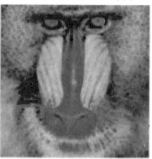

图 3-22　使用最大值滤波器和最小值滤波器去除图像中的椒盐噪声

### 3.4.2　基于 scikit – image 库的非线性噪声平滑

scikit – image 库还在图像复原模块中提供了一组非线性滤波器。本小节介绍双边滤波器和非局部均值滤波器。

1. 双边滤波器

双边滤波器是一种边缘识别的平滑滤波器,中心像素的值被设置为它的某些邻域像素值的加权平均值,而这些邻域像素的亮度与中心像素大致相似。下面示范如何使用 scikit – image 库中的双边滤波器实现图像去噪。先根据图 3-23 所示的房屋图像(mountain. png)创建一幅噪声图像。

图 3-23　房屋图像

以下代码演示了如何使用 numpy 的 random_noise( )函数生成一幅噪声图像。

```
im = color. rgb2gray (img_as_f loat (io. imread ('.. /images /mountain.png ')))
sigma = 0.155
noisy = random_noise(im, var = sigma * *2)
pylab.imshow(noisy)
```

图 3 – 24 所示为使用上述代码在原始图像中添加随机噪声所生成的噪声图像。

图 3 – 24　添加了随机噪声的房屋图像

以下代码演示了如何使用双边滤波器对图 3 – 24 所示的噪声图像去噪（采用了不同的参数值 $\sigma_r$ 和 $\sigma_s$）。

```
pylab. figure(figsize = (20,15))
i = 1
for sigma_sp in [5, 10, 20]:
    for sigma_col in [0.1, 0.25, 5]:
        pylab. subplot(3,3,i)
        pylab. imshow(denoise_bilateral(noisy, sigma_color = sigma_col,
        sigma_spatial = sigma_sp, multichannel = False))
        pylab. title(r1 $ \sigma_r = $ ' + str(sigma_col) + r ', $ \sigma_s = $ ' +
        str(sigma_sp) , size = 20)
i + = 1
pylab. show( )
```

运行上述代码，输出结果如图 3 – 25 所示。可以看到，如果标准差越大，那么图像的噪声越小，但模糊程度越高。执行上述代码需要几分钟，这是因为 RGB 图像上的实现更慢。

$\sigma_r$=0.1, $\sigma_s$=5　　$\sigma_r$=0.25, $\sigma_s$=5　　$\sigma_r$=0.5, $\sigma_s$=5

图 3 – 25　使用不同参数下的双边滤波器对噪声图像去噪

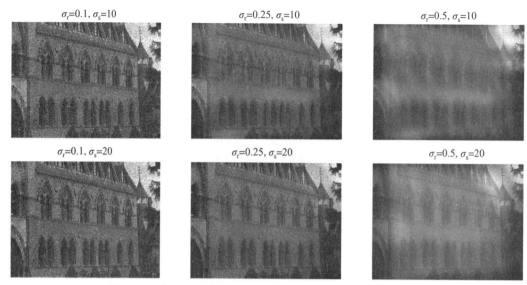

$\sigma_r=0.1, \sigma_s=10$    $\sigma_r=0.25, \sigma_s=10$    $\sigma_r=0.5, \sigma_s=10$

$\sigma_r=0.1, \sigma_s=20$    $\sigma_r=0.25, \sigma_s=20$    $\sigma_r=0.5, \sigma_s=20$

图 3-25   使用不同参数下的双边滤波器对噪声图像去噪（续）

## 2. 非局部均值滤波器

非局部均值滤波器实际上是一种保留纹理的非线性去噪算法。在该算法中，对于任意给定的像素，仅使用与感兴趣的像素具有相似局部邻域的邻近像素的值的加权平均值来设置它的值。换言之，就是将以其他像素为中心的斑块与以感兴趣像素为中心的斑块进行比较。下面通过使用非局部均值滤波器对鹦鹉图像去噪来演示该算法。函数的参数控制斑块权重的衰减，它是斑块之间距离的函数。以下代码展示了如何用非局部均值滤波器去噪。

```
parrot = img_as_float(imread('C:/new images/parrot.jpg'))
sigma = 0.25
noisy = parrot + sigma * np.random.standard_normal(parrot.shape)
noisy = np.clip(noisy, 0, 1)
sigma_est = np.mean(estimate_sigma(noisy, channel_axis = -1))
print("estimated noise standard deviation = {}".format(sigma_est))
patch_kw = dict(patch_size = 5,        #5×5 斑块
                    patch_distance = 6,        #13×13 搜索区域
                    channel_axis = -1)    #specify the channel axis for multichannel
denoise = denoise_nl_means(noisy, h = 1.15 * sigma_est, fast_mode = False, * *
patch_kw)
denoise_fast = denoise_nl_means(noisy, h = 0.8 * sigma_est, fast_mode = True,
* * patch_kw)
fig, ax = plt.subplots(nrows = 2, ncols = 2, figsize = (15, 12), sharex = True,
sharey = True)
ax[0, 0].imshow(noisy)
ax[0, 0].axis('off')
ax[0, 0].set_title('噪声图像', size = 20)
ax[0, 1].imshow(denoise)
```

```
ax[0, 1].axis('off')
ax[0, 1].set_title('非局部均值 ( 慢 )', size =20)
ax[1, 0].imshow(parrot)
ax[1, 0].axis('off')
ax[1, 0].set_title('原始图像 ( 无噪声 )', size =20)
ax[1, 1].imshow(denoise_fast)
ax[1, 1].axis('off')
ax[1, 1].set_title('非局部均值 ( 快 )', size =20)
fig.tight_layout()
print(parrot.dtype, denoise.dtype)
psnr_noisy = psnr(parrot, noisy)
psnr_slow = psnr(parrot, denoise.astype(np.float64))
psnr_fast = psnr(parrot, denoise_fast.astype(np.float64))
print("PSNR (noisy) = {:0.2f}".format(psnr_noisy))
print("PSNR (slow) = {:0.2f}".format(psnr_slow))
print("PSNR (fast) = {:0.2f}".format(psnr_fast))
plt.show()
```

运行上述代码，输出结果如图 3 – 26 所示。可以看到，慢版本算法比快版本算法的峰值信噪比 （Peak Signal – to – Noise Ratio，PSNR）更高，这是一种权衡。两种算法输出图像的 PSNR 都比噪声图像高得多。

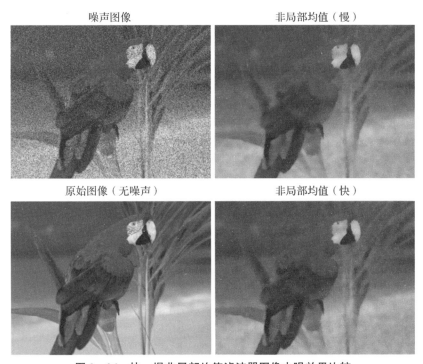

图 3 – 26　快、慢非局部均值滤波器图像去噪效果比较

### 3. 4. 3　基于 SciPy 库的非线性噪声平滑

SciPy 库的 ndimage 模块提供了 percentile_filter( ) 的函数，它是中值滤波器的一个通用版本。以下代码演示了该中值滤波器 （百分位滤波器）的用法。

```
def plot_image(im, title, title_size=20):
    plt.imshow(im, cmap='gray')
    plt.title(title, fontsize=title_size)
    plt.axis('off')
lena = io.imread('C:/new images/lena.jpg')
if lena.ndim == 3:
    lena = lena[:, :, 0]        # 如果是彩色图像,则取其中一个通道
lena = img_as_ubyte(lena)
noisy_lena = lena.copy()
noise = np.random.random(lena.shape)
noisy_lena[noise > 0.9] = 255
noisy_lena[noise < 0.1] = 0
plt.figure(figsize=(10, 10))
plot_image(noisy_lena, 'Noisy Image')
plt.show()
fig = plt.figure(figsize=(20, 15))
i = 1
for p in range(25, 100, 25):
    for k in range(5, 25, 5):
        plt.subplot(3, 4, i)
        filtered = ndimage.percentile_filter(noisy_lena, percentile=p, size=(k, k))
        plot_image(filtered, f'{p} % ,核尺寸为 {k} × {k}')
        i += 1
plt.show()
```

运行上述代码,输出结果如图 3-27 所示。可以看到,在所有百分位滤波器中,核尺寸较小的百分位滤波器(对应第 50 百分位)在去除椒盐噪声方面的效果最好,而与此同时,丢失的图像细节也极少。

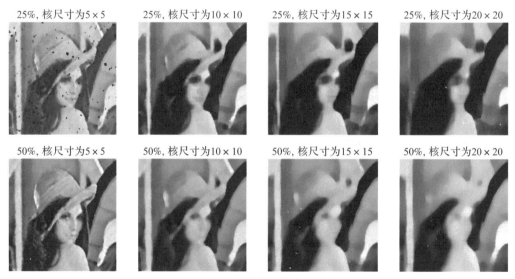

图 3-27　不同百分位滤波器的图像去噪效果

75%, 核尺寸为5×5

75%, 核尺寸为10×10

75%, 核尺寸为15×15

75%, 核尺寸为20×20

**图 3－27　不同百分位滤波器的图像去噪效果（续）**

# 3.5　小结

　　本章主要介绍了不同的图像增强方法：先介绍逐点强度转换，接着介绍直方图处理（如直方图均衡化和直方图匹配），然后介绍线性噪声平滑（如盒式滤波器和高斯滤波器）以及非线性噪声平滑（如中值滤波器、双边滤波器和非局部均值滤波器）。

　　要更好地掌握图像增强技术，读者应能编写实现以下功能的 Python 代码：点转换（如幂律变换和对比度拉伸）、基于直方图的图像增强（如直方图均衡化和直方图匹配）、图像去噪（如盒式/中值滤波器）。

# 第4章

# 频域滤波

著名的法国数学家傅里叶在其著作《热分析理论》中指出：任何周期函数都可以分解为不同频率的正弦或余弦级数的形式，即傅里叶级数。该方法从本质上完成了空间信息到频域信息的变换，通过变换可以将空间域信号处理问题转化为频域信号处理问题。20世纪50年代之后，计算机的发展以及快速傅里叶变换算法的出现，使频域滤波相关技术得到了快速的发展。

形象地讲，傅里叶变换可以看作"数学中的棱镜"，它可以将任何周期函数分解为不同频率的信号成分。频域变换为信号处理提供了不同的思路，有时在空间域无法处理的问题，通过频域变换却变得非常容易。傅里叶变换是19世纪数学界和工程界最辉煌的成果之一，并且一直是信号处理领域应用最广泛、实践效果较好的分析手段。

为了更加有效地对图像进行处理，常常需要将原始图像以某种方式变换到另外一个空间中，并利用图像在变换空间中的特有性质对图像信息进行加工，然后转换回图像空间就可以得到所需的效果。此类转换方法称为图像变换技术。图像变换是双向的，一般将从图像空间转换到其他空间的操作称为正变换，将由其他空间转换回图像空间称为逆变换。图像变换示意如图4-1所示。

**图 4-1　图像变换示意**

傅里叶变换将图像看作二维信号，其水平方向和垂直方向为二维空间的坐标轴，将图像本身所在的域称为空间域。图像灰度随空间坐标变换的节奏可以通过频率度量，称为空间频率或者频域。针对图像的傅里叶变换是将原始图像转换到频域，然后在频域中对图像进行处理的方法。基于傅里叶变换的图像频域处理过程如图4-2所示。首先通过正向傅里叶变换将原始图像从空间域转换到频域；然后使用频域滤波器将某些频率成分过滤掉，保留某些特定频率；最后使用傅里叶逆变换将滤波后的频域图像重新转换到空间域，得到处理后的图像。

相较于图像空间域处理，图像频域处理有以下优点：①图像频域处理可以通过频域成分的特殊性质完成一些图像空间域处理难以完成的任务；②图像频域处理更有利于信号处理的解释，它可以对滤波过程中产生的某些效果做出比较直观的解释；③频域滤波器可以作为空间域滤波器设计的指导，通过傅里叶逆变换可以将频域滤波器转换为空间域滤波器（通过频域滤波器进行前期设计，然后在实施阶段使用空间域滤波器实现）。

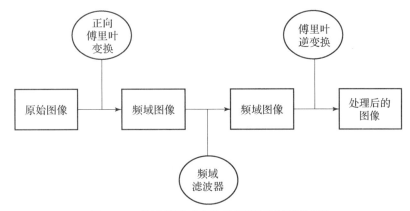

图 4 - 2　基于傅里叶变换的图像频域处理过程

本章主要以傅里叶变换为例介绍基于空间域滤波器对图像进行处理的相关技术，具体内容包括傅里叶变换、傅里叶变换的性质、快速傅里叶变换、图像频域滤波。

## 4.1　傅里叶变换

傅里叶变换是一种常见的正交数学变换，可以将一维信号或函数分解为具有不同频率、不同幅度的正弦信号或余弦信号的组合。快速傅里叶变换算法的发明及数字计算机的出现，使傅里叶变换得到了广泛应用。

傅里叶分析中最重要的结论是几乎"所有"信号或函数都可以分解成简单的正弦信号或余弦信号之和，从而提供了一种具有物理意义的函数表达方式。傅里叶变换的核心贡献在于：①可以求出每种正弦信号和余弦信号的比例（频率）；②给定每种正弦信号和余弦信号的比例，可以恢复出原始信号。

简单的傅里叶变换示意如图 4 - 3 所示。本节首先对一维傅里叶变换进行简单介绍，并给出傅里叶变换的简单实现，然后将一维傅里叶变换扩展到二维空间，并给出二维傅里叶变换的简单实现。

### 4.1.1　一维傅里叶变换

傅里叶变换一般要求函数 $f(x)$ 满足狄利克雷条件（即在周期内存在有限个间断点）、有限极值条件、绝对可积条件（即 $\int_{-\infty}^{\infty} |f(x)| \mathrm{d}x < +\infty$ ），只有满足这 3 个条件，函数的傅里叶变换才是存在的。一个函数的傅里叶变换可以表示为

$$F(u) = \int_{-\infty}^{\infty} f(x) \mathrm{e}^{-\mathrm{j}2\pi ux} \mathrm{d}x \tag{4.1.1}$$

其对应的傅里叶逆变换表示为

$$f(x) = \int_{-\infty}^{\infty} F(u) \mathrm{e}^{\mathrm{j}2\pi ux} \mathrm{d}u \tag{4.1.2}$$

式中，$\mathrm{j} = \sqrt{-1}$ ；$u$ 为频率分量。

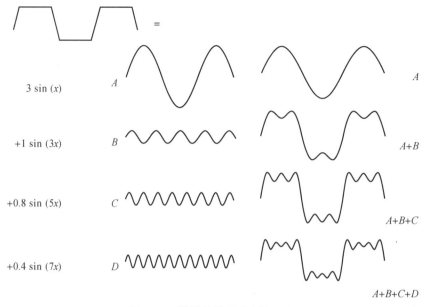

3 sin (x)

+1 sin (3x)

+0.8 sin (5x)

+0.4 sin (7x)

**图4-3　简单的傅里叶变换示意**

傅里叶变换中基函数的物理意义非常明确，每个基函数都是一个单频率谐波，对应的系数（又称频谱）表明了原函数在此基函数上投影的大小，也可以看作原函数中此种频率谐波成分的比重。

在实际应用中，需要求解的问题大多是离散信号的处理问题。定义离散情况下的函数 $f(x)$，其中 $x = 0,1,\cdots,M-1$，则其傅里叶正变换为

$$F(u) = \frac{1}{M}\sum_{x=0}^{M-1} f(x)\mathrm{e}^{-\mathrm{j}2\pi ax/M}\ (u = 0,1,\cdots,M-1) \tag{4.1.3}$$

其傅里叶逆变换为

$$f(x) = \sum_{x=0}^{M-1} F(u)\mathrm{e}^{\mathrm{j}2\pi ux/M}\ (x = 0,1,\cdots,M-1) \tag{4.1.4}$$

观察傅里叶逆变换，通过欧拉公式 $\mathrm{e}^{\mathrm{j}\theta} = \cos\theta + \mathrm{j}\sin\theta$ 可得

$$
\begin{aligned}
f(x) &= \frac{1}{M}\sum_{u=0}^{M-1} F(u)\,\mathrm{e}^{\mathrm{j}2\pi ux/M} \\
&= \frac{1}{M}\sum_{u=0}^{M-1} F(u)\left[\cos(2\pi ux/M) + \mathrm{j}\sin(2\pi ux/M)\right]
\end{aligned} \tag{4.1.5}
$$

可以看到，空间域函数 $f(x)$ 可表示为 $M$ 个正弦（余弦）函数的累加，其中 $F(u)/M$ 为对应频率分量的幅度（系数）。$F(u)$ 覆盖的域（即 $u$ 的取值范围）称为频域。令 $u = 0$，可得 $F(0) = \frac{1}{M}\sum_{x=0}^{M=1} f(x)$，$F(0)$ 对应 $f(x)$ 的均值，又可称为直流分量。其余 $u$ 值对应的 $F(u)$ 则称为 $f(x)$ 的交流分量。通过变量 $u$ 可以确定变换后的频率成分，而 $u$ 的取值范围称为频域。对每个 $u$ 值，其对应的 $F(u)$ 称为傅里叶变换的频率分量（或称为振幅）。

可以注意到傅里叶变换后的函数在复数域内，又可以表示为 $F(u) = R(u) + \mathrm{j}I(u)$，或者以极坐标的形式表示为 $F(u) = F(u)\mathrm{e}^{\phi(u)}$。这里把 $|F(u)| = [R^2(u) + I^2(u)]^{1/2}$ 称为傅里叶变换的幅度（Magnitude）或者谱（Spectrum）。通过谱可以表示原函数（或图像）对

某一频谱分量的贡献。$\phi(u) = \arctan\left[\dfrac{R(u)}{I(u)}\right]$ 称为傅里叶变换的相位角或者相位谱,用来表示原函数中某一频谱分量的起始位置。谱的平方称为功率谱(有时也叫作能量谱、谱密度),表示为 $|F(u)| = P(u) = F^2(u) = R^2(u) + I^2(u)$。下面通过示例讲解傅里叶变换。

【例 4.1】　$f(x)$ 是门限函数,其表达式为

$$f(x) = \begin{cases} A, 0 \leqslant x < X \\ 0, x \geqslant X \end{cases} \tag{4.1.6}$$

求其傅里叶变换。

【解】

$$\begin{aligned}
F(u) &= \int_{-\infty}^{\infty} f(x) e^{-j2\pi ux} dx \\
&= \int_{0}^{X} A e^{-j2\pi ux} dx \\
&= \frac{A}{-j2\pi u} \left[ e^{-j2\pi ux} \right]_0^X = \frac{-A}{j2\pi u} \left[ e^{-j2\pi uX} - 1 \right] \\
&= \frac{A}{j2\pi u} \left[ e^{j\pi uX} - e^{-j\pi uX} \right] e^{-j\pi uX} \\
&= \frac{A}{\pi u} \sin(\pi uX) e^{-j\pi uX}
\end{aligned} \tag{4.1.7}$$

该门限函数及其傅里叶变换后的函数图像如图 4−4 所示。

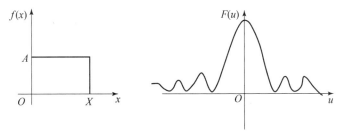

图 4−4　门限函数及其傅里叶变换后的函数图像

下面给出一组函数及其傅里叶变换的示例代码。

```
import matplotlib.pyplot as plt
import numpy as np
import matplotlib
matplotlib.use( 'TkAgg')
def set_ch():
    from pylab import mpl
    mpl.rcParams[ 'font.sans - serif'] = [ 'FangSong']
    mpl.rcParams[ 'axes.unicode_minus'] = False
set_ch()
def show(ori_func, ft, sampling_period = 5):
    n = len(ori_func)
    interval = sampling_period /n
    #绘制原始函数
```

```
    plt.subplot(2,1,1)
    plt.plot(np.arange(0, sampling_period, interval), ori_func, 'black')
    plt.xlabel( '时间'),plt.ylabel( '振幅')
    plt.title( '原始信号')
    #绘制傅里叶变换后的函数
    plt.subplot(2,1,2)
    frequency = np.arange(n /2) /(n * interval)
    nfft = abs(ft[range(int(n /2))]/n )
    plt.plot(frequency, nfft, 'red')
    plt.xlabel( '频率/Hz'), plt.ylabel( '频谱')
    plt.title( '傅里叶变换结果')
    plt.show()
#生成频率为1(角速度为2 × pi)的正弦波
time = np.arange(0, 5, .005)
x = np.sin(2 * np.pi * 1 * time)
y = np.fft.fft(x)
show(x, y)
```

单一正弦波傅里叶变换结果如图 4 –5 所示。

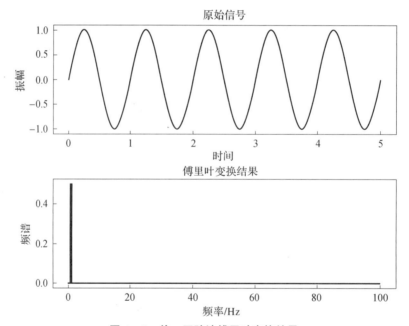

**图4 –5 单一正弦波傅里叶变换结果**

继续上述代码，对 3 个正弦波形进行叠加，然后进行傅里叶变换。

```
x2 =np.sin(2 *np.pi *20 *time)
x3 =np.sin(2 *np.pi *60 *time)
x + =x2 +x3
y =np.fft.fft(x)
show(x,y)
```

3 个正弦波叠加的傅里叶变换结果如图 4 - 6 所示。

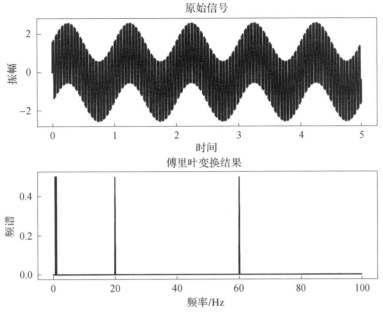

图 4 - 6　3 个正弦波形叠加的傅里叶变换结果

下面进行方波的傅里叶变换。

```
x = np.zeros(len(time))
x[::20] = 1
y = np.fft.fft(x)
show(x,y)
```

方波的傅里叶变换结果如图 4 - 7 所示。

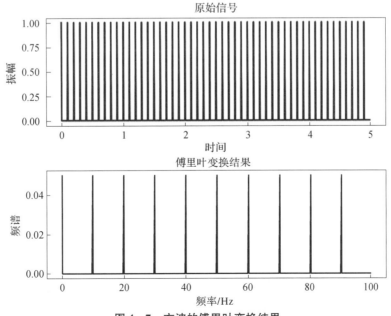

图 4 - 7　方波的傅里叶变换结果

下面进行脉冲波的傅里叶变换。

```
x = np.zeros(len(time))
x[380:400] = np.arange(0,1,.05)
x[400:420] = np.arange(1,0, -.05)
y = np.fft.fft(x)
show(x,y)
```

脉冲波的傅里叶变换结果如图 4 – 8 所示。

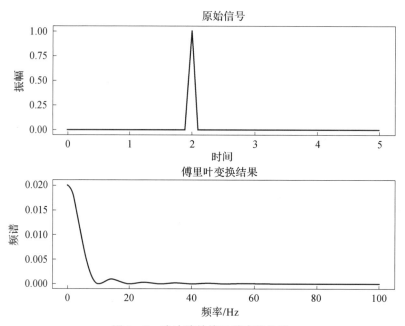

图 4 – 8 脉冲波的傅里叶变换结果

## 4.1.2 二维傅里叶变换

二维傅里叶变换本质上是将一维傅里叶变换向二维进行简单扩展:

$$F(u,v) = \int_{-\infty}^{+\infty} \int_{-\infty}^{+\infty} f(x,y) \, \mathrm{e}^{-\mathrm{j}2\pi(ux+vy)} \mathrm{d}x\mathrm{d}y \qquad (4.1.8)$$

二维傅里叶变换的逆变换可以表示为

$$f(x,y) = \int_{-\infty}^{+\infty} \int_{-\infty}^{+\infty} F(u,v) \, \mathrm{e}^{\mathrm{j}2\pi(ux+vy)} \mathrm{d}u\mathrm{d}v \qquad (4.1.9)$$

离散情形完全与连续情形类似。设 $f(x,y)$ 是一幅尺寸为 $M \times N$ 的图像函数,相应的二维离散傅里叶变换可以表示为

$$F(u,v) = \frac{1}{MN} \sum_{x=0}^{M-1} \sum_{y=0}^{N-1} f(x,y) \exp\left[ -\mathrm{j}2\pi\left(\frac{ux}{M} + \frac{vy}{N}\right) \right] \qquad (4.1.10)$$

式中, $u = 0, \cdots, M-1; v = 0, \cdots, N-1$。

$u, v$ 均为频率分量。通过傅里叶变换 $F(u,v)$ 失去了空间关系,只保留了频率关系。其中空间域是由 $f(x,y)$ 所形成的坐标系, $x$ 和 $y$ 是变量。频域则是由 $F(u,v)$ 所形成的坐标系, $u$ 和 $v$ 是变量。 $u$ 和 $v$ 定义的矩形区域称为频率矩形,其大小与图像 $f(x,y)$ 的大小相同。 $F(u,v)$ 是傅里叶系数。

该图像函数对应的傅里叶逆变换可以表示为

$$f(x,y) = \sum_{u=0}^{M-1} \sum_{v=0}^{N-1} F(u,v) \exp\left[\mathrm{j}2\pi(ux/M + vy/N)\right] \tag{4.1.11}$$

针对正方形图像，如果图像函数 $f(x,y)$ 的尺寸是 $N \times N$，则其离散傅里叶正变换可以简化如下：

$$F(u,v) = \frac{1}{N} \sum_{x=0}^{N-1} \sum_{y=0}^{N-1} f(x,y) \exp\left[-\mathrm{j}2\pi\left(\frac{ux+vy}{N}\right)\right] \tag{4.1.12}$$

式中，$u = 0,\cdots,N-1; v = 0,\cdots,N-1$。

对应的傅里叶逆变换可简化如下：

$$f(x,y) = \frac{1}{N} \sum_{u=0}^{N-1} \sum_{v=0}^{N-1} F(u,v) \exp\left[\mathrm{j}2\pi\left(\frac{ux+vy}{N}\right)\right] \tag{4.1.13}$$

使用欧拉公式对离散傅里叶公式进行展开，可得

$$F(u,v) = \frac{1}{N} \sum_{x=0}^{N-1} \sum_{y=0}^{N-1} f(x,y) \left\{\cos\left[\frac{-2\pi(ux+vy)}{N}\right] + \mathrm{j}\sin\left[\frac{-2\pi(ux+vy)}{N}\right]\right\}$$

$$\tag{4.1.14}$$

进一步可以表示为

$$F(u,v) = R(u,v) + \mathrm{j}I(u,v) = F(u,v)\exp\left[\mathrm{j}\phi(u,v)\right] \tag{4.1.15}$$

式中，$|F(u)| = [R^2(u) + I^2(u)]^{1/2}$ 又称为谱，谱图像就是将 $|F(u,v)|$ 作为亮度进行可视化，而 $\phi(u,v) = \arctan\left[\dfrac{I(u,v)}{R(u,v)}\right]$ 称为相位谱。

下面给出二维傅里叶变换的实现代码及结果。

```
from matplotlib import pyplot as plt
import numpy as np
from skimage import data
import matplotlib
matplotlib.use( 'TkAgg')
# 中文显示工具函数
def set_ch():
    from pylab import mpl
    mpl.rcParams[ 'font.sans - serif'] = [ 'FangSong']
    mpl.rcParams[ 'axes.unicode_minus'] = False
set_ch()
img = data.camera()
# 快速傅里叶变换得到频率分布
f = np.fft.fft2(img)
# 默认结果中心点的位置是左上角,转移到中间位置
fshift = np.fft.fftshift(f)
# fft 结果是复数,求绝对值结果才是振幅
fimg = np.log(np.abs(fshift))
# 展示结果
plt.subplot(1, 2, 1), plt.imshow(img, 'gray'), plt.title( '原始图像')
plt.subplot(1, 2, 2), plt.imshow(fimg, 'gray'), plt.title( '傅里叶频谱')
plt.show()
```

一般图像的二维傅里叶变换结果如图 4-9 所示。

图 4 - 9　一般图像的二维傅里叶变换结果

对上述代码进行修改，对棋盘图像进行傅里叶变换，变换结果如图 4 - 10 所示。

```python
from matplotlib import pyplot as plt
import numpy as np
from skimage import data
import matplotlib
matplotlib.use( 'TkAgg')
def set_ch():
        from pylab import mpl
        mpl.rcParams[ 'font.sans - serif'] = [ 'FangSong']
        mpl.rcParams[ 'axes.unicode_minus'] = False
set_ch()
img = data.checkerboard()
# 快速傅里叶变换得到频率分布
f = np.fft.fft2(img)
# 默认结果中心点的位置是左上角,转移到中间位置
fshift = np.fft.fftshift(f)
# fft 结果是复数,求绝对值结果才是振幅
fimg = np.log(np.abs(fshift))
# 展示结果
plt.subplot(121), plt.imshow(img, 'gray'), plt.title( '原始图像')
plt.subplot(122), plt.imshow(fimg, 'gray'), plt.title( '傅里叶频谱')
plt.show()
```

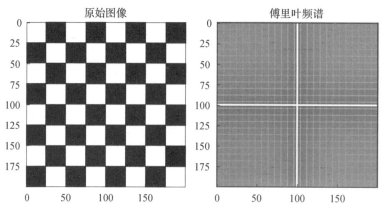

图 4 - 10　棋盘图像的傅里叶变换结果

图像经傅里叶变换后，直流分量与图像均值成正比，高频分量表明了图像中目标边缘的强度及方向。二维傅里叶变换的极坐标表示如下：

$$F(u) = F(u,v)\, \mathrm{e}^{-\mathrm{j}\phi(u,v)} \tag{4.1.16}$$

式中，$|F(u,v)| = \sqrt{R^2(u,v) + I^2(u,v)}$ 称为谱，$\varphi(u,v) = \arctan\left[\dfrac{I(u,v)}{R(u,v)}\right]$ 称为相位谱，而 $P(u,v) = R^2(u,v) + R^2(u,v)$ 称为功率谱。

# 4.2 傅里叶变换的性质

二维傅里叶变换需要用到一维傅里叶变换的理论，故其具有一维傅里叶变换所具有的基本性质，同时也具有自身的特有性质。本节介绍傅里叶变换的基本性质和二维傅里叶变换的性质。

## 4.2.1 傅里叶变换的基本性质

1. 线性特性

傅里叶变换的线性特性可以表示为

若

$$f_1(t) \leftrightarrow F_1(\Omega),\ f_2(t) \leftrightarrow F_2(\Omega)$$

则

$$af_1(t) + bf_2(t) \leftrightarrow aF_1(\Omega) + bF_2(\Omega) \tag{4.2.1}$$

式中 $a$，$b$ 为任意常数。利用傅里叶变换的线性特性，可以将待求信号分解为若干基本信号之和。

证：

$$
\begin{aligned}
&\int_{-\infty}^{+\infty} \left[ af_1(t) + bf_2(t) \right] \mathrm{e}^{-\mathrm{j}\Omega t} \mathrm{d}t \\
&= a \int_{-\infty}^{+\infty} f_1(t)\, \mathrm{e}^{-\mathrm{j}\Omega t}\mathrm{d}t + b \int_{-\infty}^{+\infty} f_2(t)\, \mathrm{e}^{-\mathrm{j}\Omega t}\mathrm{d}t \\
&= aF_1(\Omega) + bF_2(\Omega)
\end{aligned} \tag{4.2.2}
$$

2. 时延特性

傅里叶变换的时延（移位）特性可以表示为

若

$$f(t) \leftrightarrow F(\Omega),$$

则

$$f_1(t) = f(t - t_0) \leftrightarrow F_1(\Omega) = F(\Omega)\, \mathrm{e}^{-\mathrm{j}\Omega t_0} \tag{4.2.3}$$

时延特性说明波形在时间轴上时延，并不会改变信号幅度，仅使信号增加 $-\Omega t_0$ 线性相位。

证：

$$\int_{-\infty}^{+\infty} f(t - t_0) e^{-j\Omega t} dt$$

$$= \int_{-\infty}^{+\infty} f(x) e^{-j\Omega(x+t_0)} dx$$

$$= e^{-j\Omega t_0} \int_{-\infty}^{+\infty} f(x) e^{-j\Omega x} dx$$

$$= F(j\Omega) e^{-j\Omega t_0}$$

$(4.2.4)$

图 4-11 所示为时延对傅里叶频谱的影响。

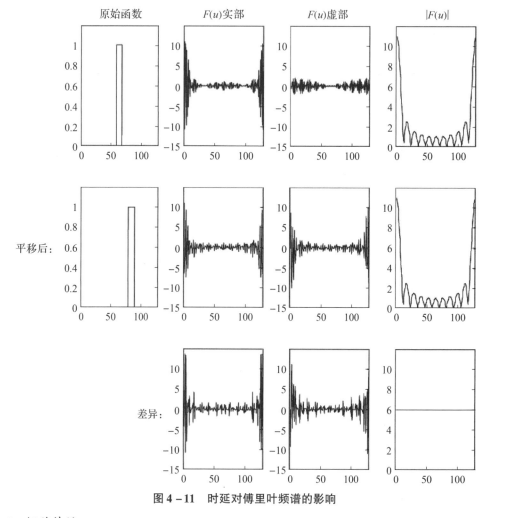

图 4-11 时延对傅里叶频谱的影响

3. 频移特性

傅里叶变换的频移（调制）特性表示为
若

$$f(t) \leftrightarrow F(\Omega)$$

则

$$f(t) e^{j\Omega_0 t} \leftrightarrow F(\Omega - \Omega_0)$$

$(4.2.5)$

频移特性表明信号在时域中与复因子 $e^{j\Omega_0 t}$ 相乘，则在频域中使整个频谱搬移 $\Omega_0$。

证：

$$\int_{-\infty}^{+\infty} f(t) \mathrm{e}^{j\Omega_0 t} \mathrm{e}^{-j\Omega t} \mathrm{d}t$$
$$= \int_{-\infty}^{+\infty} f(t) \mathrm{e}^{-j(\Omega-\Omega_0)t} \mathrm{d}t \tag{4.2.6}$$

**4. 尺度变换特性**

傅里叶变换的尺度变换特性表示为

若

$$f(t) \leftrightarrow F(\Omega)$$

则

$$f(at) \leftrightarrow \frac{1}{a} F\left(\frac{\Omega}{a}\right)(a \neq 0) \tag{4.2.7}$$

尺度变换特性说明，信号在时域中压缩，在频域中扩展；反之，信号在时域中扩展，在频域中就一定压缩（即信号的脉宽与频宽成反比）。一般来说，时宽有限的信号，其频宽无限，反之亦然。可以理解为信号波形压缩为 $\frac{1}{a}$ 或扩展 $a$ 倍，信号随时间变化的速度提高 $a$ 倍或降低为 $\frac{1}{a}$，因此信号包含的频率分量增加 $a$ 倍或减少为 $\frac{1}{a}$，频谱展宽 $a$ 倍或压缩为 $\frac{1}{a}$。又由能量守恒原理，各频率分量的大小减小为 $\frac{1}{a}$ 或增大 $a$ 倍。针对门限函数的尺度变换及其傅里叶变换结果如图 4-12 所示。

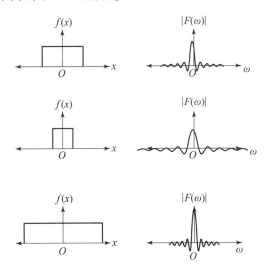

**图 4-12　针对门限函数的尺度变换及其傅里叶变换结果**

**5. 时域微分特性**

傅里叶变换的时域微分特性表示为

若

$$f(t) \leftrightarrow F(\Omega)$$

则

$$\frac{\mathrm{d}f(t)}{\mathrm{d}t} \leftrightarrow \mathrm{j}\Omega F(\Omega) \qquad (4.2.8)$$

证:

$$\frac{\mathrm{d}f(t)}{\mathrm{d}t} = \frac{1}{2\pi} \cdot \frac{\mathrm{d}}{\mathrm{d}t}\left[\int_{-\infty}^{+\infty} F(\Omega)\,\mathrm{e}^{\mathrm{j}\Omega t}\mathrm{d}\Omega\right] (交换微分、积分运算次序)$$

$$= \frac{1}{2\pi}\int_{-\infty}^{+\infty} F(\Omega)\left(\frac{\mathrm{d}}{\mathrm{d}t}\mathrm{e}^{\mathrm{j}\Omega t}\right)\mathrm{d}\Omega \qquad (4.2.9)$$

$$= \frac{1}{2\pi}\int_{-\infty}^{+\infty} \mathrm{j}\Omega F(\Omega)\,\mathrm{e}^{\mathrm{j}\Omega t}\mathrm{d}\Omega$$

故

$$\frac{\mathrm{d}f(t)}{\mathrm{d}t} \leftrightarrow \mathrm{j}\Omega F(\Omega)$$

同理,可推广到高阶导数的傅里叶变换:

$$\frac{\mathrm{d}f^n(t)}{\mathrm{d}t^n} \leftrightarrow (\mathrm{j}\Omega)^n F(\Omega) \qquad (4.2.10)$$

式中,$\mathrm{j}\Omega$ 是微分因子。

### 6. 频域微分特性

傅里叶变换的频域微分特性表示为

若

$$f(t) \leftrightarrow F(\Omega)$$

则

$$\frac{\mathrm{d}F(\Omega)}{\mathrm{d}\Omega} \leftrightarrow (-\mathrm{j}t)f(t) \qquad (4.2.11)$$

一般频域微分特性的实用形式为

$$\mathrm{j}\frac{\mathrm{d}F(\Omega)}{\mathrm{d}\Omega} \leftrightarrow tf(t) \qquad (4.2.12)$$

其对频谱函数的高阶导数也成立,即

$$\frac{\mathrm{d}f^n(\Omega)}{\mathrm{d}\Omega^n} \leftrightarrow (-\mathrm{j}t)^n f(t) \ 或 \ t^n f(t) \leftrightarrow \mathrm{j}^n\frac{\mathrm{d}^n F(\Omega)}{\mathrm{d}\Omega^n} \qquad (4.2.13)$$

### 7. 对称(偶)特性

傅里叶变换的对称特性表示为

$$\int_{-\infty}^{+\infty} f(t)\,\mathrm{e}^{\mathrm{j}\Omega_0 t}\mathrm{e}^{-\mathrm{j}\Omega t}\mathrm{d}t$$

$$= \int_{-\infty}^{+\infty} f(t)\,\mathrm{e}^{-\mathrm{j}(\Omega-\Omega_0)t}\mathrm{d}t \qquad (4.2.14)$$

### 8. 时域卷积定理

傅里叶变换的时域卷积定理表示为

若

$$f_1(t) \leftrightarrow F_1(\Omega), f_2(t) \leftrightarrow F_2(\Omega)$$

则

$$f_1(t) * f_2(t) \leftrightarrow F_1(\Omega)F_2(\Omega) \qquad (4.2.15)$$

证：

$$f_1(t)*f_2(t) \leftrightarrow \int_{-\infty}^{+\infty} \left[ \int_{-\infty}^{+\infty} f_1(\tau) f_2(t-\tau) \mathrm{d}\tau \right] \mathrm{e}^{-\mathrm{j}\Omega t} \mathrm{d}t \ (\text{交换积分次序})$$

$$= \int_{-\infty}^{+\infty} f_1(\tau) \left[ \int_{-\infty}^{+\infty} f_2(t-\tau) \mathrm{e}^{-\mathrm{j}\Omega t} \mathrm{d}t \right] \mathrm{d}\tau \ (\text{利用时延性})$$

$$= \int_{-\infty}^{+\infty} f_1(\tau) F_2(\Omega) \mathrm{e}^{-\mathrm{j}\Omega \tau} \mathrm{d}\tau \qquad (4.2.16)$$

$$= F_1(\Omega) F_2(\Omega)$$

根据该定理，可以将两个时间函数的卷积运算变为两个频谱函数的相乘（代数）运算。由此可以用频域法求解信号通过系统的响应。

9. 频域卷积定理

傅里叶变换的频域卷积定理表示为

若

$$f_1(t) \leftrightarrow F_1(\Omega), f_2(t) \leftrightarrow F_2(\Omega)$$

则

$$f_1(t)f_2(t) \leftrightarrow \frac{1}{2\pi} F_1(\Omega) * F_2(\Omega) \qquad (4.2.17)$$

证：

$$\frac{1}{2\pi} F_1(\Omega) * F_2(\Omega)$$

$$= \frac{1}{2\pi} \int_{-\infty}^{+\infty} F_1(u) F_2(\Omega - u) \mathrm{d}u$$

$$= \frac{1}{2\pi} \int_{-\infty}^{+\infty} \left[ \frac{1}{2\pi} \right]_{-\infty}^{+\infty} F_1(u) F_2(\Omega - u) \mathrm{d}u \right] \mathrm{e}^{\mathrm{j}\Omega u} \mathrm{d}\Omega \ (\text{交换积分次序})$$

$$= \frac{1}{2\pi} \int_{-\infty}^{+\infty} F_1(u) \left[ \frac{1}{2\pi} \right]_{-\infty}^{+\infty} F_2(\Omega - u) \mathrm{e}^{\mathrm{j}\Omega} \mathrm{d}\Omega \right] \mathrm{d}u \ (\text{利用移频性}) \qquad (4.2.18)$$

$$= \frac{1}{2\pi} \int_{-\infty}^{+\infty} F_1(u) f_2(t) \mathrm{e}^{\mathrm{j}wt} \mathrm{d}u$$

$$= f_1(t)f_2(t)$$

通过该定理，可以指导空间域的乘法操作对应频域的卷积操作。

## 4.2.2 二维傅里叶变换的性质

相较于一维傅里叶变换，二维傅里叶变换还具有可分离特性、平移特性、旋转特性等特性。

1. 可分离特性

二维傅里叶变换可视为由沿 $x$，$y$ 方向的两个一维傅里叶变换所构成。这一性质可以有效降低二维傅里叶变换的计算复杂性。

例如：

$$F(u,v) = \frac{1}{N^2} \sum_{x=0}^{N-1} \mathrm{e}^{-\mathrm{j}2\pi ux/N} \cdot \sum_{y=0}^{N-1} f(x,y) \mathrm{e}^{-\mathrm{j}2\pi vy/N} \qquad (4.2.19)$$

傅里叶逆变换也可以进行分离：

$$f(x,y) = \sum_{u=0}^{N-1} e^{-j2\pi ux/N} \cdot \sum_{v=0}^{N-1} F(u,v) \, e^{-j2\pi vy/N} \qquad (4.2.20)$$

这样，原本在 $Oxy$ 或 $Ouv$ 平面需要 $O(N^2)$ 时间复杂度才可以完成的操作，经过分离之后可以由 $x$ 和 $y$ 方向的两次时间复杂度为 $O(N)$ 的一维傅里叶变换操作代替。傅里叶逆变换同理。使用两次一维傅里叶变换代替二维傅里叶变换的代码如下。输出结果如图 4 − 13 所示。

```python
from matplotlib import pyplot as plt
import numpy as np
from skimage import data, color
import matplotlib
matplotlib.use('TkAgg')
def set_ch():
    from pylab import mpl
    mpl.rcParams['font.sans-serif'] = ['FangSong']
    mpl.rcParams['axes.unicode_minus'] = False
set_ch()
img_rgb = data.coffee()
img = color.rgb2gray(img_rgb)
# 在 X 方向实现傅里叶变换
m, n = img.shape
fx = img
for x in range(n):
    fx[:, x] = np.fft.fft(img[:, x])
for y in range(m):
    fx[y, :] = np.fft.fft(img[y, :])
# 默认结果中心点位于左上角,转移到中间位置
fshift = np.fft.fftshift(fx)
# fft 结果是复数,求绝对值结果才是振幅
fimg = np.log(np.abs(fshift))
# 展示结果
plt.subplot(121), plt.imshow(img_rgb, 'gray'), plt.title('原始图像')
plt.subplot(122), plt.imshow(fimg, 'gray'), plt.title('两次一维傅里叶变换的
图像')
plt.show()
```

图 4 − 13　使用两次一维傅里叶变换代替二维傅里叶变换的结果

**2. 平移特性**

二维傅里叶变换的平移特性表示为

$$f(x,y)\,\mathrm{e}^{\mathrm{j}2\pi\left(\frac{u_0 x}{M}+\frac{v_0 y}{N}\right)}\leftrightarrow F(u-u_0,v-v_0)$$

$$f(x-x_0,y-y_0)\leftrightarrow F(u,v)\,\mathrm{e}^{-\mathrm{j}2\pi(ux_0/M+v_0y/N)} \tag{4.2.21}$$

$f(x,y)$ 在空间中平移，相当于把傅里叶变换与一个指数相乘。$f(x,y)$ 在空间中与一个指数项相乘，相当于平移其傅里叶变换。

当 $u_0=\dfrac{M}{2},v_0=N/2$ 时，

$$f(x,y)\,\mathrm{e}^{\mathrm{j}2\pi(u_0 x/M+v_0 y/N)}=f(x,y)\,\mathrm{e}^{\mathrm{j}\pi(x+y)}=f(x,y)(-1)^{x+y} \tag{4.2.22}$$

通常，在变换前用 $(-1)^{x+y}$ 乘以输入图像函数，实现频域中心化变换：

$$f(x,y)(-1)^{x+y}\leftrightarrow F\left(u-\frac{M}{2},v-\frac{N}{2}\right) \tag{4.2.23}$$

**3. 旋转特性**

将 $f(x,y)$ 旋转一定角度，相当于将其傅里叶变换 $F(u,v)$ 旋转一定角度。如图 4-14 所示，图像旋转一定角度之后，频谱图像也进行了相应的旋转。

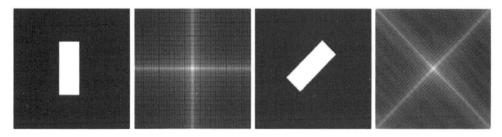

图 4-14　傅里叶变换的旋转特性

公式表述如下：

$$x=r\cos\theta,y=r\sin\theta$$

$$u=\omega\cos\phi,v=\omega\sin\phi \tag{4.2.24}$$

$$f(x,y)\rightarrow f(r,\theta),F(u,v)\rightarrow F(\omega,\phi)$$

而 $f(r,\theta+\theta_0)\leftrightarrow F(\omega,\phi+\theta_0)$。

通过以上性质可以发现，在空间域所做的全局变化也会反映到频域。通过傅里叶变换可以在空间域和频域之间建立良好的关联。

# 4.3　快速傅里叶变换

傅里叶变换已成为数字信号处理的重要工具，然而它的计算量大、运算时间长、使用不够广泛。快速傅里叶变换算法大大提高了其运算速度，在某些应用场合已能进行实时处理，并且可以应用在控制系统中。快速傅里叶变换不是一种新的变换，它是傅里叶变换的一种算法，是在分析傅里叶变换中的多余运算的基础上，消除重复工作所得到的。

### 4.3.1 快速傅里叶变换的原理

对于一个有限长序列 $\{f(x)\}$ $(0 \leqslant x \leqslant N)$，它的傅里叶变换由下式表示：

$$F(u) = \sum_{x=0}^{N-1} f(x) \exp\left[-\frac{\mathrm{j}2\pi ux}{N}\right] (x = 0,1,\cdots,N-1) \tag{4.3.1}$$

令 $W = \mathrm{e}^{-\mathrm{j}\frac{2\pi}{N}}$，则 $W^{-1} = \mathrm{e}^{\mathrm{j}\frac{2\pi}{N}}$，傅里叶变换可以表示为

$$F(u) = \sum_{x=0}^{N-1} f(x) W^{xu}$$
$$f(x) = \frac{1}{N} \sum_{u=0}^{N-1} F(u) W^{-xu} \tag{4.3.2}$$

将 $F(u)$ 展开，可得

$$F(0) = f(0)W^{00} + f(1)W^{01} + \cdots + f(N-1)W^{0(N-1)}$$
$$F(1) = f(0)W^{10} + f(1)W^{11} + \cdots + f(N-1)W^{1(N-1)}$$
$$F(2) = f(0)W^{20} + f(1)W^{21} + \cdots + f(N-1)W^{2(N-1)} \tag{4.3.3}$$
$$\cdots$$
$$F(N-1) = f(0)W^{(N-1)0} + f(1)W^{(N-1)1} + \cdots + f(N-1)W^{(N-1)(N-1)}$$

可以看出，要得到每个频率分量，需要进行 $N$ 次乘法运算和 $N-1$ 次加法运算。要完成整个傅里叶变换，需要进行 $N^2$ 次乘法运算和 $N(N-1)$ 次加法运算。当序列较长时，必然要花费大量的时间。$F(u)$ 矩阵表示为

$$\begin{bmatrix} F(0) \\ F(1) \\ \cdots \\ F(N-1) \end{bmatrix} = \begin{bmatrix} W^{00} & W^{01} & \cdots & W^{0(N-1)} \\ W^{10} & W^{11} & \cdots & W^{1(N-1)} \\ \cdots & \cdots & & \cdots \\ W^{(N-1)0} & W^{(N-1)1} & \cdots & W^{(N-1)(N-1)} \end{bmatrix} \cdot \begin{bmatrix} f(0) \\ f(1) \\ \cdots \\ f(N-1) \end{bmatrix} \tag{4.3.4}$$

其系数矩阵为

$$\begin{bmatrix} W^{00} & W^{01} & \cdots & W^{0(N-1)} \\ W^{10} & W^{11} & \cdots & W^{1(N-1)} \\ \cdots & \cdots & & \cdots \\ W^{(N-1)0} & W^{(N-1)1} & \cdots & W^{(N-1)(N-1)} \end{bmatrix} \tag{4.3.5}$$

观察上面的系数矩阵，发现 $W^{mn}$ 是以 $N$ 为周期的，即 $W^{(m+lN)(n+hN)} = W^{mn}$，当 $N = 8$ 时，其周期如图 4-15 所示。

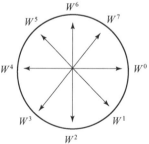

**图 4 - 15 $W^{mn}$ 的周期**

由于 $w = \mathrm{e}^{-\frac{2\pi}{N}} = \cos\dfrac{2\pi}{N} - \mathrm{j}\sin\dfrac{2\pi}{N}r$，所以当 $N = 8$ 时，可得

$$W^N = 1 \quad W^{\frac{N}{2}} = -1 \quad W^{\frac{N}{4}} = -\mathrm{j} \quad W^{\frac{3N}{4}} = \mathrm{j} \tag{4.3.6}$$

通过推导可以发现，傅里叶变换中的乘法运算有许多冗余操作。詹姆斯·库利和约翰·图基于 1965 年提出原始 $N$ 点序列可以依次分解成一系列短序列，求出这些短序列的傅里叶变换，以此减少乘法运算，进一步降低计算复杂度。

例如，设

$$f_1(x) = f(2x) \quad (x = 0,1,\cdots,N/2 - 1)$$
$$f_2(x) = f(2x+1) \quad (x = 0,1,\cdots,N/2 - 1) \tag{4.3.7}$$

由此，傅里叶变换可改写成下面的形式：

$$\begin{aligned}
F(u) &= \sum_{x=0}^{N-1} f(x)\, W_N^{xu} = \sum_{x=0}^{N/2-1} f_1(x)\, W_N^{xu} + \sum_{x=0}^{N/2-1} f_2(x)\, W_N^{xu} \\
&= \sum_{x=0}^{N/2-1} f(2x)\, W_N^{(2x)u} + \sum_{x=0}^{N/2-1} f(2x+1)\, W_N^{(2x+1)u}
\end{aligned} \tag{4.3.8}$$

因为 $W_{2N}^{k} = W_N^{\frac{k}{2}}$，所以

$$\begin{aligned}
F(u) &= \sum_{x=0}^{N/2-1} f(2x)\, W_{N/2}^{xu} + \sum_{x=0}^{N/2-1} f(2x+1)\, W_{N/2}^{xu} \cdot W_N^{u} \\
&= \sum_{x=0}^{N/2-1} f(2x)\, W_{N/2}^{xu} + W_N^{u} \sum_{x=0}^{N/2-1} f(2x+1)\, W_{N/2}^{xu} \\
&= F_1(u) + W_N^{u} F_2(u)
\end{aligned} \tag{4.3.9}$$

式中，$F_1(u)$ 和 $F_2(u)$ 分别是 $f_1(x)$ 和 $f_2(x)$ 的 $N/2$ 点的傅里叶变换。由于 $F_1(u)$ 和 $F_2(u)$ 均以 $N/2$ 为周期，所以

$$F_1\left(u + \dfrac{N}{2}\right) = F_1(u) \tag{4.3.10}$$

$$F_2(u + N/2) = F_2(u) \tag{4.3.11}$$

这说明当 $M \geqslant N/2$ 时，下式成立。

$$F(u) = F_1(u) + W_N^{a} F_2(u) \quad (u = 0,1,\cdots,N-1) \tag{4.3.12}$$

由上面的分析可见，一个 $N$ 点的傅里叶变换可由两个 $N/2$ 点的傅里叶变换得到。傅里叶变换的计算时间主要由乘法运算决定，分解后所需的乘法运算次数大大减少。第一项为 $(N/2)^2$ 次，第二项为 $(N/2)^2 + N$ 次，总共为 $2 \times (N/2)^2 + N$ 次乘法运算即可完成，而原来需要 $N^2$ 次乘法运算，可见分解后的乘法运算次数减少了近一半。当 $N$ 为 2 的整数幂时，$F_1(u)$ 和 $F_2(u)$ 还可以再分解成两个更短的序列，因此计算时间会更短。由此可见，利用周期性和分解运算来减少乘法运算次数是实现快速傅里叶变换的关键。

### 4.3.2　快速傅里叶变换的实现

快速傅里叶变换基于逐次倍乘法（Successive Doubling Method）。这个方法的主要思想是利用傅里叶变换（基底）的性质，将 $2M$ 个数据的傅里叶变换转换为 2 组 $M$ 个数据的傅里叶变换。这样，原来 $4\mathrm{M}^2$ 的运算量就减小为 $2\mathrm{M}^2$ 的运算量了。依次类推，便可快速傅里

叶变换。

下面以一维傅里叶变换为例作简单介绍，二维傅里叶变换可以通过两次一维傅里叶变换实现。将傅里叶变换

$$F(u) = \frac{1}{M} \sum_{x=0}^{M-1} f(x) \, \mathrm{e}^{-j2\pi x/M}$$

改写为

$$F(u) = \frac{1}{M} \sum_{x=0}^{M-1} f(x) \, W_M^m \qquad (4.3.13)$$

式中，$W_M = \mathrm{e}^{-j2\pi/M}$。

仅考虑 $M$ 为 2 的幂次方 $(M = 2^n)$ 的形式，$n$ 为正整数，故 $M$ 还可以表示为 $2K$，$K = M/2$ 也是正整数，从而有

$$F(u) = \frac{1}{2K} \sum_{x=0}^{2K-1} f(x) \, W_{2K}^{ux} = \frac{1}{2} \left[ \frac{1}{K} \sum_{x=0}^{K-1} f(2x) \, W_K^{ux} + \frac{1}{K} \sum_{x=0}^{K-1} f(2x+1) \, W_K^{ux} \, W_{2K}^{u} \right]$$

$$(4.3.14)$$

注意：

$$W_K = \mathrm{e}^{-j\frac{2\pi}{K}}, K = M/2, W_{2K}^{2ux} = W_K^{ux} \qquad (4.3.15)$$

故有

$$F(u) = \frac{1}{2} \left[ \frac{1}{K} \sum_{x=0}^{K-1} f(2x) \, W_K^{ux} + \frac{1}{K} \sum_{x=0}^{K-1} f(2x+1) \, W_K^{ux} \, W_{2K}^{u} \right] \qquad (4.3.16)$$

对于 $u = 0, 1, \cdots N-1$，定义

$$F_{\text{even}}(u) = \frac{1}{K} \sum_{x=0}^{K-1} f(2x) \, W_K^{ux}$$

$$F_{\text{odd}}(u) = \frac{1}{K} \sum_{x=0}^{K-1} f(2x+1) \, W_K^{ux} \qquad (4.3.17)$$

可知

$$F(u) = \frac{1}{2} \left[ F_{\text{even}}(u) + F_{\text{odd}}(u) W_{2K}^{u} \right] \qquad (4.3.18)$$

由于对任意的正整数 $K$，有 $W_K^{u+K} = W_K^u$ 以及 $W_{2K}^{u+K} = -W_{2K}^u$，最后得到

$$F(u+K) = \frac{1}{2} \left[ F_{\text{even}}(u) - F_{\text{odd}}(u) W_{2K}^{u} \right] \qquad (4.3.19)$$

这样就可以将原来计算比较复杂的傅里叶变换分解为两个计算较简单的傅里叶变换，而且还可以继续分解，如此循环推导，直到最后剩下若干组 2 个点对。

## 4.4 图像频域滤波

图像变换是对图像信息进行变换，使能量保持不变，但重新分配，以利于加工、处理［滤除不必要的信息（如噪声），加强/提取感兴趣的部分或特征］。傅里叶变换在图像分析、滤波、增强、压缩等处理中有非常重要的应用。本节主要介绍基于傅里叶变换的图像频域滤波。

假设原图像函数 $f(x,y)$ 经傅里叶变换为 $F(u,v)$，频域增强就是选择合适的滤波器函

数 $H(u,v)$ 对 $F(u,v)$ 的频谱成分进行调整，然后经傅里叶逆变换得到增强的图像函数 $g(x,y)$。该过程可以通过下面的流程描述：

$$f(x,y)\xrightarrow{\text{傅里叶变换}}F(u,v)\xrightarrow[\text{滤波}]{H(u,v)}G(u,v)\xrightarrow{\text{傅里叶逆变换}}g(x,y) \qquad (4.3.20)$$

其中，$G(u,v)=H(u,v)\cdot F(u,v)$，$H(u,v)$ 称为滤波器函数（或传递函数）。

可以通过选择合适的滤波器函数 $H(u,v)$ 突出 $f(u,v)$ 某一方面的特征，从而得到需要的图像函数 $g(x,y)$。例如，利用滤波器函数 $H(u,v)$ 突出高频分量，以增强图像的边缘信息，即高通滤波；如果突出低频分量，则可以使图像显得比较平滑，即低通滤波。

频域滤波的基本步骤如下。

（1）对原始图像函数 $f(x,y)$ 进行傅里叶变换得到 $F(u,v)$。

（2）将 $F(u,v)$ 与传递函数 $H(u,v)$ 进行卷积运算得到 $G(u,v)$。

（3）对 $G(u,v)$ 进行傅里叶逆变换得到增强图像函数 $g(x,y)$。频域滤波的核心在于确定滤波器函数，即 $H(u,v)$。

目前基于傅里叶变换的频域滤波主要包括低通滤波、高通滤波、带通滤波及同态滤波 4 类。下面对低通滤波、高通滤波进行重点讲述。

### 4.4.1　低通滤波

图像从空间域变换到频域后，其低频分量对应图像中灰度变化比较缓慢的区域，高频分量则表征图像中物体的边缘和随机噪声等信息。

低通滤波是指保留低频分量，而通过滤波器函数 $H(u,v)$ 减弱或抑制高频分量。

低通滤波与空间域中的平滑滤波一样，可以消除图像中的随机噪声，减弱边缘效应，起到平滑图像的作用。

下面介绍两种常用的频域低通滤波器。

1. 理想低通滤波器

二维理想低通滤波器函数如下：

$$H(u,v) = \begin{cases} 1, & D(u,v) \leq D_0 \\ 0, & D(u,v) > D_0 \end{cases} \qquad (4.3.21)$$

截止频率 $D_0$ 是一个非负整数，$D(u,v)$ 是从点 $(u,v)$ 到频率平面原点的距离，即 $D(u,v)=\sqrt{u^2+v^2}$。理想低通滤波器的作用是使低于 $D_0$ 的频率，即以 $D_0$ 为半径的圆内的所有频率可以完全无损地通过，而圆外的频率，即高于 $D_0$ 的频率则完全被去除。理想低通滤波器的平滑作用非常明显，但由于其变换有一个陡峭的波形，所以其逆变换 $h(x,y)$ 有强烈的振铃特性，使滤波后的图像产生模糊效果。因此，理想低通滤波器在实际中并不被采用。

理想低通滤波器的实现代码如下。

```
from matplotlib import pyplot as plt
import numpy as np
from skimage import data, color
import matplotlib
matplotlib.use('TkAgg')
def set_ch():
    from pylab import mpl
```

```
        mpl.rcParams[ 'font.sans - serif'] = [ 'FangSong']
        mpl.rcParams[ 'axes.unicode_minus'] = False
set_ch()
D = 10
new_img = data.coffee()
new_img = color.rgb2gray(new_img)
#傅里叶变换
f1 = np.fft.fft2(new_img)
#使用np.fft.fftshift()函数实现平移,让直流分量输出图像的重心
f1_shift = np.fft.fftshift(f1)
# 实现理想低通滤波器
rows, cols = new_img.shape
crow, ccol = int(rows /2), int(cols /2) #计算频谱中心
mask = np.zeros((rows, cols), dtype = 'uint8') #生成 rows 行、cols 列的矩阵,数据格
式为 uint8
#将到频谱中心距离小于 D 的低通信息部分设置为1,属于低通滤波
for i in range(rows):
        for j in range(cols):
                if np.sqrt(i * i + j * j) < = D:
                        mask[crow - D:crow + D, ccol - D:ccol + D] = 1
f1_shift = f1_shift * mask
#傅里叶逆变换
f_ishift = np.fft.ifftshift(f1_shift)
img_back = np.fft.ifft2(f_ishift)
img_back = np.abs(img_back)
img_back = (img_back - np.amin(img_back)) /(np.amax(img_back) - np.amin(img_
back))
plt.figure()
plt.subplot(121)
plt.imshow(new_img, cmap = 'gray')
plt.title( '原始图像')
plt.subplot(122)
plt.imshow(img_back, cmap = 'gray')
plt.title( '滤波后的图像')
plt.show()
```

二维图像的理想低通滤波结果如图 4 - 16 所示。

可以发现,当将 D 设置为 10 时,出现了较明显的振铃现象,读者可以尝试对 D 赋予其他不同值,以观察效果。

低通滤波器的能量在变换域中集中在低频区域。以理想低通滤波作用于 $N \times N$ 图像为例,其总能量为

$$E_A = \sum_{u=0}^{N-1} \sum_{v=0}^{N-1} \mid F(u,v) \mid = \sum_{u=0}^{N-1} \sum_{v=0}^{N-1} \mid [ R^2(u,v) + I^2(u,v)]^{\frac{1}{2}} \mid \qquad (4.3.22)$$

图 4 - 16  二维图像的理想低通滤波结果

当理想低通滤波器的$D_0$变化时，通过的能量和总能量的比值必然与$D_0$有关，一个以频域中心为原点、以 $r$ 为半径的圆就包含了百分之 $\alpha$ 的能量：

$$\alpha = 100\left[\sum_u \sum_v P(u,v) / E_A\right] \tag{4.3.23}$$

根据对保留能量的要求确定理想低通滤波器的截止频率。理想低通滤波器的半径 $r$ 与其所包含能量之间的关系见表 4 - 1。

理想低通滤波器在数学上定义得很清楚，在计算机模拟中也可以实现，但在截止频率处，直上直下的理想低通滤波器不能用实际的电子器件实现，在物理上可以实现的是巴特沃斯（Butterworth）低通滤波器。

2. 巴特沃斯低通滤波器

巴特沃斯低通滤波器函数如下：

$$H(u,v) = \frac{1}{1 + (D(u,v)/D_0)^{2n}} \tag{4.3.24}$$

式中，$D_0$ 为截止频率；$n$ 为函数的阶。一般取使 $H(u,v)$ 最大值减小到最大值的一半时的 $D(u,v)$ 为截止频率 $D_0$。

表 4 - 1  理想低通滤波器的半径 $r$ 与其所包含能量的关系

| $r$ | 所包含能量/% |
| --- | --- |
| 5 | 90 |
| 11 | 96 |
| 22 | 99 |
| 36 | 99 |
| 53 | 99.5 |
| 98 | 99.9 |

与理想低通滤波器相比，巴特沃斯低通滤波器高、低频之间过渡较为平滑，滤波后的输出图像的振铃现象不明显。当 $n=1$ 时，过渡最平滑，即尾部包含大量的高频成分，因此一阶巴特沃斯低通滤波器没有振铃现象；但随着 $n$ 的增加，振铃现象越来越明显。巴特沃斯低通滤波器的实现代码此处省略，仅给出输出结果（图 4 - 17）。

数字图像处理

原始图像     Butter D=100 n=1

Butter D=30 n=1     Butter D=30 n=5

图 4 – 17    二维图像的巴特沃斯低通滤波结果

## 4.4.2 高通滤波

图像的边缘、细节主要是高频成分，图像模糊的原因是高频成分较弱。为了消除模糊，突出图像的边缘，可以采用高通滤波的方法，使低频分量得到抑制，从而达到增强高频分量，使图像的边缘或线条变得清晰，实现图像的锐化。

1. 理想高通滤波器

理想高通滤波器的形状与理想低通滤波器的形状正好相反，其函数如下：

$$H(u,v) = \begin{cases} 0, D(u,v) \leqslant D_0 \\ 1, D(u,v) > D_0 \end{cases} \qquad (4.3.25)$$

理想高通滤波器的实现代码与理想低通滤波器相似，将理想低通滤波器的实现代码修改如下。

```
from matplotlib import pyplot as plt
import numpy as np
from skimage import data, color
import matplotlib
matplotlib.use( 'TkAgg')
def set_ch():
    from pylab import mpl
    mpl.rcParams[ 'font.sans - serif'] = [ 'FangSong']
    mpl.rcParams[ 'axes.unicode_minus'] = False
set_ch()
D = 10
new_img = data.coffee()
new_img = color.rgb2gray(new_img)
# numpy 中的傅里叶变换
f1 = np.fft.fft2(new_img)
```

```
f1_shift = np.fft.fftshift(f1)
"""
实现理想高通滤波器 start
"""
rows, cols = new_img.shape
# 计算频谱中心
crow, ccol = int(rows /2), int(cols /2)
# 生成 rows 行、cols 列的矩阵,数据格式为 uint8
mask = np.zeros((rows, cols), dtype = 'uint8')
# 将到频谱中心距离小于 D 的低通信息部分设置为 1,属于低通滤波
for i in range(rows):
    for j in range(cols):
        if np.sqrt(i * i + j * j) < = D:
            mask[crow - D:crow + D, ccol - D:ccol + D] = 1
mask = 1 - mask
f1_shift = f1_shift * mask
"""
实现理想高通滤波器 end
"""
# 傅里叶逆变换
f_ishift = np.fft.ifftshift(f1_shift)
img_back = np.fft.ifft2(f_ishift)
img_back = np.abs(img_back)
img_back = (img_back - np.amin(img_back)) /(np.amax(img_back) - np.amin(img
_back))
plt.figure()
plt.subplot(121)
plt.axis( 'off')
plt.imshow(new_img, cmap = 'gray')
plt.title( '原始图像')
plt.subplot(122)
plt.axis( 'off')
plt.imshow(img_back, cmap = 'gray')
plt.title( '过滤后的图像')
plt.show()
```

二维图像的理想高通滤波结果如图 4 – 18 所示。

原始图像　　　　　　　　　　　过滤后的图像

**图 4 – 18　二维图像的理想高通滤波结果**

### 2. 巴特沃斯高通滤波器

巴特沃斯高通滤波器的形状与巴特沃斯低通滤波器的形状相反，同样，因为高低频率间平滑过渡，所以振铃现象不明显。其函数如下：

$$H(u,v) = \frac{1}{1 + [D_0/D(u,v)]^{2n}} \qquad (4.3.26)$$

只将巴特沃斯低通滤波器的实现代码做少量修改就可以实现巴特沃斯高通滤波器，如下所示。

```python
from matplotlib import pyplot as plt
import numpy as np
from skimage import data, color
import matplotlib
matplotlib.use('TkAgg')
def set_ch():
    from pylab import mpl
    mpl.rcParams['font.sans-serif'] = ['FangSong']
    mpl.rcParams['axes.unicode_minus'] = False
set_ch()
img = data.coffee()
img = color.rgb2gray(img)
f = np.fft.fft2(img)
fshift = np.fft.fftshift(f)
# 取绝对值后将复数变化为实数
# 取对数的目的是将数据变换到 0 ~255
s1 = np.log(np.abs(fshift))
def ButterworthPassFilter(image, d, n):
    """
    巴特沃斯高通滤波器
    """
    f = np.fft.fft2(image)
    fshift = np.fft.fftshift(f)
    def make_transform_matrix(d):
        transform_matrix = np.zeros(image.shape)
        center_point = tuple(map(lambda x: (x - 1) /2, s1.shape))
        for i in range(transform_matrix.shape[0]):
            for j in range(transform_matrix.shape[1]):
                def cal_distance(pa, pb):
                    from math import sqrt
                    dis = sqrt((pa[0] - pb[0]) ** 2 + (pa[1] - pb
[1]) ** 2)
                    return dis
                dis = cal_distance(center_point, (i, j))
                transform_matrix[i, j] = 1 /(1 + (dis /d) ** (2 * n))
        return transform_matrix
    d_matrix = make_transform_matrix(d)
    d_matrix = 1 - d_matrix
    new_img = np.abs(np.fft.ifft2(np.fft.ifftshift(fshift * d_matrix)))
    return new_img
```

```
plt.subplot(221)
plt.axis( 'off')
plt.title( '原始图像')
plt.imshow(img, cmap = 'gray ')
plt.subplot(222)
plt.axis( 'off ')
plt.title( 'Butter D =100 n =1')
butter_100_1 = ButterworthPassFilter(img, 100, 1)
plt.imshow(butter_100_1, cmap = 'gray')
plt.subplot(223)
plt.axis( 'off')
plt.title( 'Butter D =30 n =1')
butter_30_1 = ButterworthPassFilter(img, 30, 1)
plt.imshow(butter_30_1, cmap = 'gray')
plt.subplot(224)
plt.axis( 'off')
plt.title( 'Butter D =30 n =5')
butter_30_5 = ButterworthPassFilter(img, 30, 5)
plt.imshow(butter_30_5, cmap = 'gray')
plt.show()
```

二维图像的巴特沃斯高通滤波结果如图 4 – 19 所示。

3. 高频增强滤波器

高通滤波器将低频分量滤除，导致图像的边缘得到加强，但图像的平坦区域很暗，接近黑色。高频增强滤波器函数是对频域中的高通滤波器函数加一个常数，以将一些低频分量加回，既保持平坦区域的灰度，又改善边缘区域的对比度。高频增强滤波器函数如下：

$$H_e(u,v) = kH(u,v) + c \tag{4.3.27}$$

原始图像

Butter D=100 n=1

Butter D=30 n=1

Butter D=30 n=5

图 4 – 19　二维图像的巴特沃斯高通滤波结果

这样就可以在原始图像的基础上叠加一些高频成分，既保留了原始图像的灰度层次，又锐化了原始图像的边缘。例如，使用 $k=1$，$c=0.5$ 对巴特沃斯高通滤波器进行高频增强，代码修改如下。

```
from matplotlib import pyplot as plt
import numpy as np
from skimage import data, color
import matplotlib
matplotlib.use('TkAgg')
def set_ch():
    from pylab import mpl
    mpl.rcParams['font.sans-serif'] = ['FangSong']
    mpl.rcParams['axes.unicode_minus'] = False
set_ch()
img = data.coffee()
img = color.rgb2gray(img)
f = np.fft.fft2(img)
fshift = np.fft.fftshift(f)
# 取绝对值后将复数变化为实数
# 取对数的目的是将数据变换到 0~255
s1 = np.log(np.abs(fshift))
def ButterworthPassFilter(image, d, n):
    """
    巴特沃斯高通滤波器
    """
    f = np.fft.fft2(image)
    fshift = np.fft.fftshift(f)
    def make_transform_matrix(d):
        transform_matrix = np.zeros(image.shape)
        center_point = tuple(map(lambda x: (x - 1) /2, s1.shape))
        for i in range(transform_matrix.shape[0]):
            for j in range(transform_matrix.shape[1]):
                def cal_distance(pa, pb):
                    from math import sqrt
                    dis = sqrt((pa[0] -pb[0]) ** 2 + (pa[1] -pb[1]) ** 2)
                    return dis
                dis = cal_distance(center_point, (i, j))
                transform_matrix[i, j] = 1 /(1 + (dis /d) ** (2 * n))
        return transform_matrix
    d_matrix = make_transform_matrix(d)
    d_matrix = d_matrix +0.5
    new_img = np.abs(np.fft.ifft2(np.fft.ifftshift(fshift * d_matrix)))
    return new_img
plt.subplot(221)
plt.axis('off')
```

```
plt.title ( '原始图像')
plt.imshow (img, cmap = 'gray')
plt.subplot (222)
plt.axis ( 'off')
plt.title ( 'Butter D = 100 n = 1')
butter_100_1 = ButterworthPassFilter (img, 100, 1)
plt.imshow (butter_100_1, cmap = 'gray')
plt.subplot (223)
plt.axis ( 'off')
plt.title ( 'Butter D = 30 n = 1')
butter_30_1 = ButterworthPassFilter (img, 30, 1)
plt.imshow (butter_30_1, cmap = 'gray')
plt.subplot (224)
plt.axis ( 'off')
plt.title ( 'Butter D = 30 n = 5')
butter_30_5 = ButterworthPassFilter (img, 30, 5)
plt.imshow (butter_30_5, cmap = 'gray')
plt.show ()
```

二维图像的高频增强滤波结果如图 4 – 20 所示。

**图 4 – 20　二维图像的高频增强滤波结果**

# 4.5　小结

本章主要介绍频域图像处理，首先介绍了傅里叶变换及其基本性质，其次介绍了快速傅里叶变换，最后介绍了图像频域滤波相关技术。

# 第 5 章

# 图像复原

本章介绍图像复原的基本任务、图像退化的各种原因、图像复原的常用方法和相关函数。

## 5.1 图像退化原因与图像复原技术分类

图像在形成、传输和记录等过程中，由于受到多方面的影响，会不可避免地退化。造成图像退化的原因很多，大致可分为以下几个方面。

（1）射线辐射、大气湍流、雾霾天气等造成图像畸变或降质。

（2）在模拟图像数字化的过程中，损失部分细节造成图像质量下降。

（3）镜头聚焦不准产生散焦模糊。

（4）成像系统中存在的噪声干扰。

（5）相机与景物之间的相对运动产生运动模糊。

（6）在图像采集过程中电气设备等形成图像的周期噪声。

（7）底片感光、图像显示造成记录显示失真。

（8）成像系统的像差、非线性畸变、有限带宽等造成图像失真。例如，鱼眼镜头具有焦距小、视场角大的优点，被广泛应用在全视觉监视、机器人导航等全方位视觉系统中，但用鱼眼摄像机拍摄的图像会产生严重的变形失真。

（9）携带遥感仪器的飞机或卫星运动不稳定，以及地球自转等因素引起图像的几何失真。

图像复原是在研究图像退化原因的基础上，以退化图像为依据，根据一定的先验知识，建立一个图像退化模型，然后使用相反的运算，恢复原始图像。图像复原要明确规定质量准则，即衡量接近原始图像的程度。图像退化模型可以用连续数学或离散数学处理。图像复原根据图像退化模型对退化图像进行处理，其可实现在空间域卷积或在频域相乘。

由于引起图像退化的原因多而且性质不同，所以描述图像退化过程所建立的模型也是各不相同的，加上用于图像复原的估计准则不同，导致图像复原的方法、技术也各不相同。一般的图像处理面对的正问题是对输入图像进行加工、处理，得到所需的输出图像。图像复原显然是图像处理的逆问题。逆问题的求解一般比正问题的求解难得多，常常得不到唯一解，甚至无解。为了得到逆问题的有用解，经常需要一些额外的先验知识以及对解的一些附加约束条件。可见图像复原是一个复杂的数学求解过程，必要时需要采用人机结合的方法进行交互式图像恢复。

由于图像复原的目的是尽可能恢复退化图像的本来面目，所以它又叫作图像恢复。图像复原与图像增强有类似之处，二者的目的都是改善图像的质量，但它们追求的目标不同。图像增强不考虑图像是如何退化的，而是试图采用各种技术来增强图像的视觉效果。因此，图像增强可以不考虑增强后的图像是否失真，只要满足人眼或机器视觉的要求即可。图像复原需要了解图像退化的机制和过程等先验知识，据此找出一种相应的逆处理方法，从而得到恢复的图像。如果图像已经退化，则应先进行图像复原处理，再进行图像增强处理。

图像复原在初级视觉处理中占有极其重要的地位，在航空航天、国防公安、生物医学、文物修复等领域具有广泛的应用。传统的图像复原方法是在平稳图像、线性空间不变的退化系统、图像和噪声统计特性的先验知识已知的条件下讨论的，而现代的图像复原方法已经在非平稳图像、非线性方法、信号与噪声等先验知识未知的条件下开展了卓有成效的工作，取得了鼓舞人心的成果。

### 5.1.1 连续图像退化模型

连续图像退化的一般模型如图 5 – 1 所示。输入图像函数 $f(x,y)$ 经过一个退化系统或退化算子 $H(x,y)$ 后，产生的退化图像函数可以表示为

$$g(x,y) = H[f(x,y)] \tag{5.1.1}$$

如果仅考虑加性噪声的影响，则退化图像函数可表示为

$$g(x,y) = H[f(x,y)] + n(x,y) \tag{5.1.2}$$

由式（5.1.2）可见，退化图像是由退化系统加上额外的系统噪声形成的。根据此模型可知，若已知 $H(x,y)$ 和 $n(x,y)$，则图像复原是在退化图像的基础上进行逆运算，得到 $f(x,y)$ 的一个最佳估计 $\hat{f}(x,y)$。

图 5 – 1 连续图像退化的一般模型

之所以说是"最佳估计"而非"真实估计"，是由于存在以下两个可能导致图像复原的病态性的原因。

（1）进行逆运算时，最佳估计问题不一定有解。这是由于在图像复原可能遇到最棘手的问题——奇异问题。

（2）逆问题可能存在多个解。

连续图像函数 $f(x,y)$ 可以用下式表示：

$$f(x,y) = \int_{-\infty}^{+\infty} \int_{-\infty}^{+\infty} f(\alpha,\beta)\delta(x-\alpha,y-\beta)\,\mathrm{d}\alpha\mathrm{d}\beta z \tag{5.1.3}$$

式中，$\delta$ 为空间中点脉冲的冲激函数。

将式（5.1.3）代入式（5.1.1）得

$$g(x,y) = H[f(x,y)] = H\left(\int_{-\infty}^{+\infty} \int_{-\infty}^{+\infty} f(\alpha,\beta)\delta(x-\alpha,y-\beta)\,\mathrm{d}\alpha\mathrm{d}\beta\right) \tag{5.1.4}$$

在退化算子 $H$ 表示线性和空间不变系统的情况下，输入图像函数 $f(x,y)$ 经退化后的

输出为 $g(x,y)$:

$$g(x,y) = H[f(x,y)] = H\left[\int_{-\infty}^{+\infty}\int_{-\infty}^{+\infty} f(\alpha,\beta)\delta(x-\alpha,y-\beta)\mathrm{d}\alpha\mathrm{d}\beta\right]$$

$$= \int_{-\infty}^{+\infty}\int_{-\infty}^{+\infty} f(\alpha,\beta)H[\delta(x-\alpha,y-\beta)]\mathrm{d}\alpha\mathrm{d}\beta \qquad (5.1.5)$$

$$= \int_{-\infty}^{+\infty}\int_{-\infty}^{+\infty} f(\alpha,\beta)h(x-\alpha,y-\beta)\mathrm{d}\alpha\mathrm{d}\beta$$

式中，$h(x,y)$ 称为退化系统的冲激响应函数。在图像形成的光学过程中，冲激为一光点，而光学部件的响应却是扩散的模糊光斑，因此又将 $h(x,y)$ 称为退化系统的点扩展函数（Point-Spread Function，PSF）。通过冲激光点与系统响应的关系，可以采用实验估计的方法获取成像系统的 PSF。而在有些图像退化的场合中，可以采用图像观察估计、数学建模估计等方法获取 PSF。

可见，退化系统的输出就是输入图像函数 $f(x,y)$ 与点扩展函数 $h(x,y)$ 的卷积，考虑到噪声的影响，有

$$g(x,y) = \int_{-\infty}^{+\infty}\int_{-\infty}^{+\infty} f(\alpha,\beta)h(x-\alpha,y-\beta)\mathrm{d}\alpha\mathrm{d}\beta + n(x,y)$$

$$= f(x,y) * h(x,y) + n(x,y) \qquad (5.1.6)$$

对上式进行傅里叶变换，则式（5.1.6）在频域可以写成

$$G(u,v) = F(u,v)H(u,v) + N(u,v) \qquad (5.1.7)$$

式中，$G(u,v)$，$F(u,v)$，$N(u,v)$ 分别是 $g(x,y)$，$f(x,y)$，$n(x,y)$ 的傅里叶变换；$H(u,v)$ 是 $h(x,y)$ 的傅里叶变换，为系统的滤波器函数。例如，一种基于大气湍流物理特性估计的传输函数模型为 $H(u,v) = \exp[-k(u^2+v^2)^{5/6}]$（式中，$k$ 是湍流强度有关的常数，中等湍流的 $k$ 的数量级为 $10^{-3}$）。

### 5.1.2　离散图像退化模型

图像处理系统所处理的图像是离散图像，因此人们对式（5.1.6）的离散形式更感兴趣。在"数字信号处理"课程中，已经讨论了类似系统的一维情况的表示，这里着重将一维离散图像退化模型推广到二维。设输入的图像函数 $f(x,y)$ 大小为 $A \times B$，点扩展函数 $h(x,y)$ 被均匀采样为 $C \times D$ 大小。为了避免交叠误差，采用添零延拓的方法，将它们扩展成 $M = A + C - 1$ 和 $N = B + D - 1$ 个元素的周期函数：

$$f_e(x,y) = \begin{cases} f(x,y), & 0 \leq x \leq A-1 \text{ 且 } 0 \leq y \leq B-1 \\ 0, & \text{其他} \end{cases} \qquad (5.1.8\mathrm{a})$$

$$h_e(x,y) = \begin{cases} h(x,y), & 0 \leq x \leq C-1 \text{ 且 } 0 \leq y \leq D-1 \\ 0, & \text{其他} \end{cases} \qquad (5.1.8\mathrm{b})$$

则输出的退化图像函数为

$$g_e(x,y) = \sum_{m=0}^{M-1}\sum_{n=0}^{N-1} f_e(m,n)h_e(x-m,y-n) \qquad (5.1.9)$$

式中，$x = 0,1,2,\cdots,M-1$；$y = 0,1,2,\cdots,N-1$。

式（5.1.9）的二维图离散退化模型可以用矩阵形式表示，即

$$\boldsymbol{g} = \boldsymbol{Hf} \qquad (5.1.10)$$

式中，$H$ 是 $MN \times MN$ 维矩阵，由 $M \times M$ 个大小为 $N \times N$ 的子矩阵组成，可进一步表示为式 (5.1.11)。将 $g(x,y)$ 和 $f(x,y)$ 中的元素排成列向量，$g$ 和 $f$ 成为 $MN \times 1$ 维列向量。

$$H = \begin{bmatrix} H_0 & H_{M-1} & H_{M-2} & \cdots & H_1 \\ H_1 & H_0 & H_{M-1} & \cdots & H_2 \\ H_2 & H_1 & H_0 & \cdots & H_3 \\ \vdots & \vdots & \vdots & \ddots & \vdots \\ H_{M-1} & H_{M-2} & H_{M-3} & \cdots & H_0 \end{bmatrix} \tag{5.1.11}$$

式中，子矩阵 $H_j (j = 0,1,2,\cdots,M-1)$ 为分块循环矩阵，大小为 $N \times N$。分块循环矩阵是由延拓函数 $h_e(x,y)$ 的第 $j$ 行构成的，构成方法如下：

$$H_j = \begin{bmatrix} h_e(j,0) & h_e(j,N-1) & h_e(j,N-2) & \cdots & h_e(j,1) \\ h_e(j,1) & h_e(j,0) & h_e(j,N-1) & \cdots & h_e(j,2) \\ \vdots & \vdots & \vdots & \ddots & \vdots \\ h_e(j,N-1) & h_e(j,N-2) & h_e(j,N-3) & \cdots & h_e(j,0) \end{bmatrix} \tag{5.1.12}$$

考虑噪声，则离散图像退化模型为

$$g_e(x,y) = \sum_{m=0}^{M-1} \sum_{n=0}^{N-1} f_e(m,n) h_e(x-m,y-n) + n_e(x,y) \tag{5.1.13}$$

写成矩阵形式为

$$g = Hf + n \tag{5.1.14}$$

式 (5.1.14) 表明，给定了退化图像函数 $g(x,y)$、退化系统的 PSF $h(x,y)$ 和噪声分布 $n(x,y)$，就可以得到原始图像函数 $f$ 的估计 $\hat{f}$。遗憾的是，上面的线性空间不变模型尽管简单，但实际计算的工作量却十分庞大。假设图像大小 $M = N$，则 $H$ 的大小为 $N^4$，这意味着要解出 $f(x,y)$ 需要解 $N^2$ 个联立方程组。通常有两种解决上述问题的途径。

（1）通过对角化简化分块循环矩阵，再利用快速傅里叶变换算法可以大大地减小计算量且能极大地节省存储空间。

（2）分析图像退化的具体原因，找出 $H$ 的具体简化形式，如匀速运动造成模糊的 PSF 就可以用简单的形式表示，这使图像复原问题变得简单。

下面针对式 (5.1.14) 讨论各种图像复原的代数方法，它们可能是通过无约束条件而得到原始图像 $f$ 的估计 $\hat{f}$，也可能是约束复原 $f$。

## 5.2　逆滤波复原

非约束复原是指根据对退化算子 $H$ 和噪声 $n$ 的了解，在已知退化图像 $g$ 的情况下，在一定的最小误差准则下，得到原始图像 $f$ 的估计 $\hat{f}$。逆滤波是最早使用的一种非约束复原方法，成功地应用于航天器传来的退化图像。

由式 (5.1.14) 可得

$$n = g - Hf \tag{5.2.1}$$

当对 $n$ 的统计特性不确定时，希望原始图像 $f$ 的估计 $\hat{f}$ 满足这样的条件：使 $H\hat{f}$ 在最

小二乘意义上近似 $g$。也就是说，希望找到一个 $\hat{f}$，使噪声项的范数

$$\| n \|^2 = n^{\mathrm{T}} n \tag{5.2.2}$$

最小，即目标函数

$$J(\hat{f}) = \| g - H\hat{f} \|^2 \tag{5.2.3}$$

为最小。由极值条件

$$\frac{\partial J(\hat{f})}{\partial \hat{f}} = 0 \tag{5.2.4}$$

得

$$-2H^{\mathrm{T}}(g - H\hat{f}) = 0 \tag{5.2.5}$$

在 $M = N$ 的情况下，$H$ 为方阵且 $H$ 有逆阵 $H^{-1}$，则

$$\hat{f} = (H^{\mathrm{T}}H)^{-1}H^{\mathrm{T}}g = H^{-1}g \tag{5.2.6}$$

若 $H$ 已知，即可由 $g$ 求出 $f$ 的最佳估计 $\hat{f}$。也就是说，当退化算子 $H$ 逆作用于退化图像 $g$ 时，可以得到最小平方意义上的非约束估计。对式（5.2.6）进行傅里叶变换，则

$$\hat{f}(u,v) = \frac{G(u,v)}{H(u,v)} \tag{5.2.7}$$

不难看出，逆滤波形式简单，但具体求解的计算量很大，需要根据循环分块矩阵条件进行简化。该方法适用于极高信噪比条件下的图像复原问题，且退化系统的滤波器函数 $H$ 不存在病态性质。将式（5.1.7）带入式（5.2.7），得

$$\hat{f}(u,v) = F(u,v) + \frac{G(u,v)}{H(u,v)} \tag{5.2.8}$$

可见当信噪比较低且当 $H$ 等于 $0$ 或接近 $0$ 时，上式后一项将在图像估计中起主导作用，还原的图像将变得无意义。这时需要人为地对滤波器函数进行修正，以降低滤波器函数病态造成的恢复不稳定性。这种处理方法称为伪逆滤波。

# 5.3  约束复原

进行约束复原除了需要对退化系统的 PSF 有所了解外，还需要对原始图像和外加噪声的特性有先验知识。根据不同领域的要求，有时需要对 $f$ 和 $n$ 做一些特殊的规定，使处理得到的图像满足某些条件。

## 5.3.1  约束复原的基本原理

在约束最小二乘法复原问题中，令 $Q$ 为 $f$ 的线性算子，要设法寻找一个最优估计 $\hat{f}$，使形式为 $\| Q\hat{f} \|^2$ 的、服从约束条件 $\| g - H\hat{f} \|^2 = \| n \|^2$ 的函数最小化问题可利用拉格朗日乘子法进行处理，即将约束条件表示为 $\alpha(\| g - H\hat{f} \|^2 - \| n \|^2)$，然后加上函数 $\| Q\hat{f} \|^2$，其中 $\alpha$ 为一常数，称为拉格朗日乘子。也就是说，要寻找一个 $\hat{f}$，使下面的目标函数（准则函数）为最小：

$$J(\hat{f}) = \| Q\hat{f} \|^2 + \alpha(\| g - H\hat{f} \|^2 - \| n \|^2) \tag{5.3.1}$$

令 $\dfrac{\partial J(\hat{f})}{\partial \hat{f}} = \mathbf{0}$，得到 $\boldsymbol{f}$ 的最佳估计值 $\hat{\boldsymbol{f}}$ 为

$$\hat{\boldsymbol{f}} = (\boldsymbol{H}^{\mathrm{T}}\boldsymbol{H} + \gamma \boldsymbol{Q}^{\mathrm{T}}\boldsymbol{Q})^{-1}\boldsymbol{H}^{\mathrm{T}}\boldsymbol{g} \tag{5.3.2}$$

式中，$\gamma = \alpha^{-1}$。式（5.3.2）是本节讨论的约束最小二乘法复原问题的基础，其核心是如何选择一个合适的变换矩阵 $\boldsymbol{Q}$。$\boldsymbol{Q}$ 的形式不同，可得到不同类型的约束最小二乘法复原方法。例如，选用图像 $\boldsymbol{f}$ 和噪声 $\boldsymbol{n}$ 的自相关矩阵 $\boldsymbol{R}_f$ 和 $\boldsymbol{R}_n$ 表示 $\boldsymbol{Q}$，可得到维纳滤波复原方法。

### 5.3.2　维纳滤波复原

要掌握图像 $\boldsymbol{f}$ 和噪声 $\boldsymbol{n}$ 的精确先验知识是困难的，一种较为合理的假设是将它们近似地视为平稳随机过程。假设 $\boldsymbol{R}_f$ 和 $\boldsymbol{R}_n$ 为 $\boldsymbol{f}$ 和 $\boldsymbol{n}$ 的自相关矩阵，其定义为

$$\boldsymbol{R}_f = E\{\boldsymbol{f}\boldsymbol{f}^{\mathrm{T}}\} \tag{5.3.3}$$

$$\boldsymbol{R}_n = E\{\boldsymbol{n}\boldsymbol{n}^{\mathrm{T}}\} \tag{5.3.4}$$

式中，$E\{\cdot\}$ 代表数学期望运算。

定义 $\boldsymbol{Q}^{\mathrm{T}}\boldsymbol{Q} = \boldsymbol{R}_f^{-1}\boldsymbol{R}_n$，代入式（5.3.2）得

$$\hat{\boldsymbol{f}} = (\boldsymbol{H}^{\mathrm{T}}\boldsymbol{H} + \gamma \boldsymbol{R}_f^{-1}\boldsymbol{R}_n)^{-1}\boldsymbol{H}^{\mathrm{T}}\boldsymbol{g} \tag{5.3.5}$$

假设 $M = N$，$\boldsymbol{S}_f$ 和 $\boldsymbol{S}_n$ 分别为图像信号和噪声的功率谱，则

$$\begin{aligned}
\hat{f}(u,v) &= \left[\frac{H^{*}(u,v)}{|H(u,v)|^2 + \gamma[S_n(u,v)/S_f(u,v)]}\right]G(u,v)\\
&= \left[\frac{1}{H(u,v)} \cdot \frac{|H(u,v)|^2}{|H(u,v)|^2 + \gamma[S_n(u,v)/S_f(u,v)]}\right]G(u,v)
\end{aligned} \tag{5.3.6}$$

式中，$u,v = 0,1,2,\cdots,N-1$；$|H(u,v)|^2 = H^{*}(u,v)H(u,v)$。

分几种情况对式（5.3.6）做如下分析。

如果 $\gamma = 1$，则退化系统的滤波器函数 $H_W(u,v)$ 是维纳滤波器函数，即

$$H_W(u,v) = \frac{H^{*}(u,v)}{|H(u,v)|^2 + S_n(u,v)/S_f(u,v)} \tag{5.3.7}$$

与逆滤波器相比，维纳滤波器对噪声的放大有自动抑制作用。如果无法知道噪声的统计性质，但可大致确定 $S_n(u,v)$ 和 $S_f(u,v)$ 的比值范围，则式（5.3.7）可以用下式近似：

$$\hat{f}(u,v) = \left[\frac{H^{*}(u,v)}{|H(u,v)|^2 + K}\right]G(u,v) \tag{5.3.8}$$

式中，$K$ 表示噪声对信号的频谱密度之比。

如果 $\gamma = 0$，则退化系统的滤波器函数变成单纯的去卷积滤波器函数，即 $\boldsymbol{H}^{-1}$。另外一个等效的情况是，尽管 $\gamma \neq 0$，但无噪声影响，$S_n(u,v) = \boldsymbol{0}$，退化系统的滤波器函数为理想的逆滤波器函数，可以视为维纳滤波器函数的一种特殊情况。若 $\gamma$ 为可调整的其他参数，此时退化系统的滤波器函数为参数化维纳滤波器函数。一般地，可以通过选择 $\gamma$ 的数值来获得所需要的平滑效果。$H(u,v)$ 由 PSF 确定，而当噪声是白噪声时，$S_n(u,v)$ 为常数，可通过计算一幅噪声图像的功率谱 $S_g(u,v)$ 求解。由于 $S_g(u,v) = |H(u,v)|^2 S_f(u,v) + S_n(u,v)$，所以 $S_f(u,v)$ 可以求得。

研究结果表明，在同样的条件下，单纯的去卷积滤波器的复原效果最差，维纳滤波器

会产生超过人眼所希望的低通效应；$\gamma < 1$ 的参数化维纳滤波器的复原效果较好。

如果满足平稳随机过程的模型和退化系统是线性的两个条件，那么维纳滤波器将取得较为令人满意的复原效果。但是，在信噪比很低的情况下，复原效果还不能令人满意，那么这可能是以下因素造成的。

维纳滤波器是基于平稳随机过程的模型，实际的千奇百怪的图像并不一定符合这个模型。另外，维纳滤波器只利用了图像的协方差信息，可能还有大量的有用信息没有被充分利用。

Python 的 SciPy 库提供了具有维纳滤波器功能的 wiener( ) 函数。该函数的一般形式是

$$J = \text{wiener}(I, \text{size}, \text{noisy}) \tag{5.3.9}$$

式中，$I$ 是原始图像函数；$J$ 是去模糊的图像函数；size 是每个维度滤波窗口的大小，默认值为 0，表示无噪声的情况；noise 表示噪声功率，如果没有，则估计噪声为输入的局部方差的平均值。

下面给出一个在实际中经常遇到的运动模糊复原问题。飞机、宇宙飞行器、交通视频监控系统（车速常常超过 60 km/h）等的成像系统与目标有高速相对运动，其所拍摄的照片由于镜头在曝光瞬间 $T$ 的偏移，会产生匀速直线运动的模糊。设在曝光时间 $T$ 内，在 $x$ 和 $y$ 方向的运动位移分别是 $a$ 和 $b$，可以推导出此时退化系统的滤波器函数为

$$H(u,v) = \frac{T}{\pi(ua+vb)}\sin\left[\pi(ua+vb)\right]e^{-j\pi(ua+vb)} \tag{5.3.10}$$

例 5.1 演示了维纳滤波复原的具体实现。

**【例 5.1】** 原始图像如图 5 - 2 （a）所示，使用 winner( ) 函数对图 5 - 2 （b）所示的有噪声模糊图像进行复原，观察所得结果，并对不同 PSF 产生的复原效果进行比较。

 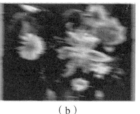

（a）　　　　　　　　　　　（b）

**图 5 - 2　原始图像及其有噪声模糊图像**

（a）原始图像；（b）有噪声模糊图像

**【解】** 首先假设真实的 PSF 是由运动形成的，采用 PSF = fspecial（'motion'，LEN，THETA）产生一个反映匀速直线运动的二维滤波器。以水平线作为 0 角度基准，按照逆时针方向，摄像机按 THETA 角度方向运动 LEN 个像素。默认参数值为 LEN = 9，THETA = 0。代码如下。

```
PSF = motion_blur_kernel(2 * LEN, THETA)        % 长 PSF
PSF = motion_blur_kernel(LEN, 2 * THETA)        % 陡峭 PSF
import cv2
import numpy as np
import matplotlib
import matplotlib.pyplot as plt
```

```
#定义一个运动模糊函数
def motion_blur_kernel(kernel_size, angle):
    theta = np.deg2rad(angle)
    PSF = np.zeros((kernel_size, kernel_size), dtype=np.float32)
    center = (kernel_size - 1) /2
    slope = np.tan(theta) if np.cos(theta) ! = 0 else np.inf
    if slope < = 1:
        for i in range(kernel_size):
            offset = int(np.round(slope * (i - center)))
            row = int(center + offset)
            if 0 < = row < kernel_size:
                PSF[row, i] = 1.0
    else:
        for i in range(kernel_size):
            offset = int(np.round(slope * fd (i - center)))
            col = int(center + offset)
            if 0 < = col < kernel_size:
                PSF[i, col] = 1.0
    PSF /= np.sum(PSF)
    return PSF
LEN = 20
THETA = 10
PSF = motion_blur_kernel(LEN, THETA)
img = cv2.imread('flower.jpg',
cv2.IMREAD_GRAYSCALE)
blurred = cv2.filter2D(img, -1, PSF, borderType=cv2.BORDER_DEFAULT)
plt.imshow(blurred, cmap='gray')
plt.axis('off')
plt.show()
```

复原效果如图 5 - 3（a）所示。在实际应用过程中，真实的 PSF 通常是未知的，需要根据一定的先验知识对它进行估计，再将估计值作为参数进行图像复原。图 5 - 3（b）、（c）分别为使用较"长"和较"陡峭"的 PSF 的复原效果，由此可见 PSF 的重要性。

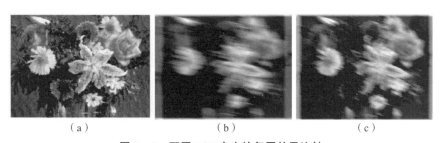

（a）　　　　　　　（b）　　　　　　　（c）

**图 5 - 3　不同 PSF 产生的复原效果比较**

（a）使用真实的 PSF 复原；（b）使用较"长"的 PSF 复原；（c）使用较"陡峭"的 PSF 复原

### 5.3.3 平滑度约束最小平方滤波复原

在使用逆滤波等方法进行图像复原时，退化算子 $H$ 的病态性质导致在零点附近数值起伏过大，使复原后的图像产生人为的噪声和边缘（振铃）。通过选择合理的 $Q$（高通滤波器），并对 $\|Qf\|^2$ 进行优化，可将这种不平滑性降至最低。使某个函数的二阶导数最小，可以推导出以平滑度为基础的约束最小平方滤波复原方法。

由图像增强得拉普拉斯算子 $\nabla^2 f = \left(\dfrac{\partial}{\partial x^2} + \dfrac{\partial}{\partial y^2}\right), f$ 具有突出边缘得作用，然而 $\iint \nabla^2 f \mathrm{d}x\mathrm{d}y$ 则恢复了图像的平滑性。因此，在进行图像复原时可将其作为约束。在离散情况下，拉普拉斯算子 $\nabla^2$ 可用下面的 $3\times3$ 模板近似：

$$p(x,y) = \begin{bmatrix} 0 & 1 & 0 \\ 1 & -4 & 1 \\ 0 & 1 & 0 \end{bmatrix} \tag{5.3.11}$$

利用 $f(x,y)$ 与上面的模板进行卷积可以进行高通卷积滤波运算。在具体实现时，可以利用添零延拓，使 $f(x,y)$ 和 $p(x,y)$ 成为 $f_e(x,y)$ 和 $p_e(x,y)$ 来避免交叠误差。$Q$ 对应高通卷积滤波运算，在 $\|g - Hf\| = \|n\|^2$ 约束条件下，最小化 $\|Qf\|^2$。可以证明，这时 $\hat{f}$ 的频域表达式为

$$\hat{f}(u,v) = \left[ \frac{H^*(u,v)}{|H(u,v)|^2 + \gamma P(u,v)} \right] G(u,v) \tag{5.3.12}$$

式中，$u,v = 0,1,2,\cdots,N-1$；$H^*$ 为 $H$ 的共轭矩阵且 $|H(u,v)|^2 = H^*(u,v)H(u,v)$；$\gamma$ 的取值控制对所估计图像所加平滑度约束的程度；$P(u,v)$ 为用 $Q$ 实现的高通滤波器函数，决定了不同频率所受平滑度影响的程度。对于拉普拉斯算子有

$$P(u,v) = -4\pi^2(u^2 + v^2) \tag{5.3.13}$$

Python 的 SciPy 库提供了具有维纳滤波的 wiener( ) 函数和减小振铃影响的 edgetaper( ) 函数。该函数的输出图像函数 $J$ 减小了上述算法中由离散傅里叶变换引起的振铃影响。该函数的一般形式是

$$J = \mathrm{edgetaper}(I, \mathrm{PSF}) \tag{5.3.14}$$

edgetaper( ) 函数使用规定的 PSF 对图像函数 $I$ 进行模糊操作。式中，$I$ 假设为真实场景图像在 PSF 的作用下并附加噪声的图像函数；$J$ 为去模糊的复原图像函数。

例 5.2 演示了平滑度约束最小平方滤波复原的具体实现。

【例5.2】 原始图像如图 5-4（a）所示，对图 5-4（b）给出的有噪声模糊图像使用平滑度约束最小平方滤波复原方法进行复原重建，要求尽量提高重建图像的质量。

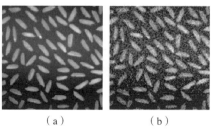

（a） （b）

**图 5-4 原始图像及其有噪声模糊图像**

（a）原始图像；（b）有噪声模糊图像

【解】　代码如下。

```
import cv2
import numpy as np
from scipy.signal import convolve2d, fftconvolve
from skimage import util, restoration
import matplotlib.pyplot as plt
import matplotlib
matplotlib.use('TkAgg')
# PSF
def motion_blur_kernel(length, angle):
    psf = np.zeros((length, length))
    center = length //2
    slope = np.tan(np.deg2rad(angle))
    for i in range(length):
        offset = int(slope * (i - center))
        if 0 < = center + offset < length:
            psf[center + offset, i] = 1
    return psf /psf.sum()
image_path = 'rice.jpg'
I = cv2.imread(image_path, cv2.IMREAD_GRAYSCALE)
length = 18
theta = 14
v = 0.02
PSF = motion_blur_kernel(length, length) # Ensure PSF is square
blurred = fftconvolve(I, PSF, mode = 'same')
blurrednoisy = util.random_noise(blurred, mode = 'gaussian', mean =0, var =v)
NP = v * np.prod(I.shape)
Edged = fftconvolve(blurrednoisy, PSF, mode = 'same')
# 加噪声
def custom_wiener_deconvolution(image, kernel, noise_var):
    kernel_ft = np.fft.fft2(kernel, s =image.shape)
    image_ft = np.fft.fft2(image)
    kernel_ft_conj = np.conj(kernel_ft)
    denominator = (kernel_ft * kernel_ft_conj + noise_var + 1e-10)
    result_ft = (kernel_ft_conj /denominator) * image_ft
    result = np.fft.ifft2(result_ft)
    return np.abs(result)
reg1 = custom_wiener_deconvolution(I, PSF, NP)
reg2 = custom_wiener_deconvolution(blurred, PSF, NP * 2)
LAGRA = 1e-3
reg3 = custom_wiener_deconvolution(blurred, PSF, LAGRA)
reg4 = custom_wiener_deconvolution(blurred, PSF, 100 * LAGRA)
def create_regularization_operator(shape, regop):
    regop_2d = np.zeros(shape)
    regop_2d[:len(regop), :len(regop)] = np.outer(regop, regop)
    return np.fft.fft2(regop_2d, s =shape)
```

```python
def smooth_regularization_deconvolution(image, kernel, regop, noise_var):
    kernel_ft = np.fft.fft2(kernel, s = image.shape)
    image_ft = np.fft.fft2(image)
    regop_ft = create_regularization_operator(image.shape, regop)
    regop_ft_conj = np.conj(regop_ft)
    denominator = (kernel_ft * kernel_ft.conj() + noise_var * (regop_ft *
regop_ft_conj) + 1e-10)
    result_ft = (kernel_ft.conj() /denominator) * image_ft
    result = np.fft.ifft2(result_ft)
    return np.abs(result)
REGOP = [1, -2,1]
reg5 = smooth_regularization_deconvolution(blurrednoisy
    ,PSF,REGOP,LAGRA)
plt.figure(figsize = (10,10))
plt.subplot(2,2,1)
plt.imshow(reg1,cmap = 'gray')
plt.title('RegularizedDeconvolution1')
plt.subplot(2,2,2)
plt.imshow(reg2,cmap = 'gray')
plt.title('RegularizedDeconvolution2')
plt.figure(figsize = (10,10))
plt.subplot(2,2,1)
plt.imshow(reg3,cmap = 'gray')
plt.title('RegularizedDeconvolution3')
plt.subplot(2,2,2)
plt.imshow(reg4,cmap = 'gray')
plt.title('RegularizedDeconvolution4')
plt.figure(figsize = (10,10))
plt.subplot(2,2,1)
plt.imshow(reg5,cmap = 'gray')
plt.title('RegularizedDeconvolution5(SmoothRegularization)')
plt.show()
```

　　不同的复原图像效果的比较如图 5 - 5、图 5 - 6 所示。通过这些图像，可以分析各参数对图像复原质量的影响。在实际应用中，读者可以根据这些经验选择最佳的参数进行图像复原。

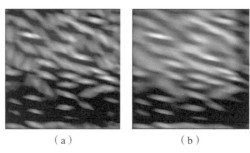

（a）　　　　　　　（b）

图 5 - 5　不同信噪比复原效果的比较

（a）低噪声强度；（b）高噪声强度

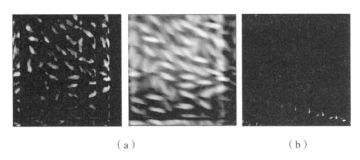

（a）　　　　　　　　　　　　（b）

图 5 – 6　不同拉普拉斯算子搜索范围复原效果的比较

（a）小范围搜索；（b）大范围搜索

# 5.4　非线性复原

前面介绍的复原方法属于经典复原滤波器方法，其显著特点是约束方程和准则函数中的表达式都可以改写为矩阵乘法。这些矩阵都是分块循环矩阵，因此可以实现对角化。本节介绍的方法属于非线性复原方法，所采用的准则函数都不能进行对角化，因此线性代数的方法在这里是不适用的。

设 $S$ 是非线性函数，当考虑图像的非线性退化时，图像的退化模型可以表示为

$$g(x,y) = S\big[b(x,y)\big] + n(x,y) \tag{5.4.1}$$

$$b(x,y) = \int_{-\infty}^{+\infty}\int_{-\infty}^{+\infty} h(x,\alpha;y,\beta)f(\alpha,\beta)\,\mathrm{d}\alpha\mathrm{d}\beta \tag{5.4.2}$$

## 5.4.1　最大后验复原

与维纳滤波复原类似，最大后验复原也是一种统计方法。它将原图像函数 $f(x,y)$ 和退化图像函数 $g(x,y)$ 都看成随机场，在已知 $g(x,y)$ 的情况下，求出后验概率 $P(f(x,y)\,|\,g(x,y))$。由贝叶斯判决理论可知，$P(f\,|\,g) = P(f\,|\,g)P(f)$。最大后验复原要求 $\hat{f}(x,y)$ 使式（5.4.3）最大：

$$\max_{f} P(f\,|\,g) = \max_{f}\frac{P(f\,|\,g)P(f)}{P(g)} = \max_{f} P(g\,|\,f)P(f) \tag{5.4.3}$$

最大后验复原方法将图像视为非平稳随机场，把图像模型表示成一个平稳随机过程对于一个不平稳的均值做零均值高斯起伏。可以用迭代法求出式（5.4.3）的最佳值。将经过多次迭代、收敛到最后的解作为复原的图像。一种可迭代序列为

$$\hat{f}_{k+1} = \hat{f}_k - h * S_b\{\sigma_n^{-2}[g - S(h * \hat{f}_k)] - \sigma_f^{-2}(\hat{f}_k - \bar{f})\} \tag{5.4.4}$$

式中，$k$ 为迭代次数；$*$ 代表卷积运算；$S_b$ 是由 $S$ 的导数构成的函数；$\sigma_f^2$ 和 $\sigma_n^2$ 分别为 $f$ 和 $n$ 的方差；$\bar{f}$ 是随空间而变的均值，可视为常数。

式（5.4.4）表明，图像的复原可以通过序列的卷积来估算，即使在 $S$ 呈线性的情况下也是适用的，通过人机交互的手段，可以在完全收敛前选择一个合适的解。

### 5.4.2 最大熵复原

1. 正性约束条件

光学图像的数值总为正值，而逆滤波等线性图像复原方法可能产生无意义的负输出，这些负输出将导致在图像的零背景区域产生一些假的波纹。因此，将复原后的图像函数 $\hat{f}(x,y)$ 约束为正值是合理的假设。

2. 最大熵复原的原理

由于逆滤波器的病态性，复原后的图像经常具有灰度变换较大的不均匀区域。平滑度约束最小平方滤波复原方法使用最小化的反映图像不均匀性的准则函数。最大熵复原方法则是通过最大化某种反映图像平滑度的准则函数作为约束条件，以解决图像复原中逆滤波器的病态性问题。

由于概率 $P(k)(k=0,1,\cdots,M-1)$ 介于 0 和 1 之间，所以最大熵的范围为 $0 \sim \ln M$，$H$ 不可能出现负值，故最大熵准则能自动地引向全正值的输出结果。

在图像复原中，一种基本的图像熵被定义为

$$H_f = -\sum_{m=0}^{M-1}\sum_{n=0}^{N-1} f(m,n)\ln f(m,n) \tag{5.4.5}$$

最大熵复原的原理是将 $f(x,y)$ 写成随机变量的统计模型，然后在一定的约束条件下，找出用随机变量形式表示的熵的表达式，运用求极大值的方法，求得最佳估计解 $\hat{f}(x,y)$。最大熵复原的含义是对 $\hat{f}(x,y)$ 进行最大平滑估计。

3. Friend 和 Burg 方法

最大熵复原常用 Friend 和 Burg 两种方法，这两种方法的基本原理相同，但对模型的假设方法不同，得到的最佳估计解 $\hat{f}(x,y)$ 也不相同。这两种方法都是正性约束条件下的图像复原方法，其复原图像函数 $\hat{f}(x,y)$ 是正值，这与光学图像信号要求为正信号相符。最大化问题都是用拉格朗日系数解决的。最大熵复原是对原始图像函数 $f(x,y)$ 起平滑作用，实质上得到的 $\hat{f}(x,y)$ 是最大平滑估计。

1）Friend 最大熵复原

Friend 方法的图像统计模型是将原始图像函数 $f(x,y)$ 视为由分散在整个图像平面上的离散的数字颗粒组成的。Friend 方法的基本原理就是求式（5.4.5）的极大值来估计原始图像函数 $\hat{f}(x,y)$。最大熵复原就是求图像熵和噪声熵加权之和的极大值问题。

Friend 方法可用迭代方法实现。应用 Newton – Raphson 迭代法求 $N^2-1$ 个拉格朗日系数，一般只需 8～40 次迭代即可求得。

2）Burg 最大熵复原

最大熵复原是 Burg 于 1967 年在对地震信号的功率谱进行估计时提出的。假设图像统计模型将 $f(x,y)$ 视为一个变量 $a(x,y)$ 的平方，它保证了 $f(x,y)$ 是正值，即

$$f(x,y) = [a(x,y)]^2 \tag{5.4.6}$$

Burg 方法定义的熵与式（5.4.5）定义的熵有所不同，其定义为

$$H_f = -\sum_{m=0}^{M-1}\sum_{n=0}^{N-1} \ln f(m,n) \tag{5.4.7}$$

Burg 方法的基本原理是通过求式（5.4.7）的极大值来估计 $\hat{f}(x,y)$。Burg 方法可以得到闭合形式的解，不需要迭代运算，因此计算时间较短。但是，此解对噪声比较敏感，如果原始图像中有噪声存在，则复原图像可能会被许多小斑点所模糊。

### 5.4.3　投影复原

投影复原法是用代数方程组来描述线性和非线性退化系统的。退化系统可用下式描述：

$$g(x,y) = D[f(x,y)] + n(x,y) \tag{5.4.8}$$

式中，$D$ 为退化算子，表示对图像进行某种运算。

投影复原的目的是由不完全图像数据求解式（5.4.8），找出 $f(x,y)$ 的最佳估计。该方法采用迭代方法求解与式（5.4.8）对应的方程组。假设退化算子是线性的，并忽略噪声，则式（5.4.8）可写成如下方程组：

$$\begin{cases} a_{11}f_1 + a_{12}f_2 + \cdots + a_{1N}f_N = g_1 \\ a_{21}f_1 + a_{22}f_2 + \cdots + a_{2N}f_N = g_2 \\ \cdots \\ a_{M1}f_1 + a_{M2}f_2 + \cdots + a_{MN}f_N = g_M \end{cases} \tag{5.4.9}$$

式中，$f_i$ 和 $g_j(i = 1,2,\cdots,N; j = 1,2,\cdots,M)$ 分别是原始图像函数 $f(x,y)$ 和退化图像函数 $g(x,y)$ 的采样；$a_{ij}$ 为常数。投影复原可以从几何学角度进行解释。$f = [f_1, f_2, \cdots, f_N]$ 可视为在 $N$ 维空间中的一个向量，而式（5.4.9）中的每一个方程代表一个超平面。下面使用投影迭代法找到 $f_i$ 的最佳估计。

首先假设一个初始估计值 $f^{(0)}(x,y)$，然后进行迭代运算，第 $k$ 次迭代值 $f^{(k)}(x,y)$ 由其前次迭代值 $f^{(k-1)}(x,y)$ 和超平面的参数决定。可以根据退化图像取初始估计值。下一个估计值 $f^{(1)}$ 取 $f^{(0)}$ 在第一个超平面 $a_{11}f_1 + a_{12}f_2 + \cdots + a_{1N}f_N = g_1$ 上的投影，即

$$f^{(1)} = f^{(0)} - \frac{(f^{(0)} \cdot a_1 - g_1)}{a_1 \cdot a_1} a_1 \tag{5.4.10}$$

式中，$a_1 = [a_{11}, a_{12}, \cdots, a_{1N}]$；圆点代表向量的点积。

再取 $f^{(1)}$ 在第二超平面 $a_{21}f_1 + a_{22}f_2 + \cdots + a_{2N}f_N = g_2$ 上的投影，并称之为 $f^{(2)}$，依次向下，直到得到 $f^{(M)}$ 满足式（5.4.9）中的最后一个方程式。这样就实现了迭代的第一个循环。

然后从式（5.4.9）的第一个方程式开始第二次迭代，即取 $f^{(M)}$ 在第一个超平面 $a_{11}f_1 + a_{12}f_2 + \cdots + a_{1N}f_N = g_1$ 上的投影，并称之为 $f^{(M1)}$，再取 $f^{(M1)}$ 在 $a_{21}f_1 + a_{22}f_2 + \cdots + a_{2N}f_N = g_2$ 上的投影，直到式（5.4.9）中的最后一个方程式。这样，就实现了迭代的第二个循环。按照上述方法不断地迭代，便可得到一系列向量 $f^{(0)}, f^{(M)}, f^{(2M)}, \cdots$。可以证明，对于任意给定的 $N$，$M$ 和 $a_{ij}$，向量 $f^{(kM)}$ 将收敛于 $f$，即

$$\lim_k f^{(kM)} = f \tag{5.4.11}$$

投影复原的迭代方法要求有一个好的初始估计值 $f^{(0)}$。在应用此方法进行图像复原时，还可以很方便地引进一些附加先验信息的约束条件，以改善图像复原效果。

采用迭代方法的非线性复原方法还有蒙特卡罗复原方法等。蒙特卡罗复原方法的主要

思想如下。把图像分成许多"细胞"（相当于像素），同时认为图像的灰度是由颗粒组成的，每个颗粒具有一定的能量 $d_0$，并假定图像的颗粒总数是已知的，即图像的总能量是已知的。将某颗粒随机地分配到某"细胞"中，并遵循一定的判决原则。如果所有颗粒都分配完毕，那么最后的目标图像也就复原完毕。蒙特卡罗复原方法具有使用灵活、容易满足正值约束条件以及计算速度高等优点。在无噪声或噪声较小、PSF 和图像数据存在零点的情况下，可得到较好的复原效果。

### 5.4.4　同态滤波复原

自然景物的图像是由照明函数和反射函数两个分量的乘积组成的。同态滤波复原方法是基于图像的乘性结构理论而提出的。当退化图像函数是由两个分量相乘得到时，可以先对退化图像函数取对数，得到两个相加的分量，再进行滤波处理，最后通过指数变换得到复原图像函数 $\hat{f}(x,y)$。

设退化图像函数 $g(x,y)$ 可以分为两部分的乘积，即

$$g(x,y) = i(x,y)r(x,y) \tag{5.4.12}$$

取对数得

$$\log g(x,y) = \log i(x,y) + \log r(x,y) \tag{5.4.13}$$

设同态滤波器的冲激响应为 $l(x,y)$，其复原结果为 $\hat{f}(x,y)$。同态滤波复原过程如图 5-7 所示。

**图 5-7　同态滤波复原过程**

在不考虑相位的情况下，同态滤波复原也可以用频域复原方法进行。其准则是估计图像函数 $\hat{f}(x,y)$ 的功率谱 $S_{\hat{f}}(u,v)$ 与原图像函数 $f(x,y)$ 的功率谱 $S_f(u,v)$ 相等，由退化模型 $g = Hf + n$，可以推导出同态滤波器函数为

$$|L(u,v)| = \left[\frac{1}{|H(u,v)|^2 + S_n(u,v)/S_f(u,v)}\right] \tag{5.4.14}$$

同态滤波器函数与维纳滤波器函数的形式基本相似。如果噪声项为零，则同态滤波器函数为 $1/H(u,v)$，这就是逆滤波器函数。

不难看出，同态滤波复原方法也可以用于图像增强。使用同态滤波复原方法可以实现同态增晰，既能压缩图像的灰度动态范围，又能扩展感兴趣的物体图像灰度级。

## 5.5　盲图像复原

大多数图像复原方法以图像退化的某种先验知识为基础。但是，在很多情况下难以确定退化图像的 PSF 和噪声的统计特性。盲图像复原是在没有图像退化必要的先验知识的情况下，对观察的图像以某种方式提取出退化信息，采用盲去卷积算法对图像进行复原。

对具有加性噪声的模糊图像进行盲图像复原的方法一般有两种：直接测量法和间接估计法。

### 5.5.1　直接测量法

使用此方法复原图像时，通常需要测量图像的模糊冲激响应和噪声功率谱或噪声协方差函数。在观察图像中，点光源往往能直接指示冲激响应。另外，图像边缘是否陡峭也能用于推测模糊冲激响应。在背景亮度相对恒定的区域内测量图像的协方差，可以估计观测图像的噪声协方差函数。

### 5.5.2　间接估计法

间接估计法类似多图像平均法。例如，在电视系统中，观测到的第 $i$ 帧图像为

$$g_i(x,y) = f(x,y) + n_i(x,y) \tag{5.5.1}$$

式中，$f(x,y)$ 是原始图像函数；$g_i(x,y)$ 是含有噪声的图像函数；$n_i(x,y)$ 是加性噪声；$i = 1,2,\cdots,N$。如果原始图像在 $N$ 帧观测图像内保持恒定，对 $N$ 帧观测图像求和，得到下式：

$$\hat{f}(x,y) = \frac{1}{N}\sum_{i=1}^{N} g_i(x,y) - \frac{1}{N}\sum_{i=1}^{N} n_i(x,y) \tag{5.5.2}$$

当 $N$ 很大时，上式右边的噪声项的值趋于其数学期望 $E\{n(x,y)\}$。在一般情况下，高斯白噪声在所有 $(x,y)$ 上的数学期望等于 0。因此，合理的估计量是

$$f(x,y) = \frac{1}{N}\sum_{i=1}^{N} g_i(x,y) \tag{5.5.3}$$

间接估计法也可以利用时间上平均的概念去掉图像中的模糊。如果有一个成像系统，其中相继帧含有相对平稳的目标退化，则这种退化是每帧含有不同的线性位移不变冲激响应 $h_i(x,y)$ 引起的。例如，大气湍流可以使远距离物体摄影产生这种图像退化。只要物体在帧间没有很大移动并且每帧取短时间曝光，那么第 $i$ 帧的退化图像 $g_i(x,y)$ 可表示为

$$g_i(x,y) = f_i(x,y) * h_i(x,y) \tag{5.5.4}$$

式中，$f_i(x,y)$ 是原始图像函数；$g_i(x,y)$ 是退化图像函数；$h_i(x,y)$ 是 PSF；$*$ 表示卷积运算；$i=1,2,\cdots,N$。退化图像的傅里叶变换为

$$G_i(u,v) = F_i(u,v)H_i(u,v) \tag{5.5.5}$$

利用同态处理方法把原始图像的频谱和退化算子分开，则可得到

$$\ln[G_i(u,v)] = \ln[F_i(u,v)] + \ln[H_i(u,v)] \tag{5.5.6}$$

如果帧间退化冲激响应是不相关的，则可得到下式：

$$\sum_{i=1}^{N}\ln[G_i(u,v)] = N\ln[F_i(u,v)] + \sum_{i=1}^{N}\ln[H_i(u,v)] \tag{5.5.7}$$

当 $N$ 很大时，退化算子的对数和式接近一恒定值，即

$$K_H(u,v) = \lim_{N\to\infty}\sum_{i=1}^{N}\ln[H_i(u,v)] \tag{5.5.8}$$

因此，图像的估计值为

$$\hat{F}_i(u,v) = \exp\left\{-\frac{K_H(u,v)}{M}\right\}\prod_{i=1}^{M}[G_i(u,v)]^{\frac{1}{M}} \tag{5.5.9}$$

式中，$M$ 为观测图像的帧数。对上式进行傅里叶逆变换就可得到空间域估计值 $\hat{f}(x,y)$。

以上分析没有考虑加性噪声的影响，否则便无法进行原始图像与 PSF 的分离处理，后面的推导也就不成立了。为了解决这一问题，可以对观测到的每帧图像先进行滤波处理，消除或减小噪声的影响，再进行上述处理。

【例 5.3】  原始图像如图 5 – 8（a）所示，对图 5 – 8（b）所示的图像进行复原。

（a）                                      （b）

**图 5 – 8  原始图像及其有噪声模糊图像**

（a）原始图像；（b）有噪声模糊图像

【解】  调用 deconvblind( ) 函数进行图像复原时，INITPSF 是一个非常重要的指标。先用较小的 PSF 对图像进行复原，然后用较大的 PSF 对图像进行复原，最后与采用真实 PSF 的复原效果进行比较。代码如下。

```
# 设置较小的 PSF 参数
len_small = 5
sigma_small = 1
PSF_small = create_gaussian_kernel(len_small, sigma_small)

# 设置较大的 PSF 参数
len_large = 15
sigma_large = 3
PSF_large = create_gaussian_kernel(len_large, sigma_large)

#用较小的 PSF 进行盲反卷积
J_small, _= restoration.unsupervised_wiener(blurrednoisy, PSF_small)
plt.figure(figsize =(10, 10))
plt.subplot(2, 2, 1)
plt.imshow(J_small, cmap = 'gray')
plt.title('Small PSF')

#用较大的 PSF 进行盲反卷积
J_large, _= restoration.unsupervised_wiener(blurrednoisy, PSF_large)
plt.subplot(2, 2, 2)
plt.imshow(J_large, cmap = 'gray')
plt.title('Large PSF')

#用真实的 PSF 进行盲反卷积
J_real, _= restoration.unsupervised_wiener(blurrednoisy, PSF_real)
plt.subplot(2, 2, 3)
plt.imshow(J_real, cmap = 'gray')
plt.title('Real PSF')
```

复原后的图像如图 5 – 9 所示。

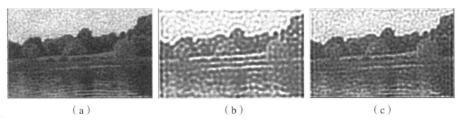

（a） （b） （c）

**图 5 – 9 采用不同大小的 PSF 进行图像复原的效果比较**

（a）较小的 PSF；（b）较大的 PSF；（c）真实的 PSF

由此可见，PSF 对图像复原质量有非常重要的影响。在实际应用中，可以通过对 PSF 的分析来选择合适的 PSF 进行图像复原。

# 5.6　几何失真校正

在获取图像的过程中，由于成像系统的非线性、飞行器的姿态变化等原因，成像后的图像与原始图像相比会产生比例失调，甚至扭曲。这类图像退化现象称为几何失真（畸变）。具有几何失真的图像，不但视觉效果不好，而且在对其进行定量分析时提取的形状、距离、面积等数据也不准确。但是，有时为了表现特殊的图像获取效果，明显的镜头失真在所难免。例如，鱼眼镜头具有焦距小、视场角大的优点，但用鱼眼摄像机拍摄的图像具有严重的几何失真，对其进行重现时常常需要将其转换成人眼视觉所习惯的透视投影图像。

## 5.6.1　典型的几何失真

下面以遥感图像为例说明典型的几何失真。由于在遥感图像的获取过程中存在许多不稳定因素，所以遥感图像最容易产生几何失真，其一般可分为两类。

1. 系统失真

光学系统、电子扫描系统失真所引起的斜视畸变、枕形畸变、桶形畸变等都可能使图像产生几何失真，这类几何失真称为系统失真。典型的系统失真如图 5 – 10 所示。

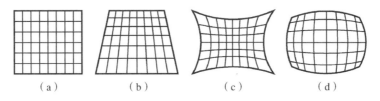

（a） （b） （c） （d）

**图 5 – 10　典型的系统失真**

（a）原始图像；（b）梯形失真；（c）枕形失真；（d）桶形失真

2. 非系统失真

从飞行器上所获取的地面图像，由于飞行器的姿态、高度和速度变化的不稳定与不可预测所产生的几何失真称为非系统失真。非系统失真一般要通过分析飞行器的跟踪资料和在地面设置控制点的办法进行校正。典型的非系统失真如图 5 – 11 所示。

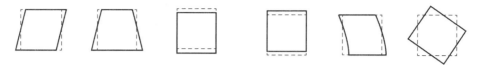

图 5 – 11  典型的非系统失真

一般来说，进行几何失真校正时，通常先要确定一幅图像作为基准，然后校正另一幅图像的几何形状。因此，几何失真校正一般分两步：第一步是空间几何坐标变换；第二步是校正空间像素点灰度的确定。

### 5.6.2  空间几何坐标变换

如图 5 – 12 所示，空间几何坐标变换指按照一幅基准图像 $f(x,y)$ 或一组基准点校正另一幅几何失真图像 $g(x',y')$。根据两幅图像的一些已知对应点对（控制点对）建立函数关系式，将几何失真图像的 $x' - y'$ 坐标系变换到基准图像的 $x - y$ 坐标系，从而对几何失真图像按基准图像的几何位置进行校正，使 $f(x,y)$ 中的每个像素点都可以在 $g(x',y')$ 中找到对应的像素点。

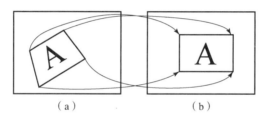

（a）　　　　　　　　（b）

图 5 – 12  空间几何坐标变换示意

（a）$x' - y'$ 坐标系中的几何失真图像；（b）$x - y$ 坐标系中的基准图像

设原始图像采用 $x - y$ 坐标系，几何失真图像采用 $x' - y'$ 坐标系。两个坐标系的关系为

$$\begin{cases} x' = h_1(x,y) \\ y' = h_2(x,y) \end{cases} \tag{5.6.1}$$

几何失真校正方法可以分为两类：一类是在 $h_1$，$h_2$ 已知的情况下的方法，另一类是在 $h_1$，$h_2$ 未知的情况下的方法。前者一般通过人工设置标志进行，如卫星照片通过人工设置小型平面反射镜作为标志。后者通过控制点之间的空间对应关系建立线性（如三角形线性法）或高次（如二元二次多项式法）方程组求解式（5.6.1）中坐标系的对应关系。下面以三角形线性法为例讨论空间几何坐标变换问题。

某些图像，如卫星照片，对大面积来讲，其几何失真虽然是非线性的，但在一个小区域内可近似认为是线性的。这时可以将几何失真图像的坐标系和基准图像的坐标系用线性方程来联系。将基准图像和几何失真图像之间的对应点对划分成一系列小三角形区域，小三角形顶点为 3 个控制点，在小三角形区域内满足以下线性关系：

$$\begin{cases} x' = ax + by + c \\ y' = dx + ey + f \end{cases} \tag{5.6.2}$$

解式（5.6.2）所示方程组，可以求出 $a$，$b$，$c$，$d$，$e$，$f$ 6 个系数。用式（5.6.1）

可以实现小三角形区域内其他像素点的坐标变换。对于不同的小三角形区域，这 6 个系数的值是不同的。

三角形线性法简单，能满足一定的精度要求，这是因为它是以局部范围内的线性失真去处理大范围内的非线性失真，所以选择的对应点对越多，分布越均匀，小三角形区域的面积越小，则变换的精度越高，但是对应点对过多又会导致计算量增加。

### 5.6.3　校正空间像素点灰度的确定

图像经过空间几何坐标变换后，在校正空间中各像素点的灰度等于被校正图像对应像素点的灰度。一般校正后的图像的某些像素点可能分布不均匀，不会恰好落在坐标点上，一般映射到输入图像中的非整数位置，即位于 4 个输入像素之间。由于图像像素的灰度值是离散的，需要对原来在整数位置上的像素进行插值生成连续灰度值，所以常采用在水平和垂直方向同时进行插值的二维内插法求得这些像素点的灰度。另外，图像的缩放是一种常见的操作，图像进行缩放后，也需要重新计算缩放后图像的像素点坐标和相应的灰度。

经常使用的方法有最近邻点法、双线性插值法、三次卷积法（又叫作立方卷积法），其中三次卷积法精度最高，但计算量也较大。下面介绍前两种方法。在实际工作中，往往综合插值的光滑程度、计算量、占用计算机内存等因素选择合适的插值方法。

1. 最近邻点法

在该方法中，输出像素点的灰度取与该像素点相邻的 4 个映射点中距离最近的像素点的灰度，属于零阶插值法，如图 5 - 13 所示。显然，最近邻点法计算十分简单，速度较高，在许多情况下其结果也可令人接受，但其精度不高，同时校正后的图像不够平滑，即当图像中包含像素之间灰度有变化的细微结构时，图像中会产生方块或锯齿效应，有明显的不连续性。

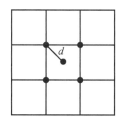

**图 5 - 13　最近邻点法示意**

2. 双线性插值法

双线性插值法又称为一阶插值法，是对最近邻点法的改进。如图 5 - 14 所示，设基准图像像素坐标 $(x_0, y_0)$ 对应几何失真图像像素坐标 $(x_0', y_0')$，而点 $(x_0', y_0')$ 周围 4 个邻点的坐标分别为 $(x_1', y_1')$、$(x_1' + 1, y_1' + 1)$、$(x_1', y_1' + 1)$ 和 $(x_1' + 1, y_1' + 1)$，用点 $(x_0', y_0')$ 周围 4 个邻点的灰度值加权内插作为灰度校正值 $f(x_0, y_0)$，则有

$$f(x_0, y_0) = g(x_0', y_0') = (1 - \alpha)(1 - \beta)g(x_1', y_1') + \alpha(1 - \beta)g(x_1' + 1, y_1' + 1) \cdot$$
$$(1 - \alpha)\beta g(x_1', y_1' + 1) + \alpha\beta g(x_1' + 1, y_1' + 1) \tag{5.6.3}$$

式中，$\alpha = |x_0' - x_1'|$，$\beta = |y_0' - y_1'|$。

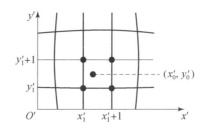

**图 5 – 14　双线性插值法示意**

与最近邻点法相比，双线性插值法的结果可以一般满足要求，但占用内存较多，计算量较大且具有低通特性，在灰度突变处的斜率会发生改变，导致图像轮廓模糊。

如果要进一步改善图像质量，可以选用三次卷积法。该方法考虑一个浮点坐标周围的 16 个邻点，通过分段 Hermite 插值法计算灰度，其插值数据和导数都是连续的。当然该方法付出的代价是需要更多的内存和运算时间。

还可以选择三次样条插值法、基于小波的插值法、根据影射点邻域图像复杂度自适应地调整插值计算权值的插值法等。

Python 的 OpenCV 图像处理工具提供了图像缩放的函数：

$$J = \text{resize}(I, f_x, f_y, \text{interpolation}) \tag{5.6.4}$$

式中，$I$，$J$ 分别为原始图像函数和缩放后的图像函数；$f_x$，$f_y$ 为水平和垂直缩放尺度，小于 1 为缩小，大于 1 为放大；interpolation 为插值法，可选 'INTER_LINEAR（线性插值）'（默认值）、'INTER_NEAREST'、'INTER_CUBIC'、'INTER_AREA'。

**【例 5.4】**　原始图像如图 5 – 15（a）所示，对该图像分别以 $0.5(1/2)$ 和 $1.414(\sqrt{2})$ 进行缩放。

**【解】**　调用 resize( ) 函数对尺寸为 $198 \times 135$ 的原始图像 "onion. png" 采用不同的方法进行缩放。代码如下。

```
Import cv2
#以 0.5 的尺度对原始图像进行缩小
img = cv2.imread('onion.jpg', cv2.IMREAD_GRAYSCALE)
img = cv2.resize ( img, ( 800, int ( img.shape [ 0 ] * 800 / img.shape
[1])),          % 默认为线性压缩
interpolation = cv2.INTER_AREA)
img = cv2.resize(img, None, fx = 0.5, fy = 0.5)
# img = cv2.resize ( img, None, fx = 0.5, fy = 0.5, interpolation = cv2.INTER_
LINEAR)
cv2.imshow("output",img)
cv2.waitKey(0)
Import cv2
img = cv2.imread('onion.jpg', cv2.IMREAD_GRAYSCALE)
img = cv2.resize ( img, ( 800, int ( img.shape [ 0 ] * 800 / img.shape [ 1 ])),
interpolation = cv2.INTER_AREA)
```

```
img1 = cv2.resize(img, None, fx = 0.5, fy = 0.5)            #默认
    img2 = cv2.resize(img, None, fx = 1.414, fy = 1.414, interpolation = cv2.INTER_
NEAREST)        #最近邻点法
    img3 = cv2.resize(img, None, fx = 1.414, fy = 1.414, interpolation = cv2.INTER_
CUBIC)        #三次样条插值法
    cv2.imshow("output",img1)
    cv2.imshow("output",img2)
    cv2.imshow("output",img3)
    cv2.waitKey(0)
```

结果如图 5 – 15（b）~（d）所示。由图可见，图像尺寸的压缩（仅为原图像尺寸的 1/4）导致图像空间率下降，平滑的灰度出现马赛克现象，边缘有锯齿状。放大后的图像由于插值点较多（是原图像的 1.414 2 倍，即 2 倍），所以在一定的空间分辨率下可以显示放大 2 倍的图像而不出现明显的灰度失真。

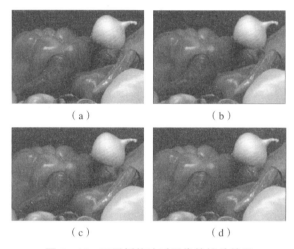

（a）                （b）

（c）                （d）

**图 5 – 15    不同插值法对图像的缩放效果**

（a）原始图像；（b）用默认的线性插值法压缩；（c）用最近邻点法放大；（d）用三次样条插值法放大

在医学、遥感、安防、视频服务等场合，人们经常期望得到高分辨率图像，但高分辨率图像的获取往往受到传感器、光学制造技术和用户对设备性价比要求的限制。超分辨率（Super – Resolution，SR）技术是指通过信号处理硬件或软件的方法由一幅或一系列低分辨率（Low Resolution，LR）图像恢复出高分辨率（High Resolution，HR）图像。图像插值与 SR 是相关的技术，其目的都是增加单幅图像的尺寸，但由于对单幅图像插值不能恢复在 LR 采样过程中损失的高频部分，故由一幅近似的 LR 图像来提高图像的质量是十分有限的，因此图像插值技术不等同于 SR 技术。有效的途径是基于同一场景的不同的观察数据的融合实现 SR 复原。

普通的数码相机由于光学镜头的生产工艺等原因，所拍摄的图像会出现较为严重的非线性几何失真，如图 5 – 16 所示，通过非线性几何失真校正，可以较好地复原图像。

（a）                                    （b）

**图 5－16　非线性几何失真校正实例**

（a）校正前的非线性几何失真图像；（b）校正后的复原图像

### 5.6.4　鱼眼图像几何失真校正方法简介

鱼眼镜头又称为全景镜头，其前镜片凸出，酷似鱼眼。国家标准 GB/T 13964—92 中的定义如下："鱼眼镜头是视场角超过 140°的照相镜头，有的几乎达到 180°，有的甚至超过 220°"。通过鱼眼镜头拍摄得到的照片是一组发生明显桶形失真的图片。众所周知，焦距越小，视场角越大，因光学原理产生的变形也就越明显。为了达到 180°的超大视场角，鱼眼镜头的设计者不得不作出牺牲，即允许这种变形（桶形失真）的合理存在。其结果是除了画面中心的景物保持不变，其他本应水平或垂直的景物都发生了相应的变化。也正是这种强烈的视觉效果为那些富于想象力和勇于挑战的摄影者提供了展示个人创造力的机会。

鱼眼镜头已被广泛应用在视频监控、智能交通系统、医学成像、数码特技等全方位视觉系统领域。但是，由鱼眼镜头拍摄的图像严重变形，如果想利用这些变形的信息，就需要将这些图像校正为符合人们视觉习惯的透视投影图像。鱼眼镜头标定算法是一类精确的图像复原方法，在建立鱼眼镜头变形模型的基础上，考虑到鱼眼镜头成像的各种几何失真类型，如常见的径向变形、离心变形、薄棱镜变形等，建立精确的鱼眼镜头成像模型。鱼眼图像几何失真校正一般有两种方法。

第一种方法是从鱼眼成像的两种投影模型——球面投影模型和抛物面投影模型来分析，但该方法的计算过于复杂，实际很少应用。

第二种方法是在二维和三维空间中进行鱼眼图像几何失真变形校正，该方法包括经度坐标校正、多项式坐标变换，以及极半径映射等。经度坐标校正算法较简单，但校正结果存在一定的失真。投影转换算法是将鱼眼图像转换成透视投影图像，也可认为是鱼眼图像半径和入射角关系的映射。

鱼眼图像所包含的信息很丰富，然而在实际检测中人们可能并不是特别关心整个全景区域，而是对某个区域感兴趣，这就需要针对感兴趣区域进行几何失真校正，使观察重点位于感兴趣区域中心。因此，鱼眼图像部分感兴趣区域几何失真校正的研究显得尤为重要。图 5－20（a）所示是一张俯视拍摄的鱼眼图像，该图像中的主要内容集中在圆形鱼眼内。人眼对这种图像难以接受，所以必须对它进行几何失真校正。几何失真校正主要是对圆形鱼眼中的像素进行空间几何坐标变换，将鱼眼图像转换为平视的矩形图像。手动选择感兴趣区域，可以很快计算出圆心横纵坐标及半径。有了中心点坐标及内、外圆半径，就可以根据坐标对应关系将鱼眼图像映射到矩形区域。从图 5－17（b）可见，图 5－17（a）中的几何失真已经消失，鱼眼图像变成人眼可以轻易看清的图像。通过与原鱼眼图像对比可以看出，鱼眼图像中除中心点及其周围一小片区域外，其他景物均可以在校正后的图像中找到，并且更加直观。

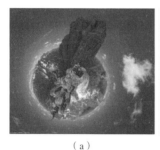 

（a）　　　　　　　　　　　　　　　　（b）

**图 5 – 17　俯视拍摄的鱼眼图像几何失真校正实例**

（a）俯视拍摄的鱼眼图像；（b）几何失真校正后的图像

# 5.7　图像修复技术

由于各种自然或人为的原因，数码照片、影像资料等多媒体载体往往产生局部破损，这使其的完整性遭到了破坏，无法满足人类视觉的需要。图像修复技术旨在利用破损资料中残留的信息，通过某种算法或操作方法，按照一定的修复顺序，把已知信息传播到破损区域，以填充破损区域。图像修复的结果不仅要强调图像的完整美观，同时要兼顾人类视觉的合理性和连贯性。

目前，图像修复技术已被广泛推广，特别在以下几个方面获得了较大进展：①修复破损艺术品、照片、电影胶片，如图 5 – 18 所示；②移除图像中的指定目标，如图 5 – 19 所示；③移除图像中的字幕、划痕，如图 5 – 20 所示；④修复图像压缩及无线传输中丢失的帧；⑤进行 SR 研究，如图 5 – 21 所示。

（a）　　　　　　　　　（b）

**图 5 – 18　修复艺术品**

（a）破损的艺术品；（b）修复后的艺术品

（a）　　　　　　　　　（b）

**图 5 – 19　移除图像中的指定目标**

（a）原始图；（b）移除指定目标后的图像

（a）　　　　　　　　　　　　　（b）

**图 5 – 20　移除图像中的字幕**

（a）原始图像；（b）移除字幕后的图像

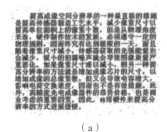

（a）　　　　　　　　　　　　　（b）

**图 5 – 21　图像修复技术在 SR 研究中的应用**

（a）一幅降质的文档图像；（b）经过图像修复后的 SR 结果

为了实现图像自动修复并提高图像修复的速度和质量，出现了不少优秀的模型及方法，主要如下。

（1）基于变分和偏微分方程的图像修复方法。M. Bertalmio 等人于 2000 年的 SIGGARPH 会议上，首先提出了数字图像修复（Digital Image Inpainting）的概念，并引入了基于偏微分方程的算法，即 BSCB 模型。

（2）基于等照度线扩散的图像修复方法。由于基于偏微分方程的算法十分耗时，所以 Oliveira 等人提出了一种快速图像修复算法，其通过高斯卷积核，对破损区域进行重复卷积，将破损区域的边缘信息扩散到破损区域的内部。

（3）基于纹理合成的图像修复方法。Efros 和 Leung 提出了根据单个像素点合成，进行非参数采样的纹理合成算法，此算法选用了马尔可夫随机场（Markov Random Field，MRF）模型，处理结构性纹理图像的合成效果比较好。

（4）混合图像修复方法。对于结构信息和纹理信息都比较复杂的图像，无论使用基于偏微分方程的图像修复方法还是用基于纹理合成的图像修复方法，都无法获得较为令人满意的修复结果。因此，出现了各取二者所长、两种方法混合的新方法。

（5）基于变换域的图像修复方法。基于傅里叶变换和小波变换等的图像修复方法，通过利用图像的稀疏表示（Sparse Representation）并结合曲波变换（Curvelet Transformation）和离散余弦变换等对破损图像进行修复。

对于图像修复结果的评价，一般可以从两方面进行考量。一是图像修复的效率，通常直接用运算时间来衡量。二是图像修复的效果。由于图像修复本身具有病态特性，所以简单地用数学模型描述图像修复的效果比较困难，同时难以找到统一的标准衡量图像修复效果的优劣。因此，不同类型的图像修复方法往往采用不同的衡量标准。图 5 – 22 所示为缺损修复测试的实例。

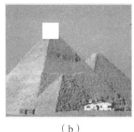

（a）　　　　　　　　（b）　　　　　　　　（c）

图 5 - 22　缺损修复测试的实例

（a）原始图像；（b）加入缺损部分的图像；（c）修复后的图像

# 5.8　小结

本章介绍了图像退化模型、图像退化原因、图像复原的各种方法以及它们之间的相互关系。本章的主要内容可以概括如下。

（1）图像退化的原因很多，如摄像时的散焦模糊、成像系统的噪声干扰、相机与景物之间的相对运动、图像的几何失真等。图像复原方法具有一定的针对性，根据不同的图像退化机理选择不同的图像复原方法是较好地进行图像复原的关键。

（2）图像退化模型有连续型和离散型。连续图像退化模型便于分析光学系统形成的 PSF。离散图像退化模型可以由线性代数和数字信号处理理论与方法建立，便于计算机求解。

（3）线性复原方法分为非约束复原方法和约束复原方法。在同一种复原方法中，不同的 PSF、噪声强度、退化算子的搜索范围、约束算子等对复原结果的影响都是不可低估的。

（4）非线性复原方法采用的准则函数不能用线性代数的方法简化运算。非线性复原的有效方法之一是迭代法。同态滤波方法是另一种非线性复原方法，它对于乘积型结构图像的复原比较有效。

（5）盲图像复原方法建立在图像退化的先验知识未知的情况下，它通过观察多幅图像获取退化信息以复原图像。

（6）几何失真校正分为两个步骤。首先，建立两个空间像素点之间的位置关系。然后，根据几何失真图像映射到基准图像的位置对应关系，采用插值法确定基准图像像素点的灰度。

# 第 6 章

# 形态学图像处理

本章讨论数学形态学和形态学图像处理。形态学图像处理是一组与图像中特征的形状或形态相关的非线性操作集合。虽然这些操作可以扩展到灰度图像的处理，但它们尤其适用于二值图像的处理（其中像素表示为 0 或 1，根据约定，对象的前景 = 1 或白色，背景 = 0 或黑色）。

在形态学运算中，使用一个结构元素（一个小模板图像）来探测输入图像。形态学运算的工作原理是将结构元素定位在输入图像中所有可能的位置，并用集合算子将其与像素的相应邻域进行比较。一些操作测试结构元素是否与邻域匹配，而另一些操作测试结构元素是否与邻域匹配或相交。常用的形态学运算（或滤波器）有二值图像的膨胀和腐蚀、开运算和闭运算、骨架化、形态边缘检测等。

本章演示如何在二值图像和灰度图像上使用形态学运算（或滤波器），以及它们的应用程序（使用 scikit – image 库和 SciPy 库的 ndimage. morphology 模块）。

## 6.1 基于 scikit – image 库形态学模块的形态学图像处理

本节演示如何使用 scikit – image 库形态学模块中的函数实现一些形态学运算——首先是对二值图像的形态学操作，然后是对灰度图像的形态学操作。

### 6.1.1 对二值图像的形态学操作

在调用函数之前需要创建一个输入二值图像（如使用具有固定阈值的简单阈值设置）。

1. 腐蚀

腐蚀是一种基本的形态学操作，它可以缩小前景对象、平滑对象边界，并删除图形和小对象。以下代码演示了如何使用 binary_erosion()函数计算二值图像的快速形态腐蚀。

```
from skimage.io import imread
from skimage.color import rgb2gray
import matplotlib.pylab as plt
from skimage.morphology import binary_erosion, rectangle
def plot_image(image, title = ''):
    plt.title(title, size =20)
      plt.imshow(image)
      plt.axis('off') # comment this line if you want axis ticks
im = imread('./images/testpat1.png')
```

```
im[im < = 0.5] = 0 # create binary image with fixed threshold 0.5
im[im > 0.5] = 1
plt.gray()
plt.figure(figsize =(20,10))
plt.subplot(1,3,1), plot_image(im, '原始图像')
iml = binary_erosion(im, rectangle(1,5))
plt.subplot(1,3,2), plot_image(iml, '矩形大小为(1,5)的腐蚀')
iml = binary_erosion(im, rectangle(1,15))
plt.subplot(1,3,3), plot_image(iml, '矩形大小为(1,15)的腐蚀')
plt.show()
```

运行上述代码，输出结果如图 6 - 1 所示。

原始图像 　　矩形大小为(1,5)的腐蚀 　　矩形大小为(1,15)的腐蚀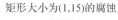

**图 6 - 1　图像的不同尺寸的腐蚀**

2. 膨胀

膨胀是另一种基本的形态学操作，它扩展前景对象、平滑对象边界，并闭合二值图像中的孔和缝隙。这是腐蚀的双重作用。以下代码演示了如何使用 binary_dilation() 函数在二值图像上使用不同尺寸的磁盘结构元素（Disc Structuring Element）。

```
from skimage.morphology import binary_erosion, binary_dilation, disk
im = imread('./images/testpat1.png')
print(np.max(im))
im[im < = 0.5] = 0
im[im > 0.5] = 1
plt.gray()
plt.figure(figsize =(18,9))
plt.subplot(131)
plt.imshow(im)
plt.title('原始图像', size =20)
plt.axis('off')
for d in range(1,3):
    plt.subplot(1,3,d +1)
    im1 = binary_dilation(im, disk(2 * d))
    plt.imshow(im1)
    plt.title('磁盘结构元素尺寸为 ' + str(2 * d) + '的膨胀', size =20)
    plt.axis('off')
plt.show()
```

运行上述代码，输出结果如图 6 – 2 所示。可以看到，使用较小尺寸的磁盘结构元素，去掉了一些细节（被当作背景或间隙），而使用较大尺寸的磁盘结构元素，将所有小间隙填补。

图 6 – 2　图像在不同尺寸的磁盘结构元素下的膨胀

3. 开运算和闭运算

开运算是一种形态学运算，可以表示为先腐蚀，后膨胀，它从二值图像中删除小对象。相反，闭运算可以表示为先膨胀，后腐蚀，它从二值图像中删除小洞。这两个运算都是对偶运算。以下代码演示了如何使用 scikit – image 库形态学模块的相应功能，以分别从二值图像中删除小对象和小洞。

```python
from skimage.morphology import binary_opening, binary_closing,
binary_erosion,binary_dilation,disk
im = rgb2gray(imread('../images/circles.jpg'))
im[im < = 0.5] = 0
im[im > 0.5] = 1
pylab.gray()
pylab.figure(figsize =(20,10))
plt.subplot(1,3,1),plot_image(im,'原始图像')
im1 = binary_opening(im, disk(12))
plt.subplot(1,3,2),plot_image(im1,'磁盘结构元素尺寸为 ' + str(12) + '的开运算')
im1 = binary_closing(im, disk(6))
plt.subplot(1,3,3),plot_image(im1,'磁盘结构元素尺寸为 ' + str(6) + '的闭运算')
plt.show()
```

运行上述代码，可以看到不同尺寸的磁盘结构元素通过二值图像的开、闭运算生成的模式，如图 6 – 3 所示。其中，开运算只保留了较大的圆圈。

图 6 – 3　利用不同尺寸的磁盘结构元素对原始图像进行开、闭运算

现在分别用 binary_erosion( ) 函数和 binary_expand( ) 函数替换 binary_opening( ) 函数和 binary_closing( ) 函数，并使用与上述代码相同的磁盘结构元素来比较腐蚀开和膨

胀闭运算。经过腐蚀开和膨胀闭运算得到的输出图像如图 6 – 4 所示。

原始图像　　　　磁盘结构元素尺寸为12的腐蚀　　　　磁盘结构元素尺寸为6的膨胀

**图 6 – 4　利用不同尺寸的磁盘结构元素对原始图像进行腐蚀开和膨胀闭运算**

4. 骨架化

在骨架化中，用形态学细化操作将二值图像中的每个连接组件简化为单个像素宽的骨架。代码如下。

```python
def plot_images_side_by_side (original, filtered, filter_name, sz = (18, 7)):
    plt.gray ()
    plt.figure (figsize = sz)
    plt.subplot (121)
    plt.imshow (original)
    plt.title ('原始图像', size = 20)
    plt.axis ('off')
    plt.subplot (122)
    plt.imshow (filtered)
    plt.title (filter_name, size = 20)
    plt.axis ('off')
    plt.show ()
from skimage.morphology import skeletonize
im = rgb2gray (imread ('./images/saturn.png'))
print (np.max (im))
th = 0.5
im [im < th] = 0
im [im >= th] = 1
skeleton = skeletonize (im)
plot_images_side_by_side (im, skeleton, '骨架化处理', sz = (18, 9))
```

运行上述代码，输出结果如图 6 – 5 所示。

原始图像　　　　　　　　骨架化处理

**图 6 – 5　图像的骨架化处理**

5. 凸包计算

凸包由输入图像中包围所有前景的最小凸多边形定义（白色像素）。以下代码演示了如何计算二值图像的凸包。

```
from skimage.morphology import convex_hull_image
from skimage.util import invert
im = rgb2gray (imread ('./images/saturn.png'))
print (np.max (im))
#im = 1 - im
th = 0.5
im [im < th] = 0
im [im >= th] = 1
#im1 = opening (im, square (6))
chull = convex_hull_image (im)
#im2 = closing (im, square (1))
plot_images_side_by_side (im, chull, '凸包计算', sz = (18, 9))
```

运行上述代码，输出结果如图6-6所示。

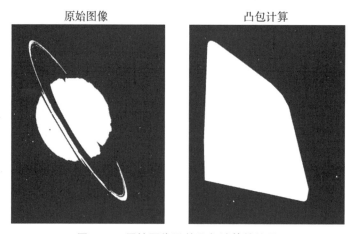

图6-6　原始图像及其凸包计算的结果

以下代码演示了如何绘制原始二值图像和计算得到的凸包图像的差值图像。

```
im = im.astype(np.bool)
chull_diff = img_as_float (chull.copy ())
chull_diff [im] = 2
plt.figure (figsize = (20, 10))
plt.imshow (chull_diff, cmap = plt.cm.gray, interpolation = 'nearest')
plt.title ('差值图像', size = 20)
plt.axis ("off")
plt.show ()
```

运行上述代码，输出结果如图6-7所示。

原始图像 差值图像

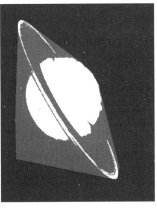

**图 6 - 7　原始图像与其凸包图像的差值图像**

6. 删除小对象

以下代码演示了如何使用 remove_smal_objects( ) 函数删除小于指定最小阈值的对象——指定的阈值越大，删除的小对象越多。

```
from skimage.morphology import remove_small_objects
im = rgb2gray(imread ('./images/pillsetc.png'))
im[im > 0.5] = 1 # create binary image by thresholding with fixed threshold 0.5
im[im < = 0.5] = 0
im = im.astype(np.bool)
plt.figure(figsize =(20,20))
plt.subplot(2,2,1)
plot_image(im, '原始图像 ')
i = 2
for osz in [50, 2000, 5000]:
    im1 = remove_small_objects(im, osz, connectivity =1) #binary_dilation(im,
bridge(2))
    print(np.max(im1))
    plt.subplot(2,2,i)
    plt.imshow(im1)
    plt.axis('off')
    plt.subplot(2,2,i), plot_image(im1, '删除尺寸小于' + str(osz) + '的小对象')
    i + = 1
plt.show()
```

运行上述代码，输出结果如图 6 - 8 所示。可以看到，指定的最小阈值越大，删除的小对象越多。

7. 白顶帽与黑顶帽

图像的白顶帽计算比结构元素更小的亮点，定义为原始图像与其形态学开运算的差值图像。类似地，图像的黑顶帽计算比结构元素更小的黑点，定义为原始图像与其形态学闭运算的差值图像。原始图像中的黑点经过黑顶帽操作后变成亮点。以下代码演示了如何使用 scikit - image 库的形态学模块函数对输入的泰戈尔二值图像（ "tagore. png"）进行这两种形态学的操作。

原始图像

删除尺寸小于50的小对象

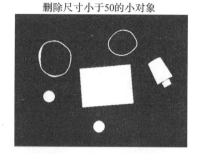

删除尺寸小于2 000的小对象

删除尺寸小于5 000的小对象

图6-8　利用不同的最小阈值删除原始图像中的小对象

```python
from skimage.morphology import white_tophat, black_tophat, square
im = rgb2gray(imread('./images/pears.png'))
print(np.max(im))
im[im <= 0.5] = 0
im[im > 0.5] = 1
im1 = white_tophat(im, square(7))
im2 = black_tophat(im, square(7))
plt.figure(figsize=(20,15))
plt.subplot(121)
plt.imshow(im1)
'白顶帽', size=20)
plt.axis('off')
plt.subplot(122)
plt.imshow(im2)
plt.title(plt.title('黑顶帽', size=20)
plt.axis('off')
plt.show()
```

运行上述代码，输出结果如图6-9所示。

白顶帽

黑顶帽

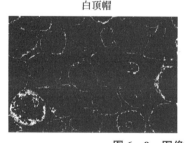

图6-9　图像的白顶帽和黑顶帽

8. 提取边界

腐蚀操作可以用来提取二值图像的边界，只需要从输入的二值图像中减去腐蚀图像既可实现。以下代码演示了如何提取二值图像的边界。

```
from skimage.morphology import binary_erosion
im = rgb2gray(imread('./images/saturn.png'))
threshold = 0.5
im[im < threshold] = 0
im[im > = threshold] = 1
boundary = im - binary_erosion(im)
plot_images_side_by_side(im, boundary, '边界',sz = (18,9))
```

运行上述代码，输出结果如图 6 – 10 所示。

原始图像　　　　　　　　　　　边界

图 6 – 10　原始图像及其经腐蚀处理后的边界

## 6.1.2　利用开、闭运算实现指纹清洗

开、闭运算可以用于按顺序地从二值图像中（如小的前景对象）去噪。开、闭运算可以用于清洗指纹图像的预处理步骤。以下代码演示了如何实现指纹清洗。

```
im = rgb2gray(imread('./images/fingerprint1.jpg'))
im[im < = 0.5] = 0 # binarize
im[im > 0.5] = 1
im_o = binary_opening(im, square(2))
im_c = binary_closing(im, square(2))
im_oc = binary_closing(binary_opening(im, square (2)), square(2))
plt.figure(figsize = (20,20))
plt.subplot(221), plot_image(im, '原始图像')
plt.subplot(222), plot_image(im_o, '开运算')
plt.subplot(223), plot_image(im_c, '闭运算')
plt.subplot(224), plot_image(im_oc, '开、闭运算')
plt.show()
```

运行上述代码，输出结果如图 6 – 11 所示。可以看到，交替应用开、闭运算对带有噪声的二值指纹图像进行了清洗。

原始图像 开运算

闭运算 开、闭运算

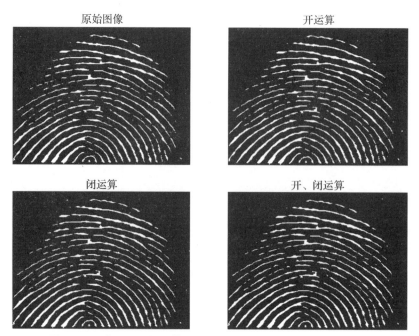

图 6 – 11　应用开、闭运算对带有噪声的二值指纹图像进行清洗

## 6.1.3　灰度级操作

以下代码演示了如何对灰度图像应用形态学操作（从灰度腐蚀开始）。

```
from skimage.morphology import dilation, erosion, closing, opening, square
im = imread('./images/zebras.jpg')
im = rgb2gray(im)
struct_elem = square(3)
eroded = erosion(im, struct_elem)
plot_images_side_by_side(im, eroded,'腐蚀图像')
```

运行上述代码，输出结果如图 6 – 12 所示。可以看到，斑马图像的黑色条纹随着腐蚀而变宽。

原始图像 腐蚀图像

图 6 – 12　原始斑马图像及其腐蚀图像

以下代码演示了如何在相同的输入灰度图像上应用膨胀操作。

```
dilated = dilation(im, struct_elem)
plot_images_side_by_side(im, dilated, '膨胀图像')
```

运行上述代码，输出结果如图 6－13 所示。可以看到，斑马图像的黑色条纹随着膨胀而收窄。

原始图像　　　　　　　　　　　　　膨胀图像

图 6－13　原始斑马图像及其膨胀图像

以下代码演示了如何在相同的输入灰度图像上应用形态学灰度级开运算。

```
opened = opening(im, struct_elem)
plot_images_horizontally(im, opened, '开运算')
```

运行上述代码，输出结果如图 6－14 所示。可以看到，虽然去掉了一些细的白色条纹，但黑色条纹的宽度并没有随着开运算而改变。

原始图像　　　　　　　　　　　　　开运算图像

图 6－14　原始斑马图像及其开运算图像

以下代码演示了如何在相同的输入灰度图像上应用形态学灰度级闭运算。

```
closed = closing(im, struct_elem)
plot _images_horizontally(im, closed, '闭运算')
```

运行上述代码，输出结果如图 6－15 所示。可以看到，虽然去掉了一些细的黑色条纹，但白色条纹的宽度并没有随着闭运算而改变。

原始图像　　　　　　　　　　　　　闭运算图像

图 6－15　原始斑马图像及其闭运算图像

## 6.2 基于 scikit – image 库 filter. rank 模块的形态学图像处理

scikit – image 库的 filter. rank 模块提供了实现形态学滤波器的功能，例如形态学中值滤波器和形态学对比度增强滤波器。下面演示其中的几个滤波器。

### 6.2.1 形态学对比度增强滤波器

形态学对比度增强滤波器只考虑由结构元素定义的邻域中的像素对每个像素进行操作。它用邻域内的局部最小像素或局部最大像素替换中心像素，这取决于原始像素最接近哪个像素。以下代码显示了使用形态学对比度增强滤波器和曝光模块的自适应直方图均衡化得到的输出结果的比较，这两个滤波器都是局部的。

```python
from skimage.filters.rank import enhance_contrast, equalize
from skimage import exposure
image = imread('./images/bunny.png')[…, :3]
image = rgb2gray(image)
sigma = 0.05
noisy_image = np.clip(image + sigma * np.random.standard_normal(image.shape), 0, 1)
enh = enhance_contrast(noisy_image, disk(5))
leq = equalize(noisy_image, disk(5))
eq = exposure.equalize_adapthist(noisy_image)
geq = exposure.equalize_hist(noisy_image)
fig, ax = plt.subplots(1, 3, figsize =[18, 14], sharex = 'row', sharey = 'row')
ax1, ax2, ax3 = ax.ravel()
ax1.imshow(noisy_image, cmap =plt.cm.gray)
ax1.set_title('原始图像')
ax1.axis('off')
ax1.set_adjustable('box')
ax2.imshow(enh, cmap =plt.cm.gray)
ax2.set_title('局部形态学对比度增强图像')
ax2.axis('off')
ax2.set_adjustable('box')
ax3.imshow(eq, cmap =plt.cm.gray)
ax3.set_title('自适应直方图均衡化图像')
ax3.axis('off')
ax3.set_adjustable('box')
```

运行上述代码，输出结果如图 6 – 16 所示。

原始图像　　　局部形态学对比度增强图像　　　自适应直方图均衡化图像

图 6 – 16　原始图像、局部形态学对比度增强图像及自适应直方图均衡化图像

### 6.2.2　形态学中值滤波器

以下代码演示了如何使用 scikit – image 库的 filter. rank 模块的形态学中值滤波器。通过将 10% 的像素随机设置为 255（盐）和将 10% 的像素随机设置为 0（椒），将一些椒盐噪声添加到输入灰度图像中。为了便于使用形态学中值滤波器去除噪声，这里使用的结构元素为不同尺寸的磁盘。

```
from skimage.filters.rank import median
from skimage.morphology import disk
noisy_image = (rgb2gray(imread('./images/lena.jpg'))*255).astype(np.uint8)
print(np.max(noisy_image))
noise = np.random.random(noisy_image.shape)
noisy_image[noise > 0.9] = 255
noisy_image[noise < 0.1] = 0
fig,ax = plt.subplots(2,2,figsize=(10,10),sharex=True,sharey=True)
ax1,ax2,ax3,ax4 = ax.ravel()
ax1.imshow(noisy_image,vmin=0,vmax=255,cmap=plt.cm.gray)
ax1.set_title('噪声图像')
ax1.axis('off')
ax1.set_adjustable('box')
ax2.imshow(median(noisy_image,disk(1)),vmin=0,vmax=255,cmap=plt.cm.gray)
ax2.set_title('形态学中值滤波器 $r=1$')
ax2.axis('off')
ax2.set_adjustable('box')
ax3.imshow(median(noisy_image,disk(5)),vmin=0,vmax=255,cmap=plt.cm.gray)
ax3.set_title('形态学中值滤波器 $r=5$')
ax3.axis('off')
ax3.set_adjustable('box')
ax4.imshow(median(noisy_image,disk(20)),vmin=0,vmax=255,cmap=plt.cm.gray)
ax4.set_title('形态学中值滤波器 $r=20$')
ax4.axis('off')
ax4.set_adjustable('box')
```

运行上述代码，输出结果如图 6 – 17 所示。可以看到，随着磁盘半径的增大，输出图像会变得更加零散或模糊，但同时会去除更多噪声。

### 6.2.3　计算局部熵

熵是对图像的不确定性或随机性的度量，它的数学定义如下：

$$H = -\sum_{i=0}^{255} p_i \log_2 p_i \tag{6.2.1}$$

式中，$p_i$ 是与灰度级相关的概率（由图像的归一化直方图得到）。这个公式用于计算图像的全局熵。同样地，也可以定义局部熵，从而定义局部图像的复杂度，它可以通过局部直方图计算。

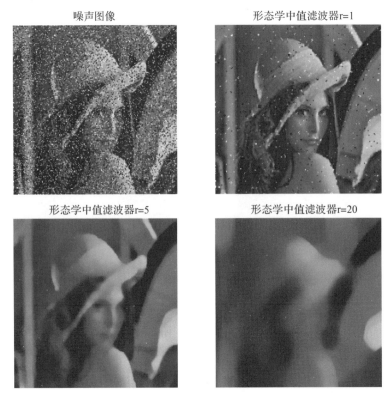

图 6 - 17　利用不同磁盘半径的形态学中值滤波器处理噪声图像

skimage. rank. entropy( )函数计算已知结构元素上的图像的局部熵（编码局部灰度级分布所需的最小比特数）。以下代码演示了如何将计算局部熵的滤波器应用于灰度图像，函数返回 8 位图像的 10 倍炳。

```
from skimage.filters.rank import entropy
from skimage.morphology import disk
import numpy as np
import matplotlib.pyplot as plt
image = rgb2gray(imread('./images/hands.png')[…;:3])
fig, (ax1, ax2) = plt.subplots(1, 2, figsize = (18, 10), sharex = True, sharey = True)
fig.colorbar(ax1.imshow(image, cmap = plt.cm.gray), ax = ax1)
ax1.set_title('原始图像', size = 20)
ax1.axis('off')
ax1.set_adjustable('box')
fig.colorbar(ax2.imshow(entropy(image, disk(5)), cmap = plt.cm.inferno), ax = ax2)
ax2.set_title('局部熵图像', size = 20)
ax2.axis('off')
ax2.set_adjustable('box')
```

运行上述代码，输出结果如图 6 - 18 所示。可以看到，熵值较大的区域（即信息含量较大的区域）用较亮的颜色表示。

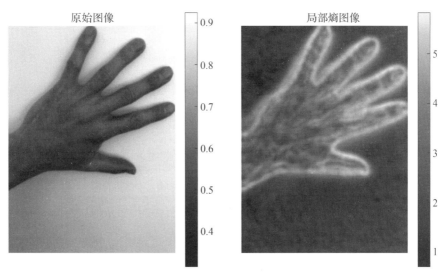

图 6 – 18　原始图像和局部熵图像

# 6.3　基于 SciPy 库 ndimage. morphology 模块的形态学图像处理

SciPy 库的 ndimage. morphology 模块提供了前面讨论的用于对二值图像和灰度图像进行形态学操作的函数。

## 6.3.1　填充二值对象中的孔洞

binary_fill_holes( ) 函数可以填充二值对象中的孔洞。以下代码演示了不同结构元素尺寸的函数在输入二值图像上的应用。

```python
from scipy.ndimage.morphology import binary_fill_holes
im = rgb2gray(imread('./images/text.png'))
im[im <= 0.5] = 0
im[im > 0.5] = 1
pylab.figure(figsize =(20,15))
pylab.subplot(221), pylab.imshow(im), pylab.title('原始图像', size = 20),
pylab.axis('off')
i = 2
for n in [3,5,7]:
pylab.subplot(2, 2, i)
iml = binary_fill_holes(im, structure = np.ones((n,n)))
pylab.imshow(iml), pylab.title('结构元素的边为' + str(n), size = 20)
pylab.axis('off')
i + = 1
pylab.show()
```

运行上述代码，输出结果如图 6 – 19 所示。可以看到，结构元素（方形）的边越大，填充的孔洞数越少。

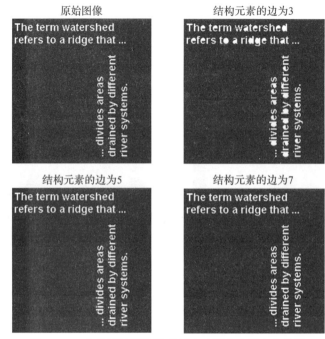

图 6 –19    字体原始图像随着填充孔洞大小的变化效果

## 6.3.2    使用开、闭运算去噪

以下代码演示了如何利用灰度级的开、闭运算从灰度图像中去除椒盐噪声，以及交替使用开、闭运算从输入的有噪声的灰度图像中去除椒盐噪声。

```
from scipy import ndimage
im = (rgb2gray(imread('./old_images/lena.jpg')) * 255).astype(np.uint8)
print(np.max(im))
noise = np.random.random(im.shape)
im[noise > 0.9] = 255
im[noise < 0.1] = 0

im_o = ndimage.grey_opening(im, size = (2,2))
im_c = ndimage.grey_closing(im, size = (2,2))
im_oc = ndimage.grey_closing(ndimage.grey_opening(im, size = (2,2)), size = (2,2))
plt.figure(figsize = (20,20))
plt.subplot(221), plt.imshow(im), plt.title('噪声图像', size = 20),plt.axis('off')
plt.subplot(222), plt.imshow(im_o), plt.title('开运算(去除椒盐噪声)', size = 20), plt.axis('off')
plt.subplot(223), plt.imshow(im_c), plt.title('闭运算(去除椒盐噪声)', size = 20),plt.axis('off')
plt.subplot(224), plt.imshow(im_oc), plt.title('开、闭运算(去除椒盐噪声)', size = 20)
plt.axis('off')
plt.show()
```

运行上述代码，输出结果如图 6 – 20 所示。

图 6 – 20　使用开、闭运算从噪声图像中去除椒盐噪声

### 6.3.3　计算形态学 Beucher 梯度

形态学 Beucher 梯度可定义为输入灰度图像的膨胀运算与腐蚀运算的差值。SciPy 库的 ndimage 模块提供了一个计算灰度图像形态学 Beucher 梯度的函数。以下代码演示了 SciPy 库的形态学 Beucher 梯度函数如何为图像生成与 ndimage 梯度相同的输出。

```
from scipy import ndimage
im = imread ('. /images /pout. jpg')
im_d = ndimage.grey_dilation(im, size =(3,3))
im_e = ndimage.grey_erosion(im, size =(3,3))
im_bg = im_d - im_e
im_g = ndimage.morphological_gradient(im, size =(3,3))
plt.gray()
plt. figure(figsize =(20,18))
plt.subplot(231), plt.imshow(im), plt.title('原始图像', size =20),plt.axis('off')
plt.subplot(232), plt.imshow(im_d), plt.title('膨胀', size =20),plt.axis('off')
plt.subplot(233), plt.imshow(im_e), plt.title('腐蚀', size =20),plt.axis('off')
plt.subplot(234), plt.imshow(im_bg), plt.title('Beucher 梯度(bg)', size =20),
plt.axis('off')
plt.subplot(235), plt.imshow(im_g), plt.title('ndimage 梯度(g)', size =20),
plt.axis('off')
plt.subplot(236), plt.title('差分梯度(bg - g)', size =20),plt.imshow(im_bg - im_g)
plt.axis('off')
plt.show()
```

运行上述代码，输出结果如图 6 – 21 所示。可以看到，SciPy 库的形态学 Beucher 梯度函数的输出与 ndimage 梯度的输出完全相同。

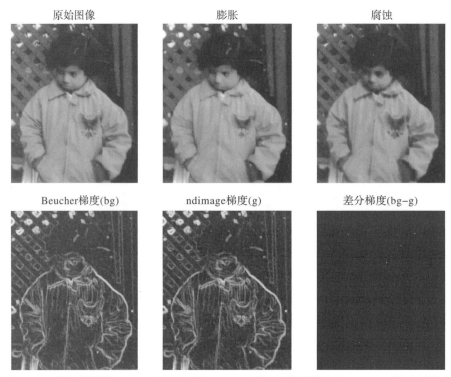

原始图像　　　　　　膨胀　　　　　　腐蚀

Beucher梯度(bg)　　　ndimage梯度(g)　　　差分梯度(bg-g)

图 6 – 21　原始图像及 Scipy 库的形态学 Beucher 梯度函数的输出与 ndimage 梯度的输出

## 6.3.4　计算形态学拉普拉斯

以下代码演示了针对泰戈尔二值图像（"tagore. png"）如何使用相应的 SciPy 库的 ndimage 模块函数计算形态学拉普拉斯，并将它与不同尺寸结构元素的形态学梯度进行比较。可以看到，对于该图像，形态学梯度较小的结构元素和形态学拉普拉斯较大的结构元素在提取边缘方面产生了更好的输出图像。

```
im = rgb2gray(imread('./images/saturn.png')[…,:3])
im_g = ndimage.morphological_gradient(im, size = (3,3))
im_l = ndimage.morphological_laplace(im, size =(5,5))
plt.figure(figsize =(15,10))
plt.subplot(121), plt.title('ndimage 形态学拉普拉斯', size =20),
plt.imshow(im_l)
plt.axis('off')
plt.subplot(122), plt.title('ndimage 形态学梯度', size =20),
plt.imshow(im_g)
plt.axis('off')
plt.show()
```

运行上述代码，输出结果如图 6 – 22 所示。

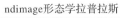

**图 6 – 22　形态学拉普拉斯与形态学梯度提取泰戈尔二值图像边缘效果比较**

## 6.4　小结

　　本章讨论了各种形态学图像处理技术：对二值图像的形态学操作，如腐蚀、膨胀、开运算和闭运算、骨架化、凸包计算、删除小对象、白顶帽与黑顶帽、提取边界；利用开、闭运算实现指纹清洗；灰度级操作；形态学对比度增强滤波器；形态学中值滤波器；计算局熵；填充二值对象中的孔洞；使用开、闭运算去噪；计算形态学 Beucher 梯度；计算形态学拉普拉检斯。学习完本章之后，读者应该能够编写用于形态学图像处理的 Python 代码（如开运算、闭运算、骨架化和凸包计算等）。

# 第7章

# 图像编码

## 7.1 图像压缩简介

数据是用于表示信息的。如果不同的方法为表示给定量的信息使用不同的数据量,那么在使用较大数据量的方法中,有些数据必然代表无用的信息,或者重复地表示了其他数据已表示的信息,这些重复信息就是冗余数据。冗余数据的存在为图像压缩提供了可能。针对图像压缩问题,主要考虑如下3种冗余。

(1)编码冗余。

如果图像的灰度级编码使用了多于实际需要的编码符号,就称该图像包含编码冗余。如图7-1所示,可以使用8 bit表示该图像的像素,也可以使用1 bit表示该图像的像素。若使用8 bit表示该图像的像素,就称该图像存在编码冗余。

图7-1 编码冗余示意

(2)像素间冗余。

像素间冗余反映了图像中像素的相互关系。图像的像素值并非完全随机,而是与其相邻像素存在某种关联。对于一幅图像,很多单个像素对视觉的贡献是冗余的。它的值可以通过与它相邻的像素的值进行预测。因为任何给定像素的值可以根据与这个像素相邻的像素的值进行预测,所以单个像素携带的信息相对较少。举例如下:

①原图像数据:234 223 231 238 235;

②压缩后数据:234 -11 87 -3。

(3)心理视觉冗余。

眼睛对所有视觉信息感受的灵敏度不同,相比之下,有些信息在通常的视觉过程中并不那么重要,这些信息被认为是心理视觉冗余的,去除这些信息并不会明显降低图像质量。由于消除心理视觉冗余数据会导致一定量信息的丢失，所以这一过程通常又称为量化。心理视觉冗余压缩是不可恢复的，量化的结果导致数据有损压缩。

编码冗余、像素间冗余、心理视觉冗余是一般图像压缩的基础，在此基础上发展出各类图像压缩算法。按照图像压缩过程中是否出现信息丢失，可以将图像压缩算法大致为有损图像压缩和无损图像压缩两类。无损图像压缩算法有行程长度编码、熵编码等。有损图像压缩算法有变换编码、分形压缩等。

如图 7-2 所示，无损图像压缩和有损图像压缩都是以更少的信息对原始图像进行表示，但无损图像压缩在图像压缩之后可以对信息的原貌进行恢复，而有损图像压缩在进行图像压缩之后，会使部分信息丢失，导致无法完全进行原始图像的重建。

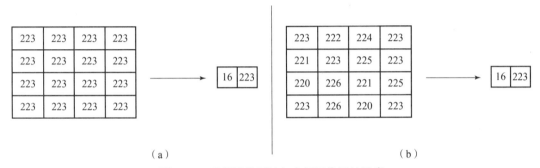

（a）　　　　　　　　　　　　　　　　　　　　　　　（b）

**图 7-2　无损图像压缩与有损图像压缩示意**

（a）无损图像压缩；（b）有损图像压缩

根据编码原理，可将编码方法分为以下 4 类。

（1）熵编码或统计编码。

熵编码或统计编码属于无损编码，它给出现概率较高的符号赋予一个短码字，给出现概率较低的符号赋予一个长码字，从而使最终的平均码长很小。主要的熵编码包括哈夫曼编码、香农编码、算术编码等。

（2）预测编码。

预测编码基于图像数据的空间或时间冗余特性，用相邻的已知像素（或像素块）预测当前像素（或像素块）的值，然后对预测误差进行量化和编码，包括脉冲编码调制（Pulse Code Modulation，PCM）编码、差分脉冲编码调制（Differential Pulse Code Modulation，DPCM）编码等。

（3）变换编码。

变换编码将空间域中的图像变换到另一变换域中，变换后图像的大部分能量只集中到少数几个变换系数上，采用适当的量化和熵编码就可以有效地压缩图像。

（4）混合编码。

混合编码是综合了熵编码、变换编码或预测编码之外的编码方法，如 JPEG 编码和 MPEG 编码。

# 7.2 熵编码

熵编码是一类典型无损编码。该类编码基于信息论对图像进行重新编码，通常的做法是给出现概率较高的符号一个较短的码字，而给出现概率较低的符号一个较长的码字，保证平均码长最小。熵编码主要包括哈夫曼编码、香农编码及算术编码。

熵编码的基础是信息熵 entropy $= -\sum_i p_i \log_2(p_i)$。式中，$p_i$ 表示某类符号出现的概率；$-\log_2(p_i)$ 表示承载该类符号需要的信息量。信息熵是表征某个数据集合或序列所需的最优码长的理论值，各种熵编码算法均是从不同的角度对此理论值进行近似。

## 7.2.1 哈夫曼编码

给定图 7 – 3 所示的图像，图像中包含 0，1，2，3，4 共 5 种元素。如果采用简单二进制定长编码，则每个元素至少需要用 3 bit 表示，平均码长为 3。

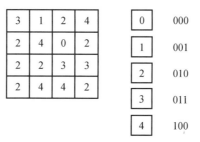

**图 7 – 3 简单二进制定长编码**

与图 7 – 3 所示编码方式不同，哈夫曼编码是不定长编码。哈夫曼编码的基本方法是先扫描一遍图像数据，计算出各种像素出现的概率，按概率的高低指定不同长度的唯一码字，由此得到一张该图像的哈夫曼码表。编码后的图像数据记录的是每个像素的码字，而码字与实际像素值的对应关系记录在哈夫曼码表中。

哈夫曼编码的基本步骤如下。

（1）统计每级灰度出现的概率，如图 7 – 4 所示。

| 3 | 1 | 2 | 4 |
|---|---|---|---|
| 2 | 4 | 0 | 2 |
| 2 | 2 | 3 | 3 |
| 2 | 4 | 4 | 2 |

灰度值： 0　1　2　3　4

出现概率：1/16　1/16　7/16　3/16　4/16

**图 7 – 4 哈夫曼编码步骤1**

（2）从左到右把上述概率按从低到高的顺序排列，如图 7 – 5 所示。

| | | | |
|---|---|---|---|
| 3 | 1 | 2 | 4 |
| 2 | 4 | 0 | 2 |
| 2 | 2 | 3 | 3 |
| 2 | 4 | 4 | 2 |

| 灰度值： | 0 | 1 | 3 | 4 | 2 |
|---|---|---|---|---|---|
| 出现概率： | 1/16 | 1/16 | 3/16 | 4/16 | 7/16 |

**图 7-5　哈夫曼编码步骤 2**

（3）选出概率最低的两个值(1/16,1/16)作为二叉树的两个叶子节点，将概率和 2/16 作为它们的根节点，新的根节点再参与其他概率排序，如图 7-6 所示。

| | | | |
|---|---|---|---|
| 3 | 1 | 2 | 4 |
| 2 | 4 | 0 | 2 |
| 2 | 2 | 3 | 3 |
| 2 | 4 | 4 | 2 |

| 灰度值： | 0 | 1 | 3 | 4 | 2 |
|---|---|---|---|---|---|
| 出现概率： | 1/16 | 1/16 | 3/16 | 4/16 | 7/16 |

↓

| 灰度值： | (0, 1) | 3 | 4 | 2 |
|---|---|---|---|---|
| 出现概率： | 2/16 | 3/16 | 4/16 | 7/16 |

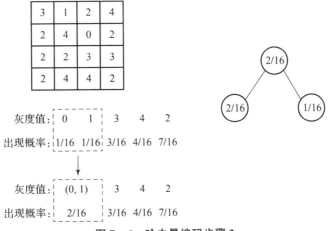

**图 7-6　哈夫曼编码步骤 3**

（4）选出概率最低的两个值(2/16,3/16)作为二叉树的两个叶子节点，将概率和 5/16 作为它们的根节点，新的根节点再参与其他概率排序，如图 7-7 所示。

| | | | |
|---|---|---|---|
| 3 | 1 | 2 | 4 |
| 2 | 4 | 0 | 2 |
| 2 | 2 | 3 | 3 |
| 2 | 4 | 4 | 2 |

| 灰度值： | (0, 1) | 3 | 4 | 2 |
|---|---|---|---|---|
| 出现概率： | 2/16 | 3/16 | 4/16 | 7/16 |

↓

| 灰度值： | (0, 1, 3) | 4 | 2 |
|---|---|---|---|
| 出现概率： | 5/16 | 4/16 | 7/16 |

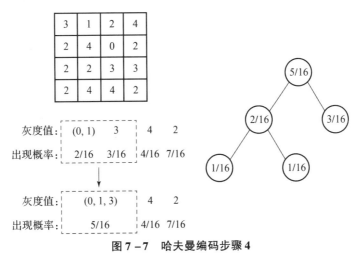

**图 7-7　哈夫曼编码步骤 4**

（5）选出概率最低的两个值(4/16,5/16)作为二叉树的两个叶子节点，将概率和9/16作为它们的根节点，新的根节点再参与其他概率排序，如图7-8所示。

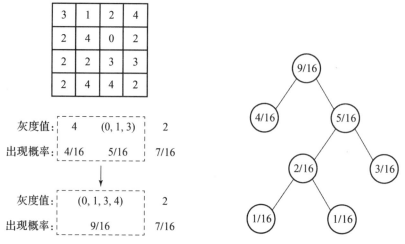

图7-8  哈夫曼编码步骤5

（6）最后，两个概率值(7/16,9/16)作为二叉树的两个叶子节点，将概率和1作为它们的根节点，如图7-9所示。

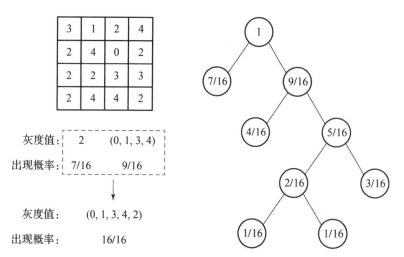

图7-9  哈夫曼编码步骤6

（7）分配码字。将形成的二叉树的左节点标0，右节点标1。把从最上面的根节点到最下面的叶子节点途中遇到的0，1串起来，就得到各级灰度的编码，如图7-10所示。

哈夫曼编码的基本步骤可以总结如下：①将需要考虑的像素值按概率排序，并将最低概率的像素符号连接为一个单一符号；②对每个化简后的像素进行编码，从出现概率最低的像素符号开始，一直编码到图像中的所有元素。哈夫曼编码过程可以用以下代码实现。

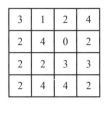

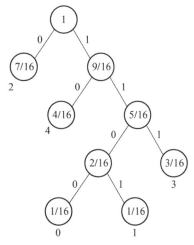

灰度值： 2　4　3　1　0

出现概率： 0　10　111　1101　1100

**图 7 - 10　哈夫曼编码步骤 7**

```
import numpy as np
import queue
"""
定义需要进行编码的图像
"""
image = np.array(
    [
        [3,1,2,4],
        [2,4,0,2],
        [2,2,3,3],
        [2,4,4,2]
    ]
"""
计算每个元素出现的概率
"""
hist = np.bincount(image.ravel(),minlength=5)
probabilities = hist /np.sum(hist)
"""
找出数据中的最小元素
"""
def get2smallest(data):
    first = second = 1;
    fid = sid = 0
    for idx, element in enumerate(data):
    if (element < first):
    second = first
    sid = fid
    first = element
    fid = idx
elif (element < second and element ! = first):
    second = element
  return fid, first, sid, second
```

```python
"""
定义哈夫曼树节点
"""
class Node:
    def__init__(self):
        self.prob = None
        self.code = None
        self.data = None
        self.left = None
        self.right = None # 元素值存储在叶子节点中
    def __lt__(self, other):
        if (self.prob < other.prob): # 定义优先树中排序规则
            return 1
    else:
        return 0
    def __ge__(self, other):
      if (self.prob > other.prob):
          return 1
      else:
          return 0
"""
构建哈夫曼树
"""
def tree(probabilities):
    prq = queue.PriorityQueue()
    for color,probability in enumerate(probabilities):
    leaf = Node()
    leaf.data = color
    leaf.prob = probability
    prq.put(leaf)
    while (prq.qsize() >1):              # 创建新节点
    newnode = Node()
    l = prq.get()
    r = prq.get()      # 找出叶子节点中概率最低的两个叶子节点
    # 移除概率最低的两个叶子节点
    newnode.left = 1          # 左侧是较低的概率
    newnode.right = r
    newprob = 1.prob + r.prob            # 新的概率是两个低概率相加
    newnode.prob = newprob
    prq.put (newnode)            # 插入新的叶子节点,替代原有的两个叶子节点
    return prq.get()            # 返回根节点,完成哈夫曼树的构建
"""
对哈夫曼树进行遍历,得出编码
"""
def huffman_traversal(root_node,tmp_array,f):
    if (root_node.left is not None):

    tmp_array [huffman_traversal.count] = 1
    huffman_traversal.count += 1
    huffman_traversal(root_node.left,tmp_array,f)
```

```
    huffman_traversal.count - = 1
      if (root_node.right is not None):
    tmp_array [huffman_traversal.count] = 0
    huffman_traversal.count + = 1
    huffman_traversal(root_node.right,tmp_array,f)
    huffman_traversal.count - = 1
       else:
    huffman_traversal.output_bits[
         root_node.data] = huffman_traversal.count #得出每个元素的编码值
    bitstream = " .join ( str ( cell ) for cell in tmp _ array [1: huffman _
traversal.count])
    color = str(root_node.data)
    wr_str = color + " + bitstream + '\n'
    f.write(wr_str)#保存到文件中
      return
root_node = tree(probabilities)
tmp_array = np.ones([4], dtype = int)
huffman_traversal.output_bits = np.empty(5,dtype = int)
huffman_traversal.count = 0 f = open('codes.txt','w')
huffman_traversal(root_node,tmp_array,f)#遍历哈夫曼树结构,给出编码
```

哈夫曼编码的目标是使平均码长最小，即 $\sum_i p_i L_i$，其中 $p_i$ 表示第 $i$ 类符号出现的概率，$L_i$ 表示第 $i$ 类符号对应的码长。哈夫曼编码以贪心模式每次选择概率最高的符号类别分配最小的码长，期望得到最优码长。

哈夫曼编码根据信息论进行数据编码构造，能够达到接近理论最优编码的编码效率，但其也存在编码过于复杂的问题。对 $J$ 个符号进行编码，需要进行 $J-2$ 次符号化简和 $J-2$ 次编码分配，尤其当符号较多时，复杂度会进一步提高。很多后续算法考虑牺牲编码效率以降低编码构造过程的复杂性。与哈夫曼编码类似的编码方式还包括香农编码以及费诺编码，这里不一一介绍。

## 7.2.2　算术编码

假设某种符号出现的概率为 0.999，按照信息熵，该类符号的信息量为 $-\log_2(0.999) \approx 0.001\,44$ bit，如果发送 1 000 个此类符号，所需的理论编码量为 $1\,000 \times 0.001\,44 = 1.44$(bit)。而使用哈夫曼编码对这类符号进行编码，最小码长为 1 bit，发送 1 000 个此类符号至少需要 1 000 bit，远小于期望的理论值。

在算术编码中，信源符号和编码间的一一对应关系并不存在。算术编码要赋给整个信源符号序列，而编码本身确定 0 和 1 之间的 1 个实数区间。随着符号序列中符号数量的增加，用来代表它的区间减小而表达区间的信息单位数量变大。算术编码的具体方法是：将被编码的信源消息表示成实数轴 0~1 的一个间隔，消息越长，编码表示的间隔越小，即这一间隔所需的二进制位越多。与哈夫曼编码不同，在算术编码中每个符号的平均码长可以为小数。

下面以符号序列 baacc 为例，对算术编码过程进行演示。

(1) 计算信源中各符号出现的概率 $P(a) = 0.4$，$P(b) = 0.2$，$P(c) = 0.4$。

（2）将数据序列中的各类符号在区间[0,1]内的间隔（赋值范围）设定为"a"的区间间隔＝[0,0.4)，"b"的区间间隔＝[0.4,0.6)，"c"的区间间隔＝[0.6.1.0]，即对第 $i$ 类符号，其区间起始位为 $f(i) = \sum\limits_{j=1}^{i-1} p(j)$，其区间终止位为 $q(i) = \sum\limits_{j=1}^{i} p(j)$，整个区间前闭后开。

（3）找到当前出现概率最低的符号进行压缩。第一个被压缩的符号为"b"，其初始区间间隔为[0.4,0.6)。

（4）第二个被压缩的符号为"a"，由于前面的符号"b"的区间间隔被限制为[0.4,0.6)，所以"a"的区间间隔应在[0.4,0.6)的子区间[0,0.4)内。

区间起始位为 $0.4 + 0 \times (0.6 - 0.4) = 0.4$。

区间终止位为 $0.4 + 0.4 \times (0.6 - 0.4) = 0.48$。

"a"的实际编码区间为[0.4,0.48)。

（5）第三个被压缩的符号为"a"，由于前面的符号"a"的区间间隔被限制为[0,0.48)，所以"a"的区间间隔应在[0.4,0.48)的子区间[0,0.4)内。

区间起始位为 $0.4 + 0 \times (0.48 - 0.4) = 0.4$。

区间终止位为 $0.4 + 0.4 \times (0.48 - 0.4) = 0.432$。

"a"的实际编码区间为[0.4,0.432)。

（6）第四个被压缩的符号为"c"，其区间间隔应在前一符号区间间隔[0.4,0.432)的子区间[0.6,1]内。

区间起始位为 $0.4 + 0.6 \times (0.432 - 0.4) = 0.4192$。

区间终止位为 $0.4 + 1 \times (0.432 - 0.4) = 0.432$。

"c"的实际编码区间为[0.4192,0.432]。

（7）把区间[0.42688,0.432]用二进制形式表示为[0.0110110101001, 0.0110111000011]，解码过程如下。

$(0.42688 - 0)/1 = 0.42688$，得出"b"。

$(0.42688 - 0.4)/0.2 = 0.1344$，得出"a"。

$(0.1344 - 0)/0.4 = 0.336$，得出"a"。

$(0.336 - 0)/0.4 = 0.84$，得出"c"。

$(0.84 - 0.6)/0.4 = 0.6$，得出"c"。

算术编码的算法思想如下。

（1）对一组信源符号按照概率从高到低排序，将[0.1)设为当前分析区间。按信源符号的概率序列在当前分析区间划分区间间隔。

（2）检索"输入消息序列"，锁定当前消息符号（在初次检索时为第一个消息符号）。找到当前符号在当前分析区间的区间间隔，将此区间间隔作为新的当前分析区间，并把当前分析区间的起点（即左端点）指示的数"补加"到编码输出数中。当前消息符号指针后移。

（3）仍然按照信源符号的概率序列在当前分析区间中划分区间间隔，然后重复第（2）步，直到"输入消息序列"检索完毕为止。

（4）最后的编码输出数就是编码好的数据。

在算术编码中需要注意 3 个问题。

（1）由于实际计算机的精度不可能无限高，运算中出现溢出是一个明显的问题，但多数计算机都有 16 位、32 位或者 64 位的精度，所以这个问题可以使用比例缩放方法解决。

（2）算术编码器对整个消息只产生一个码字，这个码字是在区间间隔[0,1)中的一个实数，因此译码器在接收到表示这个实数的所有位之前不能进行译码。

（3）算术编码是一种对错误很敏感的编码方法，如果有一位发生错误，就会导致整个消息译错。

算术编码可以是静态的或者自适应的。在静态算术编码中，信源符号的概率是固定的。在自适应算术编码中，信源符号的概率根据编码时符号出现的概率动态地变化，在编码期间估算信源符号概率的过程叫作建模。需要开发动态算术编码的原因是事前知道精确的信源概率是很难的，而且不切实际。在压缩消息时，不能期待一个算术编码器获得最高的效率，最有效的方法是在编码过程中估算概率。因此，动态建模就成为确定算术编码器压缩效率的关键。

### 7.2.3　行程长度编码

行程长度编码（Run – Length Encoding，RLE）是 Windows 操作系统中使用的一种图像压缩方法，其基本思想如下。将一个扫描行中颜色值相同的相邻像素用两个字段表示：第一个字段是一个计数值，用于指定像素重复的次数；第二个字段是具体的像素值，主要通过去除数据中的冗余字节或字节中的冗余位，达到减小文件所占空间的目的。例如，有一个表示颜色像素值的字符串 RRRRRGGBBBBBB，用 RLE 压缩后可用 5R2G6B 代替，显然后者的长度比前者的长度小得多。按照与编码相同的规则进行译码，还原后得到的数据与压缩前的数据完全相同。因此，RLE 是无损编码。RLE 简单直观、编码/解码速度高，因此许多图形、图像和视频文件，如 BMP、TIFF 及 AVI 等格式文件的压缩均采用 RLE。下面以一个二值序列为例对 RLE 进行解释。

图 7 – 11 所示为黑色表示 0、无色表示 1 的二值序列。若直接进行 RLE，则表示为 3(11)、12(1100)、4(100)、9(1001)、1(1)，连接在一起就成为 11110010010011，这种表示不能确定在何处分段，因此需要对该编码进行变换。一种方法是对编码增加可以表示分段的首部，见表 7 – 1。

3　　　　　　　12　　　　　　　4　　　　　9　　　　　1

**图 7 – 11　待编码序列示意**

**表 7 – 1　编码增加的首部**

| 可表示行程长度值 | 编码格式 | 编码长度 |
| --- | --- | --- |
| 1 ~ 4 | 0XX | 3 |
| 5 ~ 8 | 10XXX | 5 |
| 9 ~ 16 | 110XXXX | 7 |

续表

| 可表示行程长度值 | 编码格式 | 编码长度 |
|---|---|---|
| 17 ~ 32 | 1110XXXXX | 9 |
| 33 ~ 64 | 11110XXXXXX | 11 |
| 65 ~ 128 | 111110XXXXXXX | 13 |

3 的编码为 011 − 1 = 010（从 1 开始编码，因此减去 1），而 12 的编码为 1 100 − 1 = 1 011，再加上首部 110，即 1101011。整个二值序列的编码为 0101101011010111101000000。

编码还原方法如下。从符号串左端开始往右搜索，在遇到第一个 0 时停下来，计算这个 0 的前面有几个 1。设 1 的个数为 $K$，则在 0 后面读 $(K + 2)$ 个符号，这 $(K + 2)$ 个符号表示的二进制数加上 1 的值就是第 $l$ 个行程的长度。例如，0101101011010111101000000 的解码过程可以通过图 7 − 12 所示的过程进行。

**图 7 − 12　RLE 解码过程**

RLE 所能获得的压缩比主要取决于图像本身的特点。图像中具有相同颜色的图像块越大，图像块数目越少，压缩比就越高。RLE 适合对二值图像的编码，如果图像由很多块颜色或灰度相同的大面积区域组成，则采用 RLE 可以得到很大的压缩比。通常，为了达到比较好的压缩效果，一般不单独使用 RLE，而是将 RLE 和其他编码方法结合使用。例如，JPEG 标准综合使用了 RLE 以及哈夫曼编码。简单的 RLE 过程可以通过以下代码实现。

```
def encode(string):
    if string = = ":
    return "

    i = 0
    count = 0
    letter = string[i]
    rle = []
    while i < = len(string) -1:
    while string[i] = = letter:
    i + = 1
    count + = 1
```

```
        if i > len(string) - 1:
        break
        if count = = 1:
        rle.append('{0}'.format(letter))
        else:
        rle.append('{0}{1}'.format(count,letter))
        if i > len(string) - 1:
        break
        letter = string[i]
        count = 0
        final = ''.join(rle)
        return final
```

对应的解码过程的代码如下。

```
def decode(string):
    if string = = '':
    return ''
    multiplier = 1
    count = 0
    rle_decoding = []
    rle_encoding = re.findall(r'[A-Za-z]|-?\d+\.\d+|\d+[\w\s]',string)
    for item in rle_encoding:
        if item.isdigit():
            multiplier = int(item)
        elif item.isalpha() or item.isspace():
    while count < multiplier:
            rle_decoding.append('{0}'.format(item))
            count += 1
        multiplier = 1
            count = 0
    return (''.join(rle_decoding))
```

### 7.2.4 LZW 编码

LZW 编码压缩中的一种是无损，它通过建立编译表实现字符重用与编码，适用于信源中重复率很高的数据压缩。LZW 编码由 Lemple 和 Ziv 提出，然后由 Welch 充实。LZW 编码有 3 个重要的对象：数据流（Char Stream）、编码流（Code Stream）和编译表（String Table）。编码时，数据流是输入对象（文本文件的数据序列），编码流是输出对象（经过压缩运算的编码数据）；解码时，编码流是输入对象，数据流是输出对象；编译表是编码和解码时都需要借助的对象。LZW 编码的基本原理如下。提取原始文本文件数据中的不同字符，基于这些字符创建一个编译表，然后用编译表中字符的索引代替原始文本文件数据中的相应字符，以减小原始数据。注意，编译表不是事先创建的，而是根据原始文本文件数据动态创建的，解码时还要从已编码的数据中还原编译表。

LZW 编码基于编译表（字典）T，将输入字符串映射成定长（通常为 12 bit）的码字。在 12 bit4 096 种可能的码字中，256 个代表单字符，剩下 3 840 分配给出现的字符串。其编码过程可以看作一个查表的过程，如果编译表中有匹配的字符串，则输出该字符串在编译表中的索引,否则将该字符串插入编译表,并给出索引位置。

LZW 编码的基本概念如下。

(1)字符(Character):最基础的数据元素,在文本文件中就是一个字节,在光栅数据中就是一个像素的颜色在指定颜色表中的索引值。

(2)字符串(String):由几个连续的字符组成。

(3)前缀(Prefix):也是一个字符串,通常用在另一个字符的前面,而且它的长度可以为 0。

(4)根(Root):一个固定长度的字符串。

(5)编码(Code):一个数字,按照固定长度(码长)从编码流中取出,是编译表的映射值。

(6)图案:一个字符串,按不定长度从数据流中读出,映射到编译表条目。

LZW 编码的步骤如下。

(1)将编译表初始化为包含所有可能单个字符,将当前前缀 $P$ 初始化为空。

(2)当前字符 $C$ = 字符流中的下一个字符。

(3)判断 $P + C$ 是否在编译表中,若在,则用 $C$ 扩展 $P$,即 $P = P + C$;若不在,则输出当前前缀 $P$ 对应的码字,并将 $P + C$ 添加到编译表中,并令 $P = C$。

(4)判断字符流中是否还有字符需要编码。如果是,则返回步骤(2),如果否,则将代表当前前缀 $P$ 的码字输出到码字流,之后结束。

下面通过一个示例对 LZW 编码进行演示。假设有表 7 - 2 所示的输入数据流。

表 7 - 2  输入数据流

| 位置 | 字符 | 位置 | 字符 | 位置 | 字符 |
| --- | --- | --- | --- | --- | --- |
| 1 | A | 4 | A | 7 | B |
| 2 | B | 5 | B | 8 | A |
| 3 | B | 6 | A | 9 | C |

LZW 编码过程见表 7 - 3。

表 7 - 3  LZW 编码过程

| 步骤 | 位置 | 码字 | 编译表 | 输出 |
| --- | --- | --- | --- | --- |
|  |  | 1 | A |  |
|  |  | 2 | B |  |
|  |  | 3 | C |  |
| 1 | 1 | 4 | AB | 1 |
| 2 | 2 | 5 | BB | 2 |
| 3 | 3 | 6 | BA | 2 |
| 4 | 4 | 7 | ABA | 4 |
| 5 | 6 | 8 | ABAC | 7 |
| 6 |  |  |  | 3 |

针对该编码过程的代码如下。

```
string = "abbababac"
dictionary = {'a':1,'b':2,'c':3}
last = 4
p = ""
result = []
for c in string:
    pc = p + c
    if pc in dictionary:
        p = pc
    else:
        result.append(dictionary[p])
        dictionary[pc] = last
        last += 1
        p = c
if p != !":
    result.append(dictionary[p])
print(result)
```

## 7.3　预测编码

预测编码建立在信号数据的相关性上，它根据某一模型利用以前的样本对新样本进行预测，以降低数据在时间和空间上的相关性，从而达到压缩数据的目的。预测编码的基本思想如下。通过对每个像素的新增信息进行提取和编码，消除像素间的冗余，这里新增信息是指像素当前实际值和预测值的差。也就是说，如果已知图像中一个像素离散幅度的真实值，则可以利用其相邻像素的相关性，预测它的可能数值。预测编码是一种设备简单、质量较佳的高效编码方法，主要包括两种，一种是增量调制（Delta Modulation）编码，另一种是 DPCM 编码。预测编码属于有损编码。

预测编码的基本原理如图 7 – 13 所示。

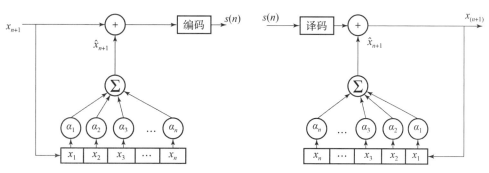

**图 7 – 13　预测编码的基本原理**

假设一个均值为 0、方差为 $\delta$ 的平稳信号 $X(t)$ 在时刻 $t_0,t_1,\cdots,t_n$ 进行采样，对应采样值序列表示为 $x_0,x_1,\cdots,x_n$。在编码过程中假设下一个采样值为 $x_{n+1}$，根据前面 $n$ 个采样值，可以得到 $x_{n+1}$ 的预测值 $\hat{x}_{n+1} = \alpha_1 x_1 + \alpha_2 x_2 + \cdots + \alpha_n x_n$，其中 $\alpha_1, \alpha_2, \cdots, \alpha_n$ 是预测参数。$e_{n+1} = x_{n+1} - \hat{x}_{n+1}$ 表示预测值与真实采样值的差异。预测编码的本质在于对 $e_i$ 进行编码，而非对原始采样样本进行编码。

在一般情况下使用线性预测。线性预测的关键在于预测系数 $\alpha$ 的求解，预测误差信号是一个随机变量，它的均方误差为 $\delta^2$，其中 $\sigma_{n+1}^2 = E\left[(x_{n+1} - \hat{x}_{n+1})^2\right]$，通常把均方误差最小的预测称为最佳预测，此时应满足以下等式：

$$\frac{\partial E\left[(x_{n+1} - \hat{x}_{n+1})^2\right]}{\partial \alpha_j} = 0 \tag{7.3.1}$$
$$j = 1, 2, \cdots, n$$

进一步求解，可得

$$\frac{\partial E\left[(x_{n+1} - \hat{x}_{n+1})^2\right]}{\partial \alpha_j}$$
$$= \frac{\partial E\left\{\left[x_{n+1} - (\alpha_1 x_1 + \alpha_2 x_2 + \cdots + \alpha_n x_n)\right]^2\right\}}{\partial \alpha_j} \tag{7.3.2}$$
$$= -2E\left\{\left[x_{n+1} - (\alpha_1 x_1 + \alpha_2 x_2 + \cdots + \alpha_n x_n)\right] x_j\right\}$$

令式 (7.3.2) 为 0，得

$$E\left\{\left[x_{n+1} - (\alpha_1 x_1 + \alpha_2 x_2 + \cdots + \alpha_n x_n)\right] x_j\right\} = 0 \tag{7.3.3}$$

将任意两个像素的协方差定义为 $R_{ij} = E\left[x_i x_j\right]$，则式 (7.3.3) 可以简化为式 (7.3.4)。

$$E\left[x_{n+1} x_j - \alpha_1 x_1 x_j - \alpha_2 x_2 x_j - \cdots - \alpha_n x_n x_j\right] = 0 \tag{7.3.4}$$

可得行列式 (7.3.5)。

$$\begin{cases} R_{n+1,1} = \alpha_1 R_{11} + \alpha_2 R_{21} + \cdots + \alpha_n R_{n1} \\ R_{n+1,2} = \alpha_1 R_{12} + \alpha_2 R_{22} + \cdots + \alpha_n R_{n2} \\ \cdots \\ R_{n+1,n} = \alpha_1 R_{1n} + \alpha_2 R_{2n} + \cdots + \alpha_n R_{nn} \end{cases} \tag{7.3.5}$$

这是一个 $n$ 阶线性联立方程组，当协方差 $R_{i,j}$，都已知时，各个预测参数 $\alpha_i$ 是可以解出来的。

### 7.3.1 DM 编码

DM 编码是一种比较简单的有损编码。当前时刻预测值为 $\hat{x}_n$，通过上一时刻的重建信号 $\dot{x}_{n-1}$ 得出，即 $\hat{x}_n = \alpha_{n-1} \dot{x}_{n-1}$，其中 $\alpha_{n-1}$ 是预测参数。根据差异的 $e_n$ 正负，简单地将差异量化到两个级别：

$$\dot{e}_n = \begin{cases} \zeta, & e(n) \geqslant 0 \\ -\zeta, & 其他 \end{cases} \tag{7.3.6}$$

这样就给出了某个时刻对应符号的预测编码。下面通过一个示例演示 DM 编码。

考虑如下像素序列：33 35 34 36 35。

假设对于所有像素的预测参数 $\alpha_i = 1$，参数 $\zeta = 4.5$，则对应 DM 量化过程见表 7-4，其中 $\dot{e}$ 表示量化过程引入的误差。

表 7 - 4　DM 量化过程

| 输入 | | 编码器 | | | | 解码器 | | 误差 |
|---|---|---|---|---|---|---|---|---|
| 编号 | $x$ | $\hat{x}$ | $e$ | $\dot{e}$ | $\dot{x}$ | $\hat{x}$ | $\dot{x}$ | $x - \dot{x}$ |
| 1 | 33 | | | | 33 | | 33 | 0 |
| 2 | 35 | 33 | 2 | 4.5 | 37.5 | 33 | 37.5 | - 2.5 |
| 3 | 34 | 37.5 | - 3.5 | - 4.5 | 33 | 37.5 | 33 | 1 |
| 4 | 36 | 33 | 3 | 4.5 | 37.5 | 33 | 37.5 | - 1.5 |
| 5 | 35 | 37.5 | - 2.5 | - 4.5 | 33 | 37.5 | 33 | 2 |

这样就可以将序列编码为初始值为 33 的 1010 序列。DM 编码引入了量化,造成量化误差,故 DM 编码为有损编码。

## 7.3.2　DPCM 编码

模拟量到数字量的转换过程是 PCM 过程。对于图像而言,直接进行 PCM 编码,存储量很大。预测编码可以利用相邻像素的相关性,用前面已出现的像素的值估计当前像素值,对实际值与估计值的差值进行编码。常用的一种线性预测编码是 DPCM 编码。

线性预测形式如图 7 - 14 所示。

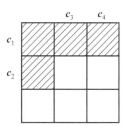

图 7 - 14　线性预测形式

$$\hat{s}(n_1, n_2) = c_1 s(n_1 - 1, n_2 - 1) + c_2 s(n_1 - 1, n_2) + c_3 s(n_1 - 1, n_2 + 1) + c_4 s(n_1, n_2 - 1)$$

式中, $c_1$, $c_2$, $c_3$, $c_4$ 为预测参数; $\hat{s}(n_1, n_2)$ 为目标位置的预测像素值。

最佳预测参数使均方误差最小:

$$\min_{c_1, c_2, c_3, c_4} E\left[ (s - \hat{s})^T (s - \hat{s}) \right] \tag{7.3.7}$$

最优解是如下方程的解:

$$\varnothing = \boldsymbol{\Phi} \boldsymbol{c} \tag{7.3.8}$$

式中, $\varnothing = \begin{bmatrix} R_s(1,1) & R_s(0,1) & R_s(1,-1) & R_s(0,1) \end{bmatrix}^T$。

$$\boldsymbol{\Phi} = \begin{bmatrix} R_s(0,0) & R_s(0,1) & R_s(0,2) & R_s(1,0) \\ R_s(0,-1) & R_s(0,0) & R_s(0,1) & R_s(1,-1) \\ R_s(0,-2) & R_s(0,-1) & R_s(0,0) & R_s(1,-2) \\ R_s(-1,0) & R_s(-1,1) & R_s(-1,2) & R_s(0,0) \end{bmatrix} \tag{7.3.9}$$

而 $R_s(i,j)$ 是图像的自相关系数，定义如下：

$$R_s(i,j) = E[s(n_1,n_2)s(n_1-i,n_2-j)]$$

$$\approx \frac{1}{N}\sum_{n_1,n_2} s(n_1,n_2)s(n_1-i,n_2-j) \qquad (7.3.10)$$

最后求解得到最佳预测参数：

$$c = \boldsymbol{\Phi}^{-1}\varnothing \qquad (7.3.11)$$

DPCM 编码的基本步骤如下。

（1）读取待压缩图像。

（2）计算线性预测产生的误差。

（3）量化误差。

解码流程如下。

（1）接收数据的量化误差。

（2）计算样本的预测值。

（3）将误差加到预测值中。

DPCM 编码的实现代码如下。

```
import numpy as np
from skimage import data
from skimage import transform
from matplotlib import pyplot as plt
def quantize_error(error,level):
    max = 255
    min = -255
    q = (max - min)/level
    i = 1
    while(error > = min + q * i):
        i = i + 1
    quantized_error = min + q * (i - 1) + q/2
    return quantized_error
def DPCM_encoder(img,level):
    N = img.shape[0]
    predictor = np.zeros(shape = (N,N))
    quantized_error = np.zeros(shape = (N,N))
    for i in range(N):
        for j in range(N):
            if i = = 0:
                if j = = 0:
                    predicted = 0
                else:
                    predicted = 0.95 * predictor[i,j - 1]
            else:
    predicted = 0.95 * predictor[1 - 1,] + 0.95 * predictor[i,j - 1] - 0.95 * * 2 *
predictorli - 1,j - 1]
            error = img[i,j] - predicted
            quantized_error[i,j] = quantize_error(error,level)
            predictor[i,j] = predicted + quantized_error[i,j]
```

```python
            for j in range (i, N):
                if i = = 0:
                    predicted = 0.95 * predictor [j - 1, i]
                else:
    predicted = 0.95 * predictor [j - 1, i] + 0.95 * predictor [j, i - 1] - 0.95 * 2 *
predictor [j - 1, i - 1]
                error = img [j, i] - predicted
                quantized_ error 1j, i1 = quantize_ error (error, level)
                predictor [j, i] = predicted + quantized_ error [j, i]
            return quantized_ error
    def DPCM_ decoder (error):
        N = error.shape [0]
        img = np. zeros (shape = (N, N))
        predictor = np. zeros (shape = (N, N))
        for i in range (N):
            for j in range (N):
                if i = = 0:
                    if j = = 0: pass
    predicted = 0
                    else:
                        predicted = 0.95 * predictor [1, j - 1]
                else:
                    predicted = 0.95 * predictor [1 - 1,] + 0.95 * predictor [i, j - 1] -
0.95 * *2 * predictor [i - 1, j - 1]
                img [i, j] = predicted + error [i, j]
                predictor [i, j] = predicted + error [i, j]
        return img
    if _ name_ _ _ = = '_ main_ ':
        levels = 8
        img = data. coffee ()
    img = transform. resize (img, (img.shape [0], img.shape [0], 3), preserve_
range = True)
        plt. imshow (img)
        plt. show ()
        img_ r = img [:,:, 0]
        encoded_ img_ r = DPCM_ encoder (img_ r, levels)
        decoded_ img_ r = DPCM_ decoder (encoded_ img_ r)
    decoded_ img_ r = decoded_ img_ r.reshape ( (decoded_ img_ r.shape [0], decoded_
img_ r.shape [1], 1))
        img_ g = img [:,:, 1]
        encoded_ img_ g = DPCM_ encoder (img_ g, levels)
        decoded_ img_ g = DPCM_ decoder (encoded_ img_ g)
        decoded_ img_ g = decoded_ img_ g.reshape ( (decoded_ img_ g.shape [0],
decoded_ img_ g.shape [1], 1))
        img_ b = img [:,:, 2]
        encoded_ img_ b = DPCM_ encoder (img_ b, levels)
        decoded_ img_ b = DPCM_ decoder (encoded_ img_ b)
        decoded_ img_ b = decoded_ img_ b.reshape ( (decoded_ img_ b.shape [0],
decoded_ img_ b.shape [1], 1))
    decoded_ img = np.concatenate ( [decoded_ img_ r, decoded_ img_ g, decoded_ img_ b], 2)
        plt. imshow (decoded_ img)
        plt. show ()
```

# 7.4 变换编码

变换编码不是直接对空间域图像信号进行编码，而是首先将空间域图像信号映射变换到另一个正交矢量空间（变换域或频域）中，产生一系列变换系数，然后对这些变换系数进行编码处理。变换编码是一种间接编码，其中关键问题是在时域或空间域进行描述时，数据的相关性高，数据冗余大，经过变换在变换域中进行描述，数据的相关性大大降低，数据冗余减少，参数独立，数据量小，这样再进行量化，就能得到较高的压缩比。典型的准最佳变换有离散余弦变换（DCT）、离散傅里叶变换（DFT）、沃尔什 – 哈达玛变换（WHT）、哈尔变换（HT）等。其中最常用的是离散余弦变换。

变换是变换编码的核心。理论上，最理想的变换应使信号在变换域中的样本相互统计独立。实际上，一般不可能找到能产生统计独立样本的可逆变换，人们只能退而要求信号在变换域中的样本相互线性无关。满足这一要求的变换称为最佳变换。K – L 变换是符合这一要求的一种线性正交变换，并将其性能作为一种标准，用以比较其他变换的性能。K – L 变换中的基函数是由信号的相关函数决定的。对于平稳过程，当变换的区间 $T$ 趋于无穷时，它趋于复指数函数。

对于变换编码所使用的变换，不但希望它有最佳变换的性能，而且希望它有快速的算法。K – L 变换不存在快速的算法，因此在实际的变换编码中不得不大量使用各种性能上接近最佳变换，同时有快速的算法的正交变换。正交变换可以分为非正弦类和正弦类。非正弦正交变换以沃尔什变换、哈尔变换、斜变换等为代表，其优点是实现时计算量小，但它们的基向量很少能反映物理信号的机理和结构本质，变换的效果不甚理想。正弦正交变换以离散傅里叶变换、离散正弦变换、离散余弦变换等为代表，其最大优点是具有趋于最佳变换的渐近性质。例如，离散正弦变换和离散余弦变换已被证明是在一阶马氏过程下K – L 变换的几种特例。由于这一原因，正弦正交变换已日益受到人们的重视。

变换编码虽然实现时比较复杂，但在分组编码中还是比较简单的，因此在语音和图像信号的压缩中都有应用。国际上已经提出的静止图像压缩和活动图像压缩的标准都使用了变换编码技术。基于变换编码的图像压缩和解压过程如图 7 – 15 所示。

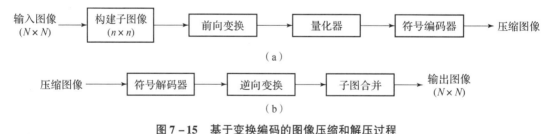

**图 7 – 15  基于变换编码的图像压缩和解压过程**

（a）压缩；（b）解压

## 7.4.1  K – L 变换

K – L 变换又称为 Hotelling 变换、特征向量变换或主分量变换。K – L 变换可以使原始多波段图像经变换后提供出一组不相关的图像变量，最前面的主分量具有较大的方差，包含原始图像的主要信息，因此要集中表达信息，突出图像的某些细部特征，可以采用 K – L 变换完成。K – L 变换是图像压缩中的一种最优正交变换。

K – L 变换的突出优点是去相关性好，它根据具体的图像统计特性决定它的变换矩阵，对图像有最好的匹配效果，能将信号在变换域的相关性全部去除，是最小均方误差下的最佳变换。

K – L 变换的主要思想如下：①目的是寻找任意统计分布的数据集合主要分量的子集；②基向量满足相互正交性，且由它定义的空间最优地考虑了数据的相关性；③将原始数据集合变换到主分量空间中，使单一数据样本的互相关性降低到最低。

K – L 变换的第一个相关概念是特征值。对于一个 $N \times N$ 的矩阵 $A$，有 $N$ 个标量 $\lambda_k$（$k = 1, \cdots, N$），满足 $|A - \lambda_k I| = 0$，其中 $I$ 为单位矩阵，称 $\lambda_k$ 为矩阵的一组特征值。如果给定的矩阵是奇异的，那么 $N$ 个特征值中至少有一个为 0。矩阵的秩定义为矩阵非零特征值的个数。矩阵的条件数定义为最大特征值和最小特征值的比值的绝对值。病态矩阵是指条件数很大的矩阵。

例如：

$$A = \begin{bmatrix} 1 & 2 \\ 2 & 1 \end{bmatrix}$$

$$\begin{vmatrix} 1 - \lambda & 2 \\ 2 & 1 - \lambda \end{vmatrix} = (1 - \lambda)^2 - 4 = 0 \tag{7.4.1}$$

$$\lambda_1 = -1$$

$$\lambda_2 = 3$$

通常做法是将特征值降序排列。

K – L 变换的另外一个概念是特征向量。满足 $A v_k = \lambda_k v_k$ 的 $N \times 1$ 向量 $v_k$ 称为矩阵 $A$ 的特征向量。求特征向量的方法是解线性方程组 $(A - \lambda_k) V = 0$，其中 $V$ 是由特征向量 $v_k$ 组成的特征向量矩阵。

例如：

$$A = \begin{bmatrix} 1 & 2 \\ 2 & 1 \end{bmatrix} \tag{7.4.2}$$

求 $A$ 的特征向量。

$$\lambda_1 = -1, \begin{bmatrix} 2 & 2 \\ 2 & 2 \end{bmatrix} v_1 = 0, v_1 = \begin{bmatrix} 1 \\ -1 \end{bmatrix} \tag{7.4.3}$$

$$\lambda_2 = 3, \begin{bmatrix} -2 & 2 \\ 2 & -2 \end{bmatrix} v_2 = 0, v_2 = \begin{bmatrix} 1 \\ 1 \end{bmatrix} \tag{7.4.4}$$

对图像的 K – L 变换就是对 $8 \times 8$ 的图像矩阵求自协方差矩阵，对自协方差矩阵进行特征值分解，得到特征值从小到大排列的对角矩阵和由特征向量组成的矩阵，特征矩阵与图像矩阵做乘法，称为正交变换，即 K – L 变换，得到的新矩阵的每一行称为一个新的变量，其中第一行几乎包含总方差 80% 以上的信息，其余行包含的信息依次减少，新矩阵每个元素之间是不相关的，因此 K – L 变换去除了变量之间的相关性。

K – L 变换是对向量 $x$ 做的一个正交变换 $y = \Phi x$，目的是变换到 $y$ 后去除数据相关性。其中，$\Phi$ 是特征向量 $x$ 组成的矩阵，满足 $\Phi^T \Phi = 1$，当 $x$ 都是实数时，$\Phi$ 是正交矩阵。

用 $m_y$ 表示向量 $y$ 的平均值，$y$ 的协方差矩阵记为 $\sum y$，通过变换 $y = \boldsymbol{\Phi} x$，得到

$$
\begin{aligned}
\sum y &= E(yy^{\mathrm{T}}) - m_y m_y^{\mathrm{T}} = E\big[(\boldsymbol{\Phi}^{\mathrm{T}} x)(\boldsymbol{\Phi}^{\mathrm{T}} x)^{\mathrm{T}}\big] - (\boldsymbol{\Phi}^{\mathrm{T}} m_x)(\boldsymbol{\Phi}^{\mathrm{T}} m_x)^{\mathrm{T}} \\
&= E\big[\boldsymbol{\Phi}^{\mathrm{T}}(xx^{\mathrm{T}})\boldsymbol{\Phi}\big] - \boldsymbol{\Phi}^{\mathrm{T}} m_x m_x^{\mathrm{T}} \boldsymbol{\Phi} = \boldsymbol{\Phi}^{\mathrm{T}}\big[E(xx^{\mathrm{T}}) - m_x m_x^{\mathrm{T}}\big]\boldsymbol{\Phi} \\
&= \boldsymbol{\Phi}^{\mathrm{T}} \sum{}_x \boldsymbol{\Phi} = \mathrm{diag}(\lambda_0, \lambda_1, \cdots, \lambda_{N-1})
\end{aligned}
\tag{7.4.5}
$$

写成矩阵形式为

$$
\sum y = \begin{bmatrix} \cdots & \cdots & \cdots \\ \cdots & \sigma_{ij} & \cdots \\ \cdots & \cdots & \cdots \end{bmatrix} = \boldsymbol{\Phi}^{\mathrm{T}} \sum{}_x \boldsymbol{\Phi} = \begin{bmatrix} \lambda_0 & 0 & \cdots & 0 \\ 0 & \lambda_1 & \cdots & 0 \\ \cdots & \cdots & & \cdots \\ 0 & 0 & \cdots & \lambda_{N-1} \end{bmatrix} = \begin{bmatrix} \sigma_0^2 & 0 & \cdots & 0 \\ 0 & \sigma_1^2 & \cdots & 0 \\ \cdots & \cdots & & \cdots \\ 0 & 0 & \cdots & \sigma_{N-1}^2 \end{bmatrix}
$$

$$
\tag{7.4.6}
$$

可见，经过 K-L 变换之后，$\sum y$ 成为对角矩阵，也就是对于任意 $i \neq j$，有 $\mathrm{cov}(y_i, y_j) = 0$，当 $i = j$ 时，有 $\mathrm{cov}(y_i, y_i) = \lambda_i$，因此利用 K-L 变换去除了数据相关性，而且 $y_i$ 的方差与协方差矩阵 $x$ 的第 $i$ 个特征值相等，即 $\sigma_i^2 = \lambda_i$。

### 7.4.2 离散余弦变换

离散余弦变换经常用于信号处理和图像处理，以对信号和图像（包括静止图像和运动图像）进行有损压缩。这是由于离散余弦变换具有很强的"能量集中"特性：大多数自然信号（包括声音和图像）的能量都集中在离散余弦变换后的低频部分，而且当信号具有接近马尔可夫过程的统计特性时，离散余弦变换的去相关性接近 K-L 变换的性能。

利用离散余弦变换压缩图像数据，主要是根据图像信号在频域的统计特性。在空间域看来，图像内容千差万别，但在频域中，经过对大量图像的统计分析发现，图像经过离散余弦变换后，其频率系数的主要成分集中于比较小的范围，且主要位于低频部分。利用离散余弦变换揭示这种规律后，可以采取一些措施把频谱中能量较小的部分舍弃，尽量保留频谱中主要的频率分量，就能够达到压缩图像的目的。

离散余弦变换属于正交变换，用于去除图像数据的空间冗余。离散余弦变换编码就是将图像光强矩阵（时域信号）变换到系数空间（频域信号）中进行处理的方法。在空间中具有强相关的信号，反映在频域中是在某些特定的区域内能量常常被集中在一起，或者系数矩阵的分布具有某些规律。可以利用这些规律在频域中减少量化比特，达到压缩的目的。图像经离散余弦变换后，离散余弦变换系数之间的相关性会降低，而且大部分能量都集中在少数系数上，因此离散余弦变换在图像压缩中非常有用，是有损图像压缩国际标准 JPEG 的核心。从原理上讲，可以对整幅图像进行离散余弦变换，但由于图像各部位细节的丰富程度不同，这种整体处理方式的效果不好。为此，发送者首先将输入图像分解为 $8 \times 8$ 或 $16 \times 16$ 的块，然后对每个块进行二维离散余弦变换，接着对离散余弦变换系数进行量化、编码和传输；接收者对量化的离散余弦变换系数进行解码，并对每个块进行二维离散余弦变换逆变换，操作完成后将所有块拼接起来构成一幅单一的图像。对于一般的图像而言，大多数离散余弦变换系数都接近 0，因此去掉这些系数不会对重建图像的质量产

生较大的影响。利用离散余弦变换进行图像压缩确实可以节约大量存储空间。离散余弦变换编码原理示意如图 7 – 16 所示。

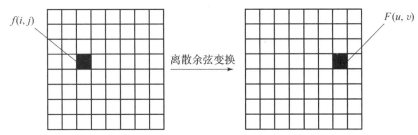

**图 7 – 16　离散余弦变换编码原理示意**

在离散余弦编码过程中，首先将输入图像色彩空间转换后分解为 8 × 8 的数据块，然后用正向二维离散余弦变换把每个块转换成 64 个离散余弦变换系数，其中 1 个数值是直流（DC）系数，即 8 × 8 空间域图像子块的平均值，其余的 63 个数值是交流（AC）系数。接下来对离散余弦变换系数进行量化，量化过程实际上就是离散余弦变换系数的优化过程，它利用人眼对高频部分不敏感的特性实现数据的大幅简化。量化实际上是简单地用频域中的每个成分除以一个对于该成分的常数，接着四舍五入取最接近的整数。这是整个离散余弦变换过程中的主要有损运算。量化是图像质量下降的最主要原因。量化后的数据的一个很大的特点是直流分量比交流分量大，而且交流分量含有大量 0。

对量化后的离散余弦变换系数进行 "Z" 字形编排，这样做的特点是会连续出现多个 0，即充分利用相邻两个图像块的特性再次简化数据，从而更大程度地进行压缩。最后将变换得到的量化的离散余弦变换系数进行编码和传送，这样就完成了图像的压缩过程。

在离散余弦变换解码过程中，形成压缩后的图像格式，先对已编码的量化的离散余弦变换系数进行解码，然后求逆量化，并把离散余弦变换系数转化为 8 × 8 的样本块（使用二维离散余弦逆变换），最后将操作完成后的块组合成一幅单一的图像，这样就完成了图像的解压过程。

一个 $N \times N$ 块 $f(x,y)$ 的二维离散余弦变换 $F(u,v)$ 的定义如下：

$$F(u,v) = \frac{2}{N}C(u)C(v)\sum_{x=0}^{N-1}\sum_{y=0}^{N-1}\cos\left[\frac{\pi(2x+1)u}{2N}\right]f(x,y)\cos\left[\frac{\pi(2y+1)v}{2N}\right] \quad (7.4.7)$$

对应的 $N \times N$ 块的二维离散余弦逆变换为

$$f(x,y) = \frac{2}{N}\sum_{x=0}^{N-1}\sum_{y=0}^{N-1}C(u)C(v)\cos\left[\frac{\pi(2x+1)u}{2N}\right]F(u,v)\left[\frac{\pi(2y+1)v}{2N}\right] \quad (7.4.8)$$

式中，空间域的 $x$，$y$ 和频域的 $u$，$v$ 取值集合均为 $\{0,1,\cdots,N-1\}$，其中

$$C(u),C(v) = \begin{cases} \dfrac{1}{\sqrt{2}} & u,v=0 \\ 1, & \text{其他} \end{cases} \quad (7.4.9)$$

将离散余弦变换写成矩阵形式为

$$\boldsymbol{F} = \boldsymbol{C}_N \boldsymbol{f} \boldsymbol{C}_N^{\mathrm{T}} \quad (7.4.10)$$

$$\boldsymbol{f} = \boldsymbol{C}_N^{\mathrm{T}} \boldsymbol{F} \boldsymbol{C}_N \quad (7.4.11)$$

式中，$\boldsymbol{C}_N$ 为 $N \times N$ 的正交变换矩阵；$\boldsymbol{f}$ 为 $N \times N$ 的原始图像块函数；$\boldsymbol{F}$ 为 $N \times N$ 的变换域图像块函数。

离散余弦变换的实现代码如下。

```python
from math import cos,pi,sqrt
import numpy as np
from skimage import data
from matplotlib import pyplot as plt
def dct_2d(image,numberCoefficients=0):
    nc = numberCoefficients
    height = image.shape[0]
    width = image.shape[1]
    imageRow = np.zeros_like(image).astype(float)
    imageCol = np.zeros_like(image).astype(float)
    for h in range(height):
        imageRow[h,:] = dct_1d(image[h,:],nc)
        for w in range(width):
            imageCol[:,w] = dct_1d(imageRow[:,w],nc)
            return imageCol
def dct_1d(image, numberCoefficients=0):
    nc = numberCoefficients
    n = len(image)
    newImage = np.zeros_like(image).astype(float)
    for k in range(n):
        sum = 0
        for i in range(n):
            sum += image[i] * cos(2 * pi * k /(2.0 * n) * i +(k*pi)/(2.0 * n))
        ck = sqrt(0.5) if k == 0 else 1
        newImage[k] = sqrt(2.0 /n) * ck * sum
    if nc > 0:
        newImage.sort()
        for i in range(nc, n):
            newImage[i] = 0
    return newImage
def idct_2d(image):
    height = image.shape[0]
    width = image.shape[1]
    imageRow = np.zeros_like(image).astype(float)
    imageCol = np.zeros_like(image).astype(float)
    for h in range(height):
        imageRow[h,:] = idct_1d(image[h,:])
    for w in range(width):
        imageCol[:,w] = idct_1d(imageRow[:,w])
    return imageCol
def idct_1d(image):
    n = len(image)
    newImage = np.zeros_like(image).astype(float)
    for i in range(n):
        sum = 0
```

```
        for k in range(n):
            ck = sqrt(0.5)if k = = 0 else 1
            sum + = ck * image[k] * cos(2 * pi * k /(2.0 * n) *1 +(k *
pi)/(2.0 * n))
        newImage[i] = sqrt (2.0 /n) * sum
    return newImage
if _ name_ _ _ _ = = '_ main_ ':
    image = data.coffee () numberCoefficients =10
    imgResult = dct_ 2d (image, numberCoefficients)
    idct_ img = idct_ 2d (imgResult)
    plt.subplot (1, 3, 1)
    plt.imshow (image)
    plt.subplot (1, 3, 2)
    plt.imshow (imgResult)
    plt.subplot (1, 3, 3)
    plt.imshow (idct_ img)
plt.show ()
```

对离散余弦变换总结如下。

（1）分块：在对输入图像进行离散余弦变换前，需要将图像分成子块。

（2）变换：对每个块的每行进行离散余弦变换，然后对每列进行离散余弦变换，得到的是一个变换系数矩阵。

（3）（0.0）位置的元素就是直流分量，矩阵中的其他元素根据其位置，表示不同频率的交流分量。

离散余弦变换为

$$F = C^{\mathrm{T}}fC \qquad\qquad (7.4.12)$$

离散余弦逆变换为

$$f = CFC^{\mathrm{T}} \qquad\qquad (7.4.13)$$

式中，

$$C = \sqrt{\frac{2}{N}}\begin{bmatrix} \sqrt{\dfrac{1}{2}} & \sqrt{\dfrac{1}{2}} & \cdots & \sqrt{\dfrac{1}{2}} \\ \cos\dfrac{1}{2N}\pi & \cos\dfrac{3}{2N}\pi & \cdots & \cos\dfrac{2N-1}{2N}\pi \\ \vdots & \vdots & & \vdots \\ \cos\dfrac{N-1}{2N}\pi & \cos\dfrac{3(N-1)}{2N}\pi & \cdots & \cos\dfrac{3(N-1)}{2N}\pi \end{bmatrix} \qquad (7.4.14)$$

且 $C$ 是一个正交矩阵，即 $CC^{\mathrm{T}} = E$，其中 $E$ 是单位矩阵。

例如，一幅 $4 \times 4$ 的图像用以下矩阵表示：

$$f(x,y) = \begin{bmatrix} 1 & 1 & 1 & 1 \\ 1 & 0 & 0 & 1 \\ 1 & 0 & 0 & 1 \\ 1 & 1 & 1 & 1 \end{bmatrix} \qquad\qquad (7.4.15)$$

$N = 4$,

$$C = \sqrt{\frac{1}{2}} \begin{bmatrix} \sqrt{\dfrac{1}{2}} & \sqrt{\dfrac{1}{2}} & \sqrt{\dfrac{1}{2}} & \sqrt{\dfrac{1}{2}} \\ \cos\dfrac{\pi}{8} & \cos\dfrac{3\pi}{8} & \cos\dfrac{5\pi}{8} & \cos\dfrac{7\pi}{8} \\ \cos\dfrac{2\pi}{8} & \cos\dfrac{6\pi}{8} & \cos\dfrac{10\pi}{8} & \cos\dfrac{14\pi}{8} \\ \cos\dfrac{3\pi}{8} & \cos\dfrac{9\pi}{8} & \cos\dfrac{15\pi}{8} & \cos\dfrac{21\pi}{8} \end{bmatrix} \quad (7.4.16)$$

求矩阵对应离散余弦变换 $F(u,v)$，有

$$F(u,v) = C^{\mathrm{T}}fC$$

$$= \begin{bmatrix} 0.5 & 0.635 & 0.5 & 0.270 \\ 0.5 & 0.271 & -0.5 & -0.653 \\ 0.5 & -0.271 & -0.5 & 0.653 \\ 0.5 & -0.653 & 0.5 & -0.271 \end{bmatrix} \begin{bmatrix} 1 & 1 & 1 & 1 \\ 1 & 0 & 0 & 1 \\ 1 & 0 & 0 & 1 \\ 1 & 1 & 1 & 1 \end{bmatrix} \begin{bmatrix} 0.5 & 0.5 & 0.5 & 0.5 \\ 0.653 & 0.271 & -0.271 & -0.653 \\ 0.5 & -0.5 & -0.5 & 0.5 \\ 0.270 & -0.653 & 0.653 & -0.271 \end{bmatrix}$$

$$= \begin{bmatrix} 2.368 & -0.471 & 1.624 & 0.323 \\ -0.471 & 0.094 & 0.323 & -0.064 \\ 1.624 & 0.323 & 0.449 & 0.089 \\ 0.323 & -0.641 & -0.089 & -0.018 \end{bmatrix}$$

$$(7.4.17)$$

读者可以尝试求其逆变换，得出解压后的图像。

离散余弦变换具有信息强度集中的特点。图像进行离散余弦变换后，在频域中矩阵左上角低频的幅值大，而右下角高频的幅值小，经过量化处理后产生大量的零值系数，可以压缩数据，因此离散余弦变换被广泛用于图像压缩。

## 7.5  JPEG 编码

JPEG 编码方案定义了 3 种编码系统：①基于离散余弦变换的有损编码基本系统，可用于绝大多数压缩应用场合；②用于高压缩比、高精确度或渐进重建应用的扩展编码系统；③用于无失真应用场合的无损系统。

JPEG 编码过程如图 7 - 17 所示。

图 7 - 17  JPEG 编码过程

具体步骤如下。

（1）先把整个图像分解成多个 $8 \times 8$ 的块。

（2）8×8 的块经过离散余弦变换后，低频分量都集中在左上角，高频分量则分布在右下角（离散余弦变换类似低通滤波器），因为低频分量包含图像的主要信息，所以可以忽略高频分量，达到压缩的目的。一般要将二维离散余弦变换变成一维离散余弦变换，如图 7−18 所示。

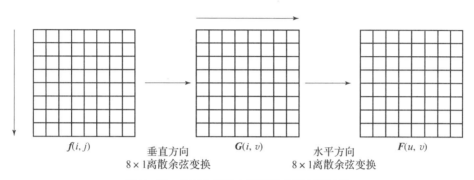

图 7−18　JPEG 编码中的离散余弦变换过程

（3）使用量化操作去掉高频分量。量化操作就是将某个值除以量化表中的对应值。由于量化表中左上角的值较小，而右下角的值较大，所以可以达到保持低频分量，抑制高频分量的目的。对离散余弦变换后的（频率的）系数进行量化，其目的是减小非零系数的幅度以及增加零值系数的数目。量化可以采用图 7−19 所示的量化器。

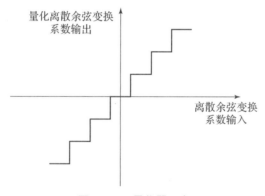

图 7−19　量化器示意

$$\hat{F}(u,v) = \text{round}\left[\frac{F(u,v)}{Q(u,v)}\right] \tag{7.5.1}$$

（4）在左上角的低频分量中，$F(0,0)$ 代表直流系数，即 8×8 子块的平均值。由于两个相邻块的直流系数相差很小，所以采用 DPCM 编码，其他 63 个元素是交流系数，采用"Z"字形顺序进行 RLE，使系数为 0 的值更集中。系数 RLE 过程如图 7−20 所示。

（5）得到直流码字和交流行程码字后，为了进一步提高压缩比，再进行熵编码。

JPEG 编码举例如下。

假设有一个 8×8 的块，在它之前的一个 8×8 的块计算得到的直流系数为 20，JPEG 编码过程如图 7−21 所示。

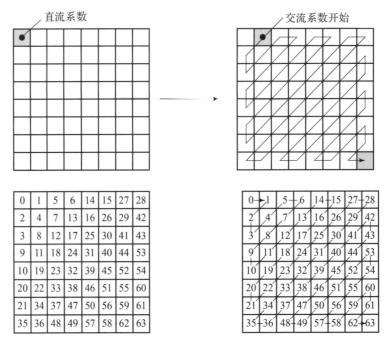

图 7-20 系数 RLE 过程

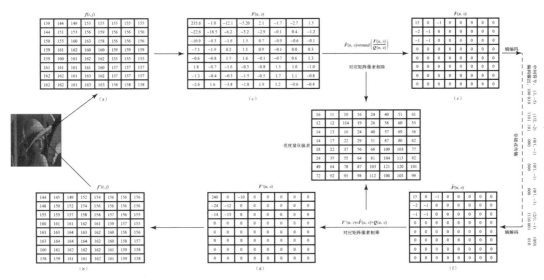

图 7-21 JPEG 编码过程

在这个例子中，进行离散余弦变换之前将原始图像中的每个样本数据减去128，在离散余弦逆变换之后对重构图像中的每个样本数据加上128。经过离散余弦变换和量化之后的系数如图 7-21（f）所示。经过"Z"字形排列后的系数为15，0，-2，-1，-1，-1，0，0，-1，0，…，0。直流系数和交流系数的中间符号以及经过编码后的输出如下。

中间符号：(3,-5)(1/2,-2)(0/1,-1)(0/1,-1)(0/1,-1)(2/1,-1)(0/0)。

编码输出：100 010 1101 101 000　　　000　　　000　　1110 001 010。

JPEG 编码过程如下：①使用离散余弦变换把空间域表示的图像变换成频域表示的图

像；②使用加权函数对离散余弦变换系数进行量化，加权函数对人的视觉系统是最佳的；③使用熵编码器对量化系数进行编码。

JPEG 标准整体框图如图 7 – 22 所示。

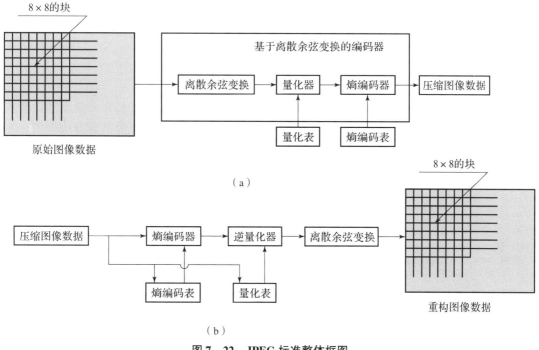

图 7 – 22　**JPEG 标准整体框图**

(a) 编码；(b) 解码

## 7.6　小结

本章分别从熵编码、预测编码、变换编码和 JPEG 编码 4 个方面入手讲解了图像编码技术的相关知识，知识点看似分散，其实是以 JPEG 标准为主线进行讲述的。

# 第 8 章

# 图像分割

图像分割的主要目的是将目标从背景中提取出来，它是为图像分析和图像理解做准备的处理过程。由于目标的特征不同、提取特征的方法不同，所以图像分割的方法繁多。本章主要介绍图像分割的基本原理和方法，包括图像的阈值分割、图像的边缘检测和区域分割等。本章还给出了一些图像分割方法的实例。

## 8.1　概述

### 8.1.1　图像分割的目的和任务

前面几章主要针对图像的整体状况进行处理。图像经过处理后，得到的是改善后的另一幅图像，或更利于有效应用的另一幅图像。在对图像进行分析的另一些场合，人们可能对图像中的某些局部或特征感兴趣，其输出不一定是一幅完整的图像。这些部分常被称为目标或对象，处于感兴趣的区域（Region of Interest，ROI）。在图像分析中，输出的结果是对图像的描述、分类或其他某种结论，而不再像常规图像处理那样输出另一幅图像。由于这些被分割的区域在某些特性上相近，所以图像分割常用于模式识别与图像理解以及图像压缩与编码等应用场合。

由此可见，图像分割是从图像处理到图像分析的关键步骤，是计算机视觉的基础，也是图像理解的重要组成部分。如图 8-1 所示，对象为飞机，在分割后的图像中，飞机的外形特征比原始图像更加明显。

（a）　　　　　　　　　　（b）

**图 8-1　对象为飞机的图像**

（a）原始图像；（b）分割后的图像

一个典型的图像分析和理解系统分为图像采集、图像预处理、图像分割、特征提取、图像识别与分类、结论等部分。图像分割根据目标与背景的先验知识将图像表示为物理上有意义的连通区域的集合，即对图像中的目标、背景进行标记、定位，然后将目标从背景或其他伪目标中分离出来。进行图像分割以后，通常需要对分割的区域进行表示（Representation）和描述（Description），以便计算机进一步处理。区域既可以用外部边界特征表示，也可以由组成区域的内部像素表示。在区域表示的基础上，区域描述用一组数量或符号来表征图像中被描述目标的某些特征，这是对图像中各组成部分之间关系或各组成部分性质的描述。

图像分割的困难在于图像数据的模糊和噪声干扰。在实际图像中，对象情况各异，需要根据实际情况选择适合的方法。图像分割结果的好坏或者正确与否，目前还没有统一的评价判断准则，通常根据图像分割的视觉效果和实际的应用场景来判断。图像分割质量评价通过图像分割方法的性能研究来筛选更优的图像分割方法以达到优化图像分割的目的。为了使图像分割质量评价方法实用准确，对其提出以下基本要求：①具有通用性，即能够适用于不同的图像分割方法及各种应用领域；②采用定量的和客观的性能评价准则；③选取通用的图像作为参照进行测试以使评价结果具有可比性。

### 8.1.2　图像分割的集合定义

常用集合来定义图像分割。令集合 $R$ 代表整个图像区域，对 $R$ 的图像分割可以视为将 $R$ 分成 $N$ 个满足以下条件的非空子集 $R_1$，$R_2$，$\cdots$，$R_N$。

（1）$\bigcup_{i=1}^{N} R_i = R$。

（2）对于所有的 $i$ 和 $j$，$i \neq j$，有 $R_i \cap R_j = \varnothing$。

（3）对于 $i = 1$，$2$，$\cdots$，$N$，有 $P(R_i) = \text{TRUE}$。

（4）对于 $i \neq j$，有 $P(R_i \cup R_j) = \text{FALSE}$。

（5）对于 $i = 1$，$2$，$\cdots$，$N$，$R_i$ 是连通的区域。

其中，$P(R_i)$ 是所有在集合 $R_i$ 中的元素的逻辑谓词，$\varnothing$ 代表空集。条件（1）表示分割的所有子区域的并集就是原始图像。这一点非常重要，因为它保证了图像处理中的每个像素都被处理的充分条件。条件（2）表明图像分割结果中各区域是互不重叠的。条件（3）指出在图像分割结果中，每个区域都有独特的特性。条件（4）表示在图像分割结果中，不同的子区域具有不同的特性，它们没有公共的特性。条件（5）则要求图像分割结果中同一个子区域内的像素应当是连通的，即同一个子区域内的任意两个像素在该子区域内连通。

这些条件对图像分割有一定的指导作用。但是，实际的图像处理和分析都是面向某种特定的应用的，因此这些条件中的各种关系也需要和实际需求结合来设定。迄今为止，还没有一种通用的方法可以把人类的要求完全转换成图像分割中的各种条件关系，条件表达式往往都是近似的。

### 8.1.3　图像分割的分类

图像是千差万别的，图像分割方法也是丰富多彩的。图像分割除依照图像自身的特点进行处理外，数学和信号处理领域的新的理论和方法也往往被引入图像分割方法。因此，出现了基于模糊数学的图像分割、基于数学形态学的图像分割、基于神经网络的图像分割、基于遗传算法等优化理论的图像分割等。

根据图像分割方法的不同,图像分割通常有两种分类方法。

(1) 根据图像的两种特性进行分割:一种是根据各像素点灰度的不连续性进行分割;另一种是根据同一区域所具有的相似灰度进行分割。

(2) 根据图像分割的处理策略进行分割:一种是并行方法,所有的判断和决策可以独立进行;另一种是串行方法,后期的处理依赖前期的运算结果。后者运算时间较长,但抗干扰能力较强。

表 8-1 所示为常见的图像分割方法。

表 8-1　常见的图像分割方法

| 分类 | 边缘(不连续性) | 区域(相似性) |
| --- | --- | --- |
| 并行方法 | 并行边缘类(边缘检测等) | 并行区域类(阈值分割、聚类等) |
| 串行方法 | 串行边缘类(边缘跟踪等) | 串行区域类(区域生长、分裂合并等) |

根据应用目的的不同,图像分割分为粗图像分割和细图像分割。对于模式识别应用,一个物体对象内部的细节与颜色或灰度渐变应被忽略,而且一个物体对象只应被表示为一个或少数几个分割区域,即粗图像分割。对于基于区域或对象的图像压缩与编码,图像分割的目的是得到颜色或灰度信息一致的区域,以利于高效的区域编码。若同一区域内含有大量变化细节,则难以编码,需要细图像分割,即需要捕捉图像的细微变化。

根据对象的属性,图像分割可分为灰度图像分割和彩色图像分割。根据对象的状态,图像分割可分为静态图像分割和动态图像分割。

根据对象的应用领域,图像分割可分为遥感图像分割、交通图像分割、医学图像分割、工业图像分割、军事图像分割等。

## 8.2　像素的邻域和连通性

像素的邻域通常有两种定义方法。

(1) 4 邻域:对一个坐标为 $(x,y)$ 的像素 $p$,它可以有 2 个水平和 2 个垂直的近邻像素。互为 4 邻域的像素又称为 4 连通的像素。

(2) 8 邻域:取像素 $p$ 四周的 8 个点作为互相连接的近邻像素。互为 8 邻域的像素又称为 8 连通的像素。

值得注意的是,对象和背景必须取不同的连通性定义,否则会引起矛盾。如图 8-2所示,1 表示对象,0 表示背景,则对象定义为 8 连通,背景定义为 4 连通,从而灰度为 1的 5 个点可以连接成封闭环,中间的 0 就变成了洞,它和环外的区域不连通。根据连通性,可以定义图像的特征点和线。

(1) 边界点(Boundary Point):如果对象点集 $S$ 中的点 $p$ 有近邻点在 $S$ 的补集中,那么 $p$ 便是 $S$ 的边界点。边界点的集合便是边界点集,记为 $S'$。

$$\begin{matrix}0&0&0&0&0\\0&1&1&0&0\\0&1&0&1&0\\0&1&1&1&0\\0&0&0&0&0\end{matrix}$$

**图 8－2　对象和背景的连通性**

（2）$S$ 的内部（Interior）和内点（Interior Point）：对象点集 $S$ 和边界点集 $S'$之差 $S-S'$称为 $S$ 的内部，处于 $S$ 内部的点称为 $S$ 的内点。

（3）孤点（Isolated Point）：没有近邻点的点。

（4）封闭曲线（Closed Curve）：如果连通域 $S$ 中的所有点都有两个近邻点，则称此连通域为封闭曲线。

各种特征点、线示意如图 8－3 所示。

（a）　　（b）　　（c）

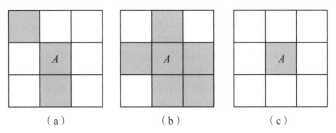

**图 8－3　各种特征点、线示意**

（a）边界点；（b）4 连通内点；（c）孤点

# 8.3　图像的阈值分割

## 8.3.1　基本原理

图像的阈值分割属于并行区域类图像分割方法。若图像中对象和背景具有明显不同的灰度集合，且两个灰度集合可用一个阈值 $T$ 进行分割，那么就可以用阈值分割灰度集合的方法在图像中分割出对象区域与背景区域。在对象与背景有较高对比度的图像中，应用此方法特别有效，例如印刷文字图像。

设图像函数为 $f(x,y)$，其灰度集是$[Z_1,Z_K]$，在 $Z_1$ 和 $Z_K$ 之间选择一个合适的阈值 $T$，则图像的阈值分割方法可由下式描述：

$$g(x,y)=\begin{cases}Z_E, & f(x,y)\geqslant T\\ Z_B, & f(x,y)<T\end{cases}\tag{8.3.1}$$

这样得到的 $g(x,y)$ 是一幅对象灰度为 $Z_E$、背景灰度为 $Z_B$ 的二值图像函数。

**【例 8.1】**　给出利用阈值分割图像“rice. png”的实例。

**【解】**　该图像的对象（米粒）和背景（偏暗）比较分明，用阈值（$T=110$）将达到较好的图像分割效果。代码如下。

```
import cv2
import numpy as np
import matplotlib.pyplot as plt
I = cv2.imread('rice.png', 0)
plt.subplot(131)
plt.imshow(I, cmap = 'gray')
plt.subplot(132)
plt.hist(I.ravel(), 256, [0, 256])
T = 110
S = I.shape
maxI, maxP = np.max(I), np.argmax(I)
minI, minP = np.min(I), np.argmin(I)
for i in range(S[0]):
    for j in range(S[1]):
        if I[i, j] > = T:
            I[i, j] = 255
        else:
            I[i, j] = 0
plt.subplot(133)
plt.imshow(I, cmap = 'gray')
plt.show()
```

运行上述代码,输出结果如图 8 - 4 所示。图 8 - 4(a)所示是待分割的原始图像,图 8 - 4(b)所示是对应的直方图,图 8 - 4(c)所示是选择阈值为 110 的结果,图 8 - 4(d)所示是选择阈值为 90 的结果,图 8 - 4(e)所示是选择阈值为 150 的结果。改变阈值,可以发现过小或过大的阈值都会影响图像分割的效果。可见,阈值的选择是该方法的关键因素。

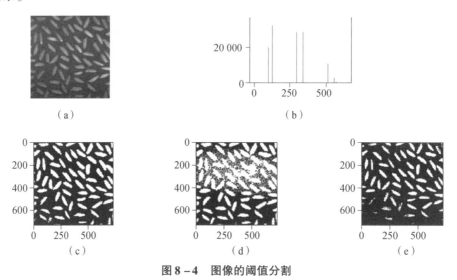

图 8 - 4 图像的阈值分割

根据阈值的选择方法的不同,图像的阈值分割一般可以分为全局阈值分割和局部阈值分割两类。如果在图像分割过程中对图像中每个像素所使用的阈值相同,则为全局阈值分割;如果在图像对割过程中图像中每个像素所使用的阈值不同,则为局部阈值分割。

### 8.3.2　全局阈值分割

全局阈值分割是最简单的图像分割方法。根据不同的对象，选择最佳的阈值。常用以下几种方法确定最佳阈值。

1. 试验法

如果分割之前就知道图像的一些特征，那么阈值的确定就比较简单，只要用不同的阈值进行试验，即可检查该阈值是否适合图像的已知特征。这种方法需要知道图像的某些特征，但有时图像特征是不可预知的。

2. 直方图法

先作出图像的灰度直方图，如图 8 - 5 所示，若直方图呈双峰且有明显的谷底，则可以将谷底点所对应的灰度作为阈值 $T$，然后根据该阈值进行图像分割，就可以将对象从图像中分割出来。这种方法适用于对象和背景的灰度差较大且直方图有明显谷底的情况。例 8.1 的图像分割策略就属于这种情况。

3. 最小误差法

假设背景的概率密度为 $p_1(z)$，对象的概率密度为 $p_2(z)$。设背景像素数占图像总像素数的百分比为 $\theta$，对象的像素数百分比为 $(1-\theta)$，如图 8 - 6 所示，则混合概率密度为

$$p(z) = \theta p_1(z) + (1-\theta)p_2(z) \tag{8.3.2}$$

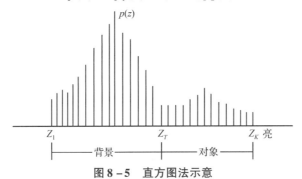

图 8 - 5　直方图法示意

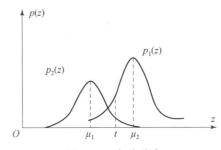

图 8 - 6　灰度分布

当选定阈值为 $t$ 时，把对象像素错分为背景像素的概率为

$$E_2(t) = \int_t^{+\infty} p_2(z)\,\mathrm{d}z \tag{8.3.3}$$

把背景像素错分为对象像素的概率为

$$E_1(t) = \int_{-\infty}^t p_1(z)\,\mathrm{d}z \tag{8.3.4}$$

总错误概率为

$$E(t) = \theta E_1(t) + (1 - \theta)E_2(t) \tag{8.3.5}$$

为了使误差最小，可令 $\dfrac{\partial E(t)}{\partial t} = 0$，则有

$$-\theta p_1(t) + (1 - \theta)p_2(t) \tag{8.3.6}$$

用上述方法求得的阈值为最佳阈值。假设背景与对象的灰度分布都是正态分布的，背景的均值和方差分别为 $\sigma_1$ 和 $\mu_1$，前景的均值和方差分别为 $\sigma_2$ 和 $\mu_2$，即

$$p_1(z) = \frac{1}{\sqrt{2\pi}\sigma_1}e^{\frac{-(z-\mu_1)^2}{2\sigma_1^2}} \tag{8.3.7}$$

$$p_2(z) = \frac{1}{\sqrt{2\pi}\sigma_2}e^{\frac{-(z-\mu_2)^2}{2\sigma_2^2}} \tag{8.3.8}$$

将式（8.3.7）和式（8.3.8）代入式（8.3.6），并通过对数运算可以得出

$$\ln\frac{\theta\sigma_2}{(1-\theta)\sigma_1} - \frac{(t-\mu_1)^2}{2\sigma_1^2} = \frac{(t-\mu_2)^2}{2\sigma_2^2} \tag{8.3.9}$$

当 $\sigma_1^2 = \sigma_2^2 = \sigma^2$ 时，有

$$t = \frac{\mu_1 + \mu_2}{2} + \frac{\sigma^2}{\mu_1 - \mu_2}\ln\frac{1-\theta}{\theta} \tag{8.3.10}$$

如果先验概率已知，例如 $\theta = \dfrac{1}{2}$，则有

$$t = \frac{\mu_1 + \mu_2}{2} \tag{8.3.11}$$

这表示如果对象和背景是正态分布的，则最佳阈值可以按式（8.3.10）或式（8.3.11）求出。若 $p_1(z)$ 和 $p_2(z)$ 不是正态分布的，则可根据式（8.3.6）求 $t$。

**4. 最大类间方差法**

该方法又称为大津算法（Otsu's Method）。该方法选择使对象和背景的类间方差最大化的阈值。对象（设为 $C_1$ 类）和背景（设为 $C_2$ 类）之间的类间方差越大，说明构成图像的两部分的差别越大。大津指出最小类内方差与最大类间方差是等价的。部分对象被错分为背景或部分背景被错分为对象都会导致两部分的差别变小。该方法因简单、快速、分割精确、适用范围广而被广泛采用。

设图像的像素数为 $N$，灰度范围为 $[0, L-1]$，灰度为 $i \in [0, L-1]$ 的像素数为 $n_i$，概率为

$$p_i = n_i/N \tag{8.3.12}$$

且 $\sum\limits_{i=0}^{L-1} p_i = 1$，$\theta = \sum\limits_{i=0}^{t} p_i$。$C_1$ 类的灰度 $\in [0, t]$，$C_2$ 类的灰度 $\in [t+1, L-1]$，则图像的总均值、$C_1$ 类和 $C_2$ 类的均值分别为 $\mu$，$\mu_1$，$\mu_2$。

$$\mu = \sum_{i=0}^{L-1} ip_i, \quad \mu_1 = \sum_{i=0}^{t} ip_i/\theta, \quad \mu_2 = \sum_{i=0}^{L-1} ip_i/(1-\theta) \tag{8.3.13}$$

由此可得

$$\mu = \theta\mu_1 + (1-\theta)\mu_2 \tag{8.3.14}$$

类间方差定义为

$$\sigma^2 = \theta(\mu - \mu_1)^2 + (1 - \theta)(\mu_2 - \mu)^2 \qquad (8.3.15)$$

将式 (8.3.14) 代入式 (8.3.15)，得

$$\sigma^2 = \theta(1 - \theta)(\mu_2 - \mu_1)^2 \qquad (8.3.16)$$

上述 $\theta$，$\mu_1$ 和 $\mu_2$ 均为 $t$ 的因变量，采用遍历 $t$ 的方法可以得到使类间方差最大的阈值 $t$，即为所求。

MATLAB 提供了 graythresh( ) 函数，该函数利用最大类间方差法计算最佳阈值。其调用格式为

$$\text{level} = \text{graythresh}(\boldsymbol{I}) \qquad (8.3.17)$$

式中，$\boldsymbol{I}$ 为灰度图像函数；level 为返回的归一化阈值（即 $\text{level} \in [0,1]$）。

进一步，可调用 im2bw( ) 函数按阈值 level 将灰度图像函数 $\boldsymbol{I}$ 转换成二值图像函数 $\boldsymbol{BW}$。其调用格式为

$$\boldsymbol{BW} = \text{im2bw}(\boldsymbol{I}, \text{level}) \qquad (8.3.18)$$

【例8.2】 原始图像 "cameraman. tif" 如图 8 - 7（左）所示，使用 graythresh( ) 函数对其进行全局阈值分割，求出最佳阈值，显示分割效果。

【解】 代码如下。

```
import cv2
import numpy as np
import matplotlib.pyplot as plt
import cv2
import matplotlib.pyplot as plt

# 读取图像
I = cv2.imread('cameraman.png', 0)

# 将图像数据转换为浮点数类型
I = I.astype(float)

# 显示原始图像
plt.figure(1)
plt.imshow(I, cmap = 'gray')
plt.title('原始图像')

# 计算最佳阈值
level = np.mean(I)

# 二值化图像
BW = np.where(I > level, 255, 0)

# 显示二值图像
plt.figure(2)
plt.imshow(BW, cmap = 'gray')
plt.title('二值图像')


plt.show()
```

运行上述代码，输出结果如图 8 - 7 所示。

对于 8bit 灰度图像，有 $L = 256$，可求出实际阈值为 $(L-1) \times$ level $= 88$。实际分割效果是较为理想的。

图 8 - 7　全局阈值分割效果

以图 8 - 8 所示的显微图像为例。由灰度直方图可见有两个波峰，将双峰之间谷底处的灰度作为阈值进行全局阈值分割，取 4 个较为合适的分割点：$T = 80$，$T = 100$，$T = 120$，$T = 140$，全局阈值分割效果如图 8 - 8 所示，$T = 80$ 时提取 SBS 颗粒较多，$T = 140$ 时提取 SBS 颗粒较少。

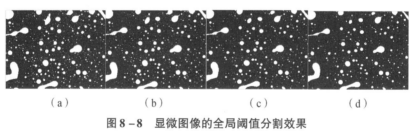

图 8 - 8　显微图像的全局阈值分割效果

(a) $T = 80$；(b) $T = 100$；(c) $T = 120$；(d) $T = 140$

### 8.3.3　局部阈值分割

局部阈值分割常用于照度不均匀或灰度连续变化的图像分割，又称为自适应阈值分割。当照度不均匀、有突发噪声或者背景灰度变化比较大时，单一的阈值不能兼顾图像各像素的实际情况。这时，可以对图像进行分块处理，对每块分别选定一个阈值进行分割，这种与坐标相关的阈值分割即局部阈值分割。

该方法的时间复杂度和空间复杂度比较高，但是抗噪声的能力比较强，对不易采用全局阈值分割的图像有较好的效果。该方法的关键问题是如何将图像细分和如何为得到的子图像估计阈值。由于用于每个像素的阈值取决于像素在子图像中的位置，所以该方法是自适应的。

## 8.4　图像的边缘检测

### 8.4.1　边缘检测的基本原理

图像的阈值分割是基于像素的分割。试验表明，人们对图像中的边缘不是通过设置阈值来识别的，对象的边缘一般表现为灰度（彩色图像还包括色度）的突变。对于人类的视觉感知，图像边缘对理解图像内容起到关键作用。如图 8 - 9 所示，在灰度渐变的图像中无法区分其灰度变化的边缘，但如果边缘灰度有突变，则可以区分两个灰度不同的区域。这是基于灰度的不连续性进行的图像分割。

（a）　　　　　　（b）　　　　　　（c）　　　　　（d）　　　　　（e）

**图 8 - 9　几种常见的边缘**

（a）阶跃边缘；（b）有干扰的渐变边缘；（c）灰度突变的边缘；
（d）窄带脉冲边缘；（e）由（a）和（d）合成的边缘

边缘的含义体现在灰度的突变上。使用差分算子、梯度算子、拉普拉斯算子及各种高通滤波处理方法对图像边缘进行增强，只要再进行一次阈值处理，便可以将边缘增强的方法用于边缘检测。但是需要注意的是，对边缘处理的目的已经不是对整幅图像的边缘进行加强，而是根据边缘进行图像分割。边缘检测要按照图像的内容和应用的要求进行，可以先对图像进行预处理，使边缘突出，然后选择合适的阈值进行图像分割。

### 8.4.2　梯度算子

梯度对应一阶导数，相应的梯度算子就对应一阶导数算子。通过算子检测后，进行二值处理，从而找到边界点。用于边缘检测的梯度算子主要有 Roberts 算子、Prewitt 算子、Sobel 算子。在这 3 种梯度算子中，Roberts 算子的定位精度较高，但也易丢失部分边缘，抗噪声能力差，适用于低噪声、陡峭边缘的场合；Prewitt 算子、Sobel 算子首先对图像进行平滑处理，因此具有一定的抑制噪声的能力，但不能排除检测结果中的虚假边缘，容易出现多像素宽度。

【例 8.3】　给出利用梯度算子对图像 "blood1. tif" 进行边缘检测的实例。

【解】　图 8 - 10（b）~（d）所示分别为使用这 3 个梯度算子进行边缘检测的效果。代码如下。

```
import cv2
import numpy as np
from matplotlib import pyplot as plt
# 读取图像并转换为灰度图像
I = cv2.imread('blood1.png', cv2.IMREAD_GRAYSCALE)
# 使用 Roberts 算子进行边缘检测,门限值采用默认值
BW1 = cv2.filter2D(I, -1, np.array([[1, 0], [0, -1]]) + np.array([[0, 1],
[-1, 0]]))
plt.figure()
```

```
plt.imshow(BW1, cmap = 'gray')
# 使用 Prewitt 算子进行边缘检测,门限值采用默认值
BW2 = cv2.filter2D(I, -1, np.array([[ -1, 0, 1], [ -1, 0, 1], [ -1, 0, 1]])) +
cv2.filter2D(I, -1, np.array([[ -1, -1, -1], [0, 0, 0], [1, 1, 1]]))
plt.figure()
plt.imshow(BW2, cmap = 'gray')
# 使用 Sobel 算子进行边缘检测,门限值采用默认值
BW3 = cv2.Sobel(I, cv2.CV_64F, 1, 0, ksize = 3) + cv2.Sobel(I, cv2.CV_64F, 0, 1,
ksize = 3)
plt.figure()
plt.imshow(BW3, cmap = 'gray')
# 使用拉普拉斯 - 高斯算子进行边缘检测,门限值采用默认值
BW4 = cv2.Laplacian(I, cv2.CV_64F)
plt.figure()
plt.imshow(BW4, cmap = 'gray')
# 使用坎尼算子进行边缘检测,门限值采用默认值
BW5 = cv2.Canny(I, 100, 200)
plt.figure()
plt.imshow(BW5, cmap = 'gray')
plt.show()
```

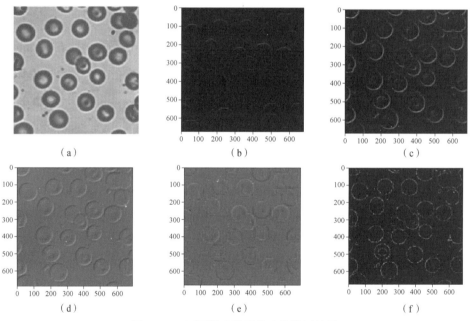

**图 8 - 10 不同微分算子的边缘检测效果**

(a) 原始图像;(b) Roberts 算子的效果;(c) Prewitt 算子的效果;
(d) Sobel 算子的效果;(e) 拉普拉斯 - 高斯算子的效果;(f) 坎尼算子的效果

## 8.4.3 拉普拉斯算子

以上梯度算子均是一阶导数算子,而拉普拉斯算子是二阶导数算子。使用二阶导数算子也可以进行边缘检测,其基本原理是检测阶梯状边缘时,需要将二阶导数算子与图像进行卷积并确定过零点。如图 8 - 11 (a) 所示,边缘位置选在梯度算子的极大值处,即二

阶导数算子的零交叉处。如图 8 – 11（b）所示，边缘是一个斜坡，边缘的梯度相等，拉普拉斯算子为零，此时，边缘位置选在二阶导数算子的两个峰值中间。

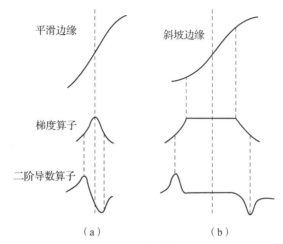

**图 8 – 11　使用二阶导数算子确定边缘位置**

（a）平滑边缘的二阶导数算子；（b）斜坡边缘的二阶导数算子

拉普拉斯算子对图像中阶跃型边缘定位准确，但对噪声具有极高的敏感性，可能丢失部分边缘的方向信息，造成不连续的检测边缘，因此在边缘检测中用得比较少。如果先对图像进行平滑降噪处理，则可以明显地降低拉普拉斯算子对噪声的敏感性。拉普拉斯 – 高斯算子正是基于这种思想提出来的。

**【例 8.4】**　以 Lena 图像为例，给出 Roberts 算子、Sobel 算子和拉普拉斯算子的边缘检测效果，如图 8 – 12 所示。

**图 8 – 12　各种算子的边缘检测效果**

（a）Lena 图像；（b）Roberts 算子的效果；（e）Sobel 算子的效果；（d）拉普拉斯算子的效果

### 8.4.4　拉普拉斯 – 高斯算子

拉普拉斯 – 高斯算子（Laplacian of Gaussian，LoG）也称为 Marr 算子。其基本思想是先用高斯函数 $g(x,y)$ 对图像函数 $f(x,y)$ 进行滤波，再对滤波后的图像函数进行拉普拉斯运算，结果为 0 的位置即边界点的位置。滤波提高了拉普拉斯 – 高斯算子的抗噪声能力，但同时可能使原本比较尖锐的边缘平滑，甚至无法被检测到。

图 8 – 10（e）所示是使用拉普拉斯 – 高斯算子对图 8 – 10（a）所示原始图像进行边缘检测的效果。

### 8.4.5 坎尼算子

坎尼算子的梯度是用高斯滤波器的导数计算的，边缘出现在梯度的局部极大值处。坎尼的主要工作是推导了最优边缘检测算子。考核边缘检测算子的指标如下：低误判率；高定位精度；单像素边缘，抑制虚假边缘。坎尼算子不易受噪声干扰，但边缘的连续性不如拉普拉斯－高斯算子。

坎尼算法的步骤如下。

（1）利用高斯函数平滑图像。设高斯函数为

$$G(x,y) = \frac{1}{2\pi\sigma^2}e^{-\frac{x^2+y^2}{2\sigma_2^2}} \tag{8.4.1}$$

计算二维卷积 $\nabla G(x,y) * f(x,y)$ 实现图像平滑。

（2）计算滤波后的边缘强度和方向，通过阈值检测边缘。将 $\nabla G(x,y)$ 的二维卷积模板分解为两个一维滤波器

$$\frac{\partial G(x,y)}{\partial x} = kxe^{-\frac{x^2}{2\sigma^2}}e^{-\frac{y^2}{2\sigma^2}} = h_1(x)h_2(y) \tag{8.4.2}$$

$$\frac{\partial G(x,y)}{\partial y} = kye^{-\frac{y^2}{2\sigma^2}}e^{-\frac{x^2}{2\sigma^2}} = h_1(y)h_2(x) \tag{8.4.3}$$

$$h_1(x) = \sqrt{k}xe^{-\frac{x^2}{2\sigma^2}}, \quad h_2(y) = \sqrt{k}e^{-\frac{y^2}{2\sigma^2}} \tag{8.4.4}$$

$$h_1(y) = \sqrt{k}ye^{-\frac{y^2}{2\sigma^2}}, \quad h_2(x) = \sqrt{k}e^{-\frac{x^2}{2\sigma^2}} \tag{8.4.5}$$

$$h_1(x) = xh_2(x), \quad h_1(y) = yh_2(y) \tag{8.4.6}$$

然后把这两个模板分别与 $f(x,y)$ 进行卷积，得到

$$A(x,y) = \sqrt{E_x^2 + E_y^2}, \quad a(x,y) = \arctan\left[\frac{E_y(x,y)}{E_x(x,y)}\right] \tag{8.4.7}$$

令

$$E_x = \frac{\partial G(x,y)}{\partial x} * f, \quad E_y = \frac{\partial G(x,y)}{\partial y} * f \tag{8.4.8}$$

则 $A$ 反映边缘强度，$a$ 为垂直于边缘的方向。

（3）判断一个像素点是否为边界点的条件如下：像素点 $(x,y)$ 的边缘强度高于沿梯度方向的两个相邻像素点的边缘强度；与该像素点梯度方向上相邻两点的方向差小于 45°；以该像素点为中心的 $3 \times 3$ 邻域中的边缘强度的极大值小于某个阈值。

坎尼算子比较优越，它可以减少小模板检测中的边缘中断，有利于得到较完整的边缘。下面以显微图像为例考察不同边缘检测算子的性能。如图 8-13 所示，通过边缘检测可以更清楚地显示颗粒的边缘轮廓，便于观察。采用 4 种算子进行边缘检测，坎尼算子的边缘检测效果最好。

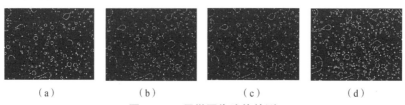

（a） （b） （c） （d）

**图 8-13　显微图像边缘检测**

（a）Roberts 算子；（b）Prewitt 算子；（e）Sobel 算子；（d）坎尼算子

### 8.4.6　方向算子

与梯度算子不同的是，方向算子利用一组模板对图像中的同一像素求卷积，然后选取其中的最大值作为边缘强度，而将与之对应的方向作为边缘方向。方向算子相对于梯度算子的优点是不只考虑水平和垂直方向，还可以检测其他方向的边缘，但计算量将大大增加。

常用的方向算子模板有 8 方向 Kirsch（3×3）模板，如图 8－14 所示，方向间的夹角为 45°。

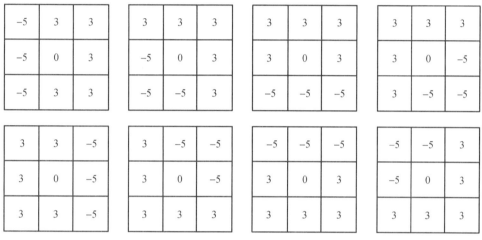

图 8－14　8 方向 Kirsch（3×3）模板

### 8.4.7　边缘跟踪

在一些应用场合，仅得到边界点是不够的。由于噪声和照度不均匀等因素会使原本连续的边缘出现间断现象，所以在进行边缘检测后，有必要采用边缘跟踪将间断的边缘转换成有意义的边缘。

基本的边缘跟踪方法是从图像的一个边界点出发，根据某种判别准则，寻找下一个边界点，以此形成对象的边缘。起始点的选择十分重要，起始点不同可能导致不同的边缘跟踪结果。同样，终点由搜索的终止条件决定。

光栅扫描跟踪是一种简单地利用局部信息、通过扫描的方式将边界点连接起来的方法。

图 8－15（a）所示是一幅含有 3 条曲线的模糊图像。假设在任一点，曲线的切线与水平方向的夹角都不超过 90°，现在要从该图像中检测这些曲线。具体步骤如下。

（1）确定一个比较大的阈值 $d$，把其值大于阈值的像素作为检出点。称该阈值为"检测阈值"，在本例中选 $d=7$。

（2）用检测阈值 $d$ 逐行对像素进行检测，凡其值大于或等于 $d$ 的像素都作为检出点。本例的检测结果如图 8－15（b）所示。

（3）选取一个比较小的阈值 $T$ 作为跟踪阈值，该阈值可以根据不同准则来选择。例如，本例中根据相邻对象点的灰度差所能允许的最大值进行选择，取 4 作为跟踪阈值。

（4）确定跟踪邻域。本例中取像素 $(i,j)$ 的下一行像素 $(i+1,j-1)$、$(i+1,j)$ 和 $(i+1,$

$j+1$)为跟踪邻域。

(5) 从第一行开始进行检测，找出第一行中由 $d$ 确定的检出点作为对象点，扫描下一行像素，凡位于上一行已检测出来的对象点的跟踪邻域的像素，其灰度差小于或等于跟踪阈值 $T$ 的，都作为对象点，反之则去除。

(6) 对于已检测出的某对象点，如果在下一行跟踪邻域中，没有任何一个像素作为对象点，那么这条曲线的跟踪可以结束。如果同时有 2 个甚至 3 个像素均为对象点，则说明曲线发生分支，跟踪将对各分支同时进行。如果若干分支曲线合并成一条曲线，则跟踪可集中于一条曲线上进行。一条曲线跟踪结束后，采用类似上述步骤从第一行的其他检出点开始下一条曲线的跟踪。

(7) 对于未作为对象点的检出点，再次用上述方法进行检测，并以检出点为起始点，重新使用跟踪阈值程序，以检测不是从第一行开始的其他曲线。

(8) 当扫描完最后一行时，跟踪便可以结束。本例的跟踪结果如图 8－15（c）所示。

由跟踪结果可以看出，本例的原始图像中存在 3 条曲线，2 条从顶端开始，1 条从中间开始。然而，如果不进行边缘跟踪法，只进行阈值检测就不能得到令人满意的结果。

| | | | | | | | | | |
|---|---|---|---|---|---|---|---|---|---|
| 9 | | 5 | | 8 | | 4 | 5 | | 3 |
| | 5 | | | | 6 | | 4 | 2 | |
| | | 9 | | 1 | 5 | | | 5 | |
| 6 | | | 5 | | | 7 | | 2 | |
| | 3 | | 6 | | | 9 | | | 7 |
| 4 | | 6 | | | 5 | | 3 | | 5 |
| | | 5 | | 2 | 6 | | | 6 | |
| 6 | 4 | | 3 | | 7 | | | 4 | 2 |

（a）

| | | | | | | | | | |
|---|---|---|---|---|---|---|---|---|---|
| 1 | | | | 1 | | | | | |
| | | | | | | | | | |
| | | 1 | | | | | | | |
| | | | | | | 1 | | | |
| | | | | | | 1 | | | 1 |
| | | | | | | | | | |
| | | | | | | | | | |
| | | | | | 1 | | | | |

（b）

| | | | | | | | | | |
|---|---|---|---|---|---|---|---|---|---|
| 1 | | | | 1 | | | | | |
| | 1 | | | | 1 | | | | |
| | | 1 | | | 1 | | | | |
| | | | 1 | | | 1 | | | |
| | | | 1 | | | 1 | | | 1 |
| | | 1 | | | 1 | | | | 1 |
| | | 1 | | | 1 | | | 1 | |
| | 1 | | | | 1 | | | 1 | |

（c）

**图 8－15　光栅扫描跟踪**

（a）输入图像；（b）对图（a）进行阈值化处理；（c）根据检测阈值和跟踪阈值进行跟踪

光栅扫描跟踪与扫描方向有关，因此最好沿其他方向再跟踪一次，如逆向跟踪，然后将两种跟踪结果综合以得到更好的结果。另外，若边缘和光栅扫描方向平行，则效果不好，最好在垂直方向跟踪一次，这相当于把图像转置 90°后进行光栅扫描跟踪。

**【例 8.5】**　利用 bwtraceboundary( )函数对图像“blobs. png”进行边缘跟踪。

**【解】**　读入并显示一幅二值图像。从左上角开始，以 15 个像素行高为横条域，寻找第一个非零像素。使用该像素的坐标作为边缘跟踪的起始点。包括起始点在内，提取 100 个边缘像素，把它们覆盖在全黑的背景图像上。使用绿色的“×”标记起始点，使用红色的“*”标记行尾仍未被发现的起始点。进行顺时针边缘跟踪的代码如下。

```
import cv2
import numpy as np
import matplotlib.pyplot as plt

# 读取图像
BW = cv2.imread('blobs.png', cv2.IMREAD_GRAYSCALE)

# 显示原始图像和背景图像
plt.subplot(1, 2, 1)
plt.imshow(BW, cmap = 'gray')
```

```
plt.subplot(1, 2, 2)
background = np.zeros_like(BW)
plt.imshow(background, cmap = 'gray')

# 遍历图像的像素,找到第一个非零像素作为边缘跟踪的起始点
start_point = None
for row in range(0, BW.shape[0], 15):
  for col in range(BW.shape[1]):
    if BW[row, col] != 0:
      start_point = (row, col)
      break
  if start_point is not None:
    break

# 使用 cv2.findContours() 函数进行边缘跟踪
contours, _ = cv2.findContours(BW, cv2.RETR_EXTERNAL, cv2.CHAIN_APPROX_
SIMPLE)

# 如果找到边缘,则标记起始点并绘制边缘;否则,标记无跟踪起始点
if len(contours) > 0:
  plt.plot(start_point[1], start_point[0], 'gx', linewidth =2)
  boundary_points = contours[0][:100].reshape(-1, 2)
  plt.plot(boundary_points[:, 0], boundary_points[:, 1], 'r', linewidth =2)
else:
  plt.plot(start_point[1], start_point[0], 'k*', linewidth =2)

plt.show()
```

运行上述代码，输出结果如图 8 - 16 所示。

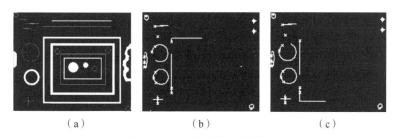

**图 8 - 16　二值图像边缘跟踪**

（a）二值图像实例；（b）顺时针边缘跟踪结果；（c）逆时针边缘跟踪结果

## 8.5　霍夫变换

霍夫变换（Hough Transform）是一种边缘跟踪方法，它利用图像的全局特性直接检测对象轮廓。利用霍夫变换可以从图像中识别几何形状，因此霍夫变换的应用很广泛，也有很多改进方法。霍夫变换的最基本的用途是从黑白图像中检测直线（线段）。在预先知道区域形状的条件下，利用霍夫变换可以方便地将不连续的边缘像素点连接起来得到边界曲线的逼近，其主要优点是受噪声和曲线间断的影响较小。

### 8.5.1　直角坐标系中的霍夫变换

霍夫变换基于点－线的对偶性，即在图像空间（原空间）中同一条直线上的点对应在参数空间（变换空间）中是相交的直线。反过来，在参数空间中相交于同一点的所有直线，在图像空间中都有共线的点与之对应。

设在图像空间 $OXY$ 中，已知二值图像中有一条直线，要求出这条直线所在的位置。所有过点 $(x,y)$ 的直线一定都满足斜截式方程

$$y = px + q \tag{8.5.1}$$

式中，$p$ 为斜率；$q$ 为截距。式（8.5.1）可写成

$$q = -px + y \tag{8.5.2}$$

式（8.5.2）即直角坐标系中对点 $(x,y)$ 的霍夫变换。如果将 $x$ 和 $y$ 视为参数，那么它也代表参数空间 $OPQ$ 中过点 $(p,q)$ 的一条直线。

图 8－17（a）所示为存在一条直线的图像空间，图 8.17（b）所示为对应的参数空间。在图像空间中过点 $(x_i, y_i)$ 的直线方程为 $y_i = px_i + q$，即点 $(x_i, y_i)$ 确定了一簇直线。它们在参数空间中也是直线 $q = -px_i + y_i$。同理，通过点 $(x_j, y_j)$ 的直线方程为 $y_j = px_j + q$，它在参数空间中是另一条直线。因为点 $(x_i, y_i)$ 和点 $(x_j, y_j)$ 是同一条直线上的两点，所以它们一定有相同的参数 $(p', q')$，而这一点正是参数空间中两条直线 $q = -px_i + y_i$ 和 $q = -px_j + y_j$ 的交点。由此可见，图像空间中过点 $(x_i, y_i)$ 和点 $(x_j, y_j)$ 的直线上的每一点，都对应参数空间中的一条直线，而这些直线必定相交于一点 $(p', q')$，点 $(p', q')$ 恰恰就是图像空间中那条直线方程的参数。这样，通过霍夫变换，可以将图像空间中直线的检测问题转化为参数空间中点的检测问题，而参数空间中点的检测只要进行简单的累加统计就可以完成。

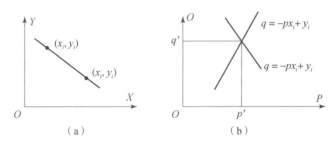

图 8－17　图像空间和参数空间中点和线的对偶性

（a）图像空间；（b）参数空间

霍夫变换的具体步骤如下。

（1）在参数空间中建立一个二维累加数组 $A$。假设斜率 $p$ 和截距 $q$ 的取值范围分别为 $[p_{\min}, p_{\max}]$ 和 $[q_{\min}, q_{\max}]$，则累加数组如图 8－18 所示。累加数组 $A$ 被初始化为 0。

（2）对图像空间中的每个边界点，让 $p$ 从 $p_{\min}$ 到 $p_{\max}$ 取值，根据式（8.5.1）得到对应的 $q$，将对应的元素 $A(p,q)$ 进行累加。计算结束后，根据 $A(p,q)$ 的值确定在点 $(p,q)$ 处共线点的数量。根据 $A(p,q)$ 的最大值所处的位置 $(p^*, q^*)$，就可以找到图像空间中参数为 $(p^*, q^*)$ 的直线。

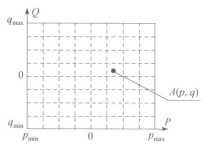

**图 8 - 18 参数空间中的累加数组**

综上所述, 霍夫变换也可以视为一种聚类分析技术, 图像空间中的每点对参数空间中的参数集合进行投票表决, 获得多数表决票的参数即所求的特征参数。上述计算过程中累加数组 $A$ 的大小对计算量和精度要求较高。当被检测直线为垂线时, 斜率 $p$ 将为无穷大, 计算量激增, 采用极坐标可以解决这一问题。

### 8.5.2 极坐标系中的霍夫变换

设 $\rho$ 为直线到原点的垂直距离, $\theta$ 为原点到直线的垂线与 $X$ 轴的夹角, 则极坐标中的点法式直线方程为

$$\rho = x\cos\theta + y\sin\theta \qquad (8.5.3)$$

可以证明, 与直角坐标系中的霍夫变换不同的是, 式 (8.5.3) 将图像空间中的点映射为 $O\rho\theta$ 平面上的正弦曲线。如图 8 - 19 所示, 某条直线的参数为 $(\rho', \theta')$, 其上的两点分别为 $(x_i, y_i)$ 和 $(x_j, y_j)$。如图 8 - 20 所示, 变换后两点形成的正弦曲线分别为 $\rho = x_i\cos\theta + y_i\sin\theta$ 和 $\rho = x_j\cos\theta + y_j\sin\theta$, 两共线点生成参数空间中的曲线交于点 $(\rho', \theta')$。

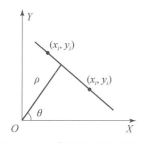

**图 8 - 19 直线的极坐标表示**

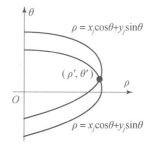

**图 8 - 20 参数空间中对应的曲线**

在参数空间中建立累加二维数组 $A$ 的方法与直角坐标系中的方法类似, 但参数为 $\rho$ 和 $\theta$。$\theta$ 的取值范围为 $[-90°, +90°]$; 若图像大小为 $M \times N$, 则 $\rho$ 的取值范围为 $[-\sqrt{M^2 + N^2}/2, \sqrt{M^2 + N^2}/2]$。

在进行霍夫变换前应该先对图像进行预处理, 一般先对灰度图像进行二值化处理, 然后细化边缘得到图像骨架, 再采用霍夫变换提取图像中的直线。图 8 - 21 所示为对房屋图像进行霍夫变换的实例, 调用二值图像标准霍夫变换函数 $[H, \text{THETA}, \text{RHO}] = \text{hough}(\textbf{BW})$。式中, $\textbf{BW}$ 是待变换的二值图像函数; $(\text{THETA}, \text{RHO})$ 是离散化的 $(\theta, \rho)$; $\textbf{H}$ 是霍夫变换矩阵。

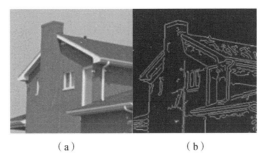

（a）　　　　　　　　（b）

**图 8-21　采用霍夫变换提取图像中的直线**

（a）原始图像；（b）二值图像

霍夫变换扩展后可以检测所有给出解析式的曲线，如圆等。进一步，利用广义霍夫变换可以检测无解析式的任意形状的边缘。

# 8.6　区域生长

区域生长（Region Growing）是一种串行区域类图像分割方法，其基本思想是将具有相似性质（如灰度、纹理、颜色等）的像素集合起来构成区域，它们对应实际感兴趣的对象。值得注意的是，区域生长的计算复杂度较高，较少应用在实时要求高的场合。

区域生长的基本步骤如下。先为每个需要分割的区域找一个种子像素作为生长的起始点，然后将种子像素周围邻域中与种子像素具有相同或相似性质的像素合并到这一区域中。将这些新像素当作新的种子像素继续进行上面的过程，直到没有满足条件的像素可被包括进来为止。这样，一个区域就长成了。可见，在实际进行区域生长时需要解决 3 个问题。

（1）选择或确定一组能正确代表所需区域的种子像素。通常，这可借助具体问题的特点进行。例如，在军用红外图像中检测对象时，由于在一般情况下对象辐射较大，所以可选用图中最亮的像素作为种子像素。利用迭代的方法从大到小逐步收缩也是一种典型的方法。若对具体问题没有先验知识，则常可借助区域生长所用准则对每个像素进行相应的计算。如果计算结果呈现聚类的情况，则接近聚类重心的像素可作为种子像素。

（2）确定在区域生长过程中能将相邻像素包括进来的准则。区域生长准则的选取不仅依赖具体问题本身，也和所用图像数据的种类有关。例如，当图像为彩色时，仅用单色的准则效果就会受到影响。另外，还需要考虑像素间的连通性和邻近性，否则有时会出现无意义的分割结果。

（3）制定让区域生长过程停止的条件或规则。一般区域生长在进行到没有满足区域生长准则需要的像素时停止。但是，常用的基于灰度、纹理、彩色的准则大都基于图像中的局部性质，并没有充分考虑区域生长的历史。为了增加区域生长的能力，常需要考虑一些与尺寸、形状等图像和对象的全局性质有关的准则。在这种情况下，需要对分割结果建立一定的模型或辅以一定的先验知识。

图 8-22 所示为已知种子点进行区域生长的示例。图 8-22（a）所示为原始图像。设已知有两个种子像素（斜体黑色的两个像素），先要进行区域生长。假设这里采用的准则是：如果所考虑的像素与种子像素的灰度值差的绝对值小于某个门限值，则将该像素包

括进种子像素所在的区域。图 8 - 22 （b） 所示为 $T=3$ 时的区域生长结果，整幅图像被较好地分成两个区域。图 8 - 22 （c） 所示为 $T=1$ 时的区域生长结果，有些像素无法判定。由此例可见门限值的选择是很重要的。

```
1 0 4 7 5     1 1 5 5 5     1 1 5 7 5
1 0 4 7 7     1 1 5 5 5     1 1 5 7 7
0 1 5 5 5     1 1 5 5 5     1 1 5 5 5

2 0 5 6 5     1 1 5 5 5     2 1 5 5 5
2 2 5 6 4     1 1 5 5 5     2 2 5 5 5
   (a)           (b)           (c)
```

**图 8 - 22　已知种子像素进行区域生长示例**

（a） 原始图像；（b） $T=3$ 的区域生长结果；（c） $T=1$ 的区域生长结果

图 8 - 23 （a） 为盆腔骨 CT 原始图像，图 8 - 23 （b） 和图 8 - 23 （c） 所示分别为边缘跟踪和区域生长的结果，可见两种图像分割方法具有互补作用。

与区域生长类似的串行区域类图像分割方法还有分裂合并，其基本思想是从整幅图像开始，通过不断地分裂、合并，得到各不同性质的区域。该方法通常用四叉树或金字塔式分割技术完成。

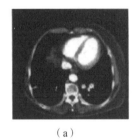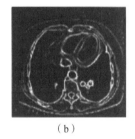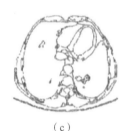

（a）　　　　　　　　（b）　　　　　　　　（c）

**图 8 - 23　盆腔骨 CT 图像的图像分割**

（a） 盆腔骨 CT 原始图像；（b） 边缘跟踪的结果；（c） 生长分割的结果

烟尘图像分割对于大气污染监测、火灾预警和军事情报获取具有重要意义。以下分别以早晨、中午和傍晚烟尘图像 （图 8 - 24） 分割结果说明了阈值分割 （图 8 - 25）、区域生长 （图 8 - 26）、分裂合并 （图 8 - 27） 的特点。可见，阈值分割保持了烟尘区域的完整性，但像素的噪声区域较多，边缘不够分明。区域生长法的边缘分明，像素的噪声区域较少，但烟尘区域欠缺完整性。分裂合并兼有上述两方法的优点，但计算的时间较长、空间复杂度较高。

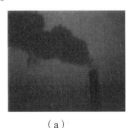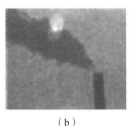

（a）　　　　　　　　（b）　　　　　　　　（c）

**图 8 - 24　3 幅原始烟尘图像**

（a） 早晨烟尘图像；（b） 中午烟尘图像；（c） 傍晚烟尘图像

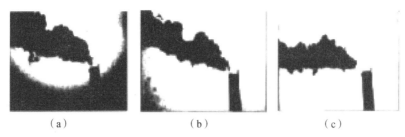

**图 8 - 25　烟尘图像的阈值分割结果**

（a）早晨烟尘图像分割结果；（b）中午烟尘图像分割结果；（c）傍晚烟尘图像分割结果

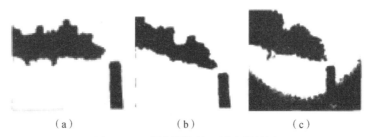

**图 8 - 26　烟尘图像的区域生长结果**

（a）早晨烟尘图像分割结果；（b）中午烟尘图像分割结果；（c）傍晚烟尘图像分割结果

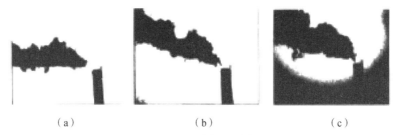

**图 8 - 27　烟尘图像的分裂合并结果**

（a）早晨烟尘图像分割结果；（b）中午烟尘图像分割结果；（c）傍晚烟尘图像分割结果

# 8.7　图像分割方法的比较

### 8.7.1　边缘检测的优、缺点

边缘检测利用不同区域间像素灰度不连续的特点，检测区域间的边缘，实现图像分割。不同图像的灰度不同，边界处一般有明显的边缘，利用此特征可以分割图像。通过导数算子检测边缘处像素的灰度不连续值进行边缘检测。边缘跟踪是先检测边缘再串行连接成闭合边界的方法，此方法很容易受起始点的影响。

边缘检测的难点在于边缘检测时抗噪性和检测精度之间的矛盾。若提高检测精度，则噪声产生的伪边缘会导致不合理的轮廓；若提高抗噪性，则会产生轮廓漏检和位置偏差。

### 8.7.2　区域分割的优、缺点

区域分割把具有某种相似性质的像素连通，从而构成最终的分割区域。它利用图像的局部空间信息，可以有效地克服边缘检测中存在的图像分割空间不连续的缺点。

区域分割往往会造成图像的过度分割，而单纯的边缘检测有时不能提供较好的区域结构，为此可以将区域分割和边缘检测结合起来，发挥其各自的优势以获得更好的分割效果。

## 8.8　小结

图像分割是图像理解和分析的前提和重要组成部分，图像分割的好坏直接影响图像分析的结果。图像分割方法很多，大致分为边缘类和区域类，各种方法的难易、优缺点不一。边缘类图像分割方法假设图像分割结果的某个子区域在原始图像中一定有边缘存在；区域类图像分割方法假设图像分割结果的某些子区域一定有相同的性质，而其他子区域则没有相同的性质。区域类图像分割方法往往会造成图像的过度分割，而单纯的边缘类图像分割方法有时不能提供较好的区域结构，为此可以将区域类图像分割方法和边缘类图像分割方法结合起来，发挥其各自的优势以获得更好的分割效果。

本章的重点是图像分割在图像处理中的地位和作用、各种常见的图像分割方法，难点是在进行图像处理时如何选用合适的图像分割方法以保证准确地提取图像特征。读者在学习时可以结合实例理解各种图像分割方法。

# 第 9 章

# 图像特征提取

本章主要讨论特征检测器和描述符，以及不同类型的特征检测器在图像处理中的各种应用。首先，定义特征检测器和描述符；然后，讨论一些主流的特征检测器（如哈里斯角点检测器）和描述符（如 SIFT 和 HOG）；最后，讨论这些特征检测器及各自的 scikit – image 库和 Python – OpenCV（cv2）库函数在图像匹配和目标检测等重要图像处理问题中的应用。

## 9.1 特征检测器与描述符

在图像处理中，（局部）特征是指一组与图像处理任务相关的关键/突出点或信息，它们创建了一个抽象的、更为普遍的（通常是健壮的）图像表示。基于某种标准（如角点、局部最大值、局部最小值等）从图像中选择一组感兴趣的点的算法称为特征检测器/提取器。相反，描述符是表示图像特征/感兴趣的点值的集合。图像特征提取也可以看作将图像转换为一组特征描述符的操作。局部特征通常由感兴趣的点及其描述符共同组成。

整个图像的全局特征（如图像直方图）通常并不让人满意，不值得提取。因此，更实用的方法是将图像描述为一组局部特征，这些局部特征对应图像中感兴趣的区域，如角点、边和斑点。每个区域都有一个描述符，描述符捕捉某些光度特性（如强度和梯度）的局部分布。局部特征的某些属性如下。

（1）它们应该是重复的（即可在每个图像中独立检测相同的点）。

（2）它们应该不受平移、旋转、缩放（仿射变换）的影响。

（3）它们应该对噪声、模糊、遮挡、杂波和光照变化（局部）具有鲁棒性。

（4）该区域应该包含感兴趣的结构（可辨别性）。

许多图像处理任务（如图像配准、图像匹配、图像拼接（全景图）、目标检测和识别）都使用局部特征。图像处理（局部特征检测）的基本思想如图 9 – 1 所示。

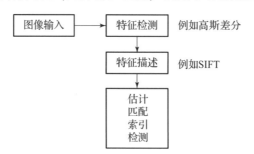

图 9 – 1 图像处理（局部特征检测）的基本思想

本章使用 cv2。

如往常一样，首先从导入所有必需的库，代码如下。

```
from matplotlib import pylab as pylab
from skimage.io import imread
from skimage.color import rgb2gray
from skimage.feature import corner_harris,corner_subpix,corner_peaks
from skimage.transform import warp,SimilarityTransform,AffineTransform,resize
import cv2
import numpy as np
from skimage import data
from skimage.util import img_as_float
from skimage.exposure import rescale_intensity
from skimage.measure import ransac
```

## 9.2　哈里斯角点检测器

该算法探究了当窗口在图像中改变位置时，窗口内的强度变化。与强度值只在一个方向突然发生变化的边缘不同，该算法中强度值在所有方向的角点处都有显著的变化。因此，当窗口在角点任意方向移动时（定位良好），强度值会发生较大的变化。角点对旋转是不变的，但对缩放是变化的（也就是说，当图像进行旋转变换时，图像中的角点保持不变，但当图像调整大小时，角点会发生变化）。本节讨论如何使用 scikit – image 库实现哈里斯角点检测器。

以下代码演示了如何使用 scikit – image 库特征模块的 corner_harris( ) 函数的哈里斯角点检测器检测图像中的角点。

```
# 读取图像
image = imread('. /data/building.jpg')
# 将图像转换为灰度图像
gray_image = rgb2gray(image)
# 使用哈里斯角点检测器检测角点
harris_response = corner_harris(gray_image)
# 提取角点位置
coords = corner_peaks(harris_response,min_distance = 5)
# 细化角点位置
coords_subpix = corner_subpix(gray_image,coords,window_size = 13)
# 可视化结果
fig,(ax1,ax2) = plt.subplots(1,2,figsize = (12,6))
# 显示原始图像
ax1.imshow(image)
ax1.set_title('原始图像')
# 显示灰度图像和角点检测结果
ax2.imshow(gray_image,cmap = plt.cm.gray)
ax2.plot(coords[:,1],coords[:,0],'o',markerfacecolor = 'r',markeredgecolor = '
k',markersize = 6)
ax2.plot(coords_subpix[:,1],coords_subpix[:,0],' + ',markerfacecolor = 'b',
markeredgecolor = 'k',markersize = 6)
```

```
ax2.set_title('哈里斯角点检测')
plt.tight_layout()
plt.show()
```

运行上述代码,输出结果如图 9-2 所示,角点被检测出来,并被标识为红色。

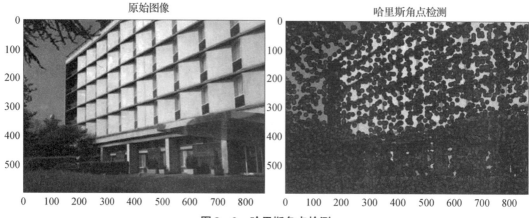

图 9-2　哈里斯角点检测

在某些情况下可能需要找到最精确的角点。首先,使用 scikit - image 库特征模块的 corner_harris( ) 函数计算哈里斯角点响应图;然后,通过将响应值大于 0.03 倍最大响应值的点设置为 255 对角点进行筛选;接下来,使用 corner_peaks( ) 函数找到角点的坐标;最后,使用 corner_subpix( ) 函数对检测到的角点进行子像素级别的精确化。输入图像为 "th. jfif"。需要定义一个函数来搜索角点的邻域(窗口)的大小。

```
import cv2
import numpy as np
from matplotlib import pyplot as plt
from skimage.feature import corner_harris,corner_peaks,corner_subpix
image = cv2.imread('th.jfif')
image_gray = cv2.cvtColor(image,cv2.COLOR_BGR2GRAY)
coordinates = corner_harris(image_gray,k=0.001)
coordinates[coordinates > 0.03 * coordinates.max()] = 255
corner_coordinates = corner_peaks(coordinates)
coordinates_subpix = corner_subpix(image_gray,corner_coordinates,window_
size=11)
plt.figure(figsize=(20,20))
plt.subplot(211),plt.imshow(coordinates,cmap='inferno')
plt.plot(coordinates_subpix[:,1],coordinates_subpix[:,0],'r.',markersize=
5,label='subpixel')
plt.legend(prop={'size':20}),plt.axis('off')
plt.subplot(212),plt.imshow(image,interpolation='nearest')
plt.plot(corner_coordinates[:,1],corner_coordinates[:,0],'bo',markersize=5)
plt.plot(coordinates_subpix[:,1],coordinates_subpix[:,0],markersize=10)
plt.axis('off')
plt.tight_layout(),plt.show()
```

　　运行上述代码，输出结果如图 9-3 所示。其中，图 9-3（a）、（b）中的哈里斯角点用黄色像素标记，精细的子像素角点用红色像素标记；图 9-3（c）中检测到的角点用蓝色像素标记并绘制在原始图像顶部，而精细的子像素角点同样用红色像素标记。

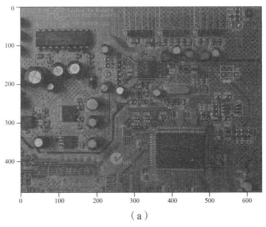

（a）

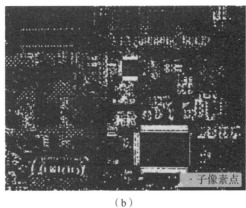

（b）

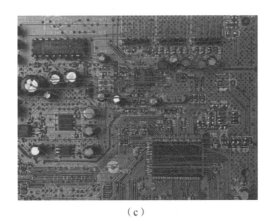

（c）

**图 9-3　角点和子像素定位标记（附彩插）**

## 9.3 基于拉普拉斯－高斯算子、高斯差分和黑塞矩阵的斑点检测器

在图像中，斑点被定义为黑暗区域上的亮斑或明亮区域上的暗斑。本节讨论如何使用拉普拉斯－高斯算子、高斯差分、黑塞矩阵在图像中实现斑点检测，输入的图像是一个彩色（RGB）蝴蝶图像（"butterfly. png"）。

### 9.3.1 拉普拉斯－高斯算子

斑点检测的核心是使用带零交叉点的拉普拉斯－高斯算子进行边缘检测。还可以利用尺度空间的概念，通过搜索拉普拉斯－高斯算子的三维极值（位置＋尺度）来寻找尺度不变区域。如果拉普拉斯－高斯算子的规模与斑点的规模匹配，则拉普拉斯－高斯算子响应的大小在斑点的中心达到最大值。计算拉普拉斯－高斯算子卷积图像（小块），并堆叠在一个立方体中。这些小块对应这个立方体中的局部最大值。这种方法只用于检测黑暗背景上的亮斑，虽然结果是准确的，但是速度很低（特别是在检测较大的斑点时）。

### 9.3.2 高斯差分

高斯差分（DoG）类似拉普拉斯－高斯算子，但速度更高。两个连续平滑图像之差（高斯差分）堆叠在一个立方体中。高斯差分的准确率比拉普拉斯－高斯算子的准确率低，尽管较大斑点的检测仍然很昂贵。

### 9.3.3 黑塞矩阵

黑塞矩阵（DoH）是所有相关方法中最快的。它通过计算图像黑塞行列式中的极大值来检测斑点。斑点的大小对检测速度没有任何影响。该方法既能检测深色背景上的亮斑，也能检测浅色背景上的暗斑，但不能准确地检测小亮斑。

以下代码演示了如何使用 scikit－image 库实现上述 3 种方法。

```
from numpy import sqrt
from skimage. feature import blob_dog,blob_log,blob_doh
im = imread( *.. /images/butterfly.png *)
im_gray = rgb2gray(im)
log_blobs = blob_log(im_gray,max_sigma =30,num_sigma =10,threshold =.1)
log_blobs[:,2] = sqrt(2) * log_blobs[:,2] # Compute radius in the 3rd column
dog_blobs = blob_dog(im_gray,max_sigma =30,threshold =0.1)
dog_blobs[:,2] = sqrt(2) * dog_blobs[:,2]
doh_blobs = blob_doh(im.gray,max_sigma =30,threshold =0.005)
list_blobs = [log_blobsr dog_blobs,doh_blobs]
color,titles = ['yellow',' lime','red'],['拉普拉斯－高斯算子',
'高斯差分','黑塞矩阵']
sequence = zip(list_blobs,colors,titles)
fig,axes = pylab. subplots (2,2,figsize =(20,20),sharex = True,sharey = True)
axes = axes.ravel()
axes[0].imshow(im,interpolation = ,nearest1)
axes[0].set_title('原始图像',size =30),axes[0].set_axis_off() for idx,(blobs,
color,title) in enumerate(sequence):
```

```
axes[idx + 1].imshow(im, interpolation = 'nearest ') axes[idx + 1].set_title
('Blobs with ' + title,size =30) for blob in blobs:
    y,x,row = blob
    col = pylab.Circle((x,y), row, color = color, linewidth = 2r fill = False)
axes[idx +1].add_patch(col),axes[idx +1].set_axis_off()
    pylab.tight_layout(),pylab.show()
```

运行上述代码，输出结果如图 9 – 4 所示，可以看到使用不同方法检测到的角点和斑点的特性都具有可重复性、显著性和局部性的特征。

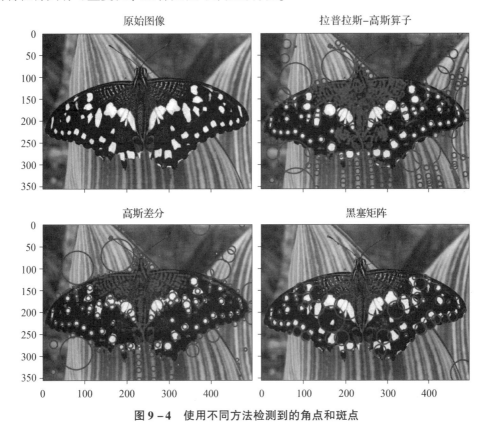

图 9 – 4　使用不同方法检测到的角点和斑点

## 9.4　基于方向梯度直方图的特征提取

方向梯度直方图（Histogram of Oriented Gradient，HOG）是一种常用的目标检测的描述符。本节讨论如何根据图像计算 HOG。

### 9.4.1　HOG 算法

HOG 算法描述如下（如果愿意，可以对图像进行全局归一化处理）。

（1）计算水平和垂直梯度图像。

（2）计算梯度直方图。

（3）进行块（区间）集归一化处理。

（4）通过扁平组合构成描述符向量。

HOG 是利用该算法最终得到的归一化区间描述符。

### 9.4.2 基于 scikit – image 库计算 HOG

以下代码演示了如何使用 scikit – image 库特征模块的 hog( ) 函数计算 HOG，并使之可视化。

```python
from skimage.feature import hog
from skimage import exposure
from skimage.io import imread
from skimage.color import rgb2gray
import pylab
image = rgb2gray(imread('cameraman.png'))
fd,hog_image = hog(image,orientations = 8,pixels_per_cell = (16,16),
                        cells_per_block = (1,1),visualize = True)
print(image.shape,len(fd))
# ((256L,256L),2048)

fig,(axes1,axes2) = pylab.subplots(1,2,figsize = (15,10),sharex = True,
sharey = True)
axes1.axis('off')
axes1.imshow(image,cmap = pylab.cm.gray)
axes1.set_title('原始图像')
hog_image_rescaled = exposure.rescale_intensity(hog_image,in_range = (0,10))
axes2.axis('off')
axes2.imshow(hog_image_rescaled,cmap = pylab.cm.gray)
axes2.set_title('HOG')
pylab.show()
```

运行上述代码，输出结果如图 9 – 5 所示。

原始图像            HOG

**图 9 – 5　摄影师图像的 HOG**

# 9.5　尺度不变特征变换

尺度不变特征变换（Scale – Invariant Feature Transform，SIFT）为图像区域提供了另一种表示方法，它对于匹配图像非常有用。正如前面所述，当要匹配的图像在本质上是相似的（在尺度、方向等方面）时，简单的角点检测器可以很好地工作，但是如果它们有不同的尺度和旋转，就需要使用 SIFT 来匹配它们。SIFT 不仅具有尺度不变的特点，而且在旋转、光照和图像视角发生变化的情况下仍能取得较好的效果。

本节讨论 SIFT 算法所涉及的主要步骤，该算法将图像内容转换为不受平移、旋转、缩放和其他成像参数影响的局部特征坐标。

## 9.5.1　SIFT 算法

（1）尺度空间极值检测：对多个尺度和图像位置进行搜索，利用高斯差分检测器给出位置和特征尺度。

（2）关键点定位：根据稳定性指标选择关键点，剔除低对比度和边缘关键点，只保留强感兴趣的点。

（3）方向分配：计算每个关键区域的最佳方向，以提高匹配的稳定性。

（4）关键点描述符计算：使用选定尺度和旋转的局部图像梯度描述每个关键点。

如前所述，SIFT 对于光照的细微变化（由于梯度和归一化）、位姿（由于 HOG 的小仿射变换）、尺度（由高斯差分给定）和类内变异（由于 HOG 的小仿射变换）具有鲁棒性。

## 9.5.2　cv2 库和 OpenCV – contrib 的 SIFT 函数

为了能够使用 cv2 库中的 SIFT 函数，需要安装 OpenCV – contrib。以下代码演示了如何检测 SIFT 关键点，并使用输入图像（"monalisa. jpg"）绘制它们。

先构造 SIFT 目标，然后用 detect( )方法计算图像中的关键点。每个关键点都表示一个特性，并且有一些属性，例如坐标、角度（方向）、响应（关键点的强度）、有意义的邻域的大小等。

接着，使用 cv2 库中的 drawKeypoints( )函数在检测到的关键点周围绘制小圆圈。如果将 cv2. DRAW_b4ATCHES_FLAGS_DRAW_RICH_KEYPOINTS 标志应用于该函数，则它将绘制一个关键点大小的圆及其方向。为了同时计算关键点和描述符，可使用 detectAndCompute( )函数。

```
import cv2
print(cv2.__version__)
# 输出:4.9.0
img = cv2.imread('monalisa.png')
gray = cv2.cvtColor(img,cv2.COLOR_BGR2GRAY)
#sift = cv2.xfeatures2d.SIFT_create()
sift = cv2.SIFT_create()
kp = sift.detect(gray,None) # 检测 SIFT 关键点
img = cv2.drawKeypoints(img,kp,None,flags = cv2.DRAW_MATCHES_FLAGS_DRAW_RICH
_KEYPOINTS)
```

```
cv2.imshow('Image',img)
cv2.imwrite('me5_keypoints.jpg',img)
kp,des = sift.detectAndCompute(gray,None) # 计算 SIFT
```

运行上述代码，输出结果如图 9-6 所示。从图中可以看到原始图像以及计算出来的 SIFT 关键点和方向。

原始图像　　　　　　　　　　　带SIFT关键点的图像

图 9-6　原始图像及带 SIFT 关键点的图像

### 9.5.3　基于 BRIEF、SIFT 和 ORB 匹配图像的应用

9.5.2 节讨论了检测 SIFT 关键点的方法。本节为图像引入更多描述符，即 BRIEF（短二进制特征描述符）和 ORB（BRIEF 的改进版，SIFT 的有效替代品）。这些描述符都可以用于图像匹配和目标检测。

1. 基于 scikit-image 库与 BRIEF 匹配图像

BRIEF 的比特数相对较少，可以使用一组强度差测试来进行计算。BRIEF 占用内存较少，利用该描述符使用汉明（Hamming）距离度量进行图像匹配是非常有效的。BRIEF 虽然不提供旋转不变性，但可以通过检测不同尺度的特征来获得所需的尺度不变性。以下代码演示了如何使用 scikit-image 库函数计算 BRIEF，其中用于匹配的输入图像是灰度 Lena 图像及其仿射变换后的版本。

```
from skimage import transform as transform
from skimage.feature import (match_descriptors,corner_peaks,
corner_harris,plot_matches,BRIEF)
from skimage.io import imread
from skimage.color import rgb2gray
import pylab
img1 = rgb2gray(imread('Lena.png')) #data.astronaut()
affine_trans = transform.AffineTransform(scale =(1.2,1.2),translation =(0,-
100))
img2 = transform.warp(img1,affine_trans)
img3 = transform.rotate(img1,25)
coords1,coords2,coords3 = corner_harris(img1),corner_harris(img2),corner_
harris(img3)
```

```
coords1 = corner_harris(img1)
coords1[coords1 > 0.01 * coords1.max()] = 1
coords2[coords2 > 0.01 * coords2.max()] = 1
coords3[coords3 > 0.01 * coords3.max()] = 1
keypoints1 = corner_peaks(coords1,min_distance=5)
keypoints2 = corner_peaks(coords2,min_distance=5)
keypoints3 = corner_peaks(coords3,min_distance=5)
extractor = BRIEF()
extractor.extract(img1,keypoints1)
keypoints1,descriptorsi = keypoints1[extractor.mask],extractor.descriptors
extractor.extract(img2,keypoints2)
keypoints2,descriptors2 = keypoints2[extractor.mask],extractor.descriptors
extractor.extract(img3,keypoints3)
keypoints3,descriptors3 = keypoints3[extractor.mask],extractor.descriptors
matches12 = match_descriptors(descriptorsi,descriptors2,cross_check=True)
matches13 = match_descriptors(descriptorsi,descriptors3,cross_check=True)
fig,axes = pylab.subplots(nrows=2,ncols=1,figsize=(20,20))
pylab.gray(), plot_matches(axes[0], img1, img2, keypoints1, keypoints2,
matches12)
    axes[0].axis('off'),axes[0].set_title("原始图像 vs. 变换图像")
    plot_matches(axes[1],img1,img3,keypoints1,keypoints3,matches13)
    axes[1].axis('off'),axes[1].set_title("原始图像 vs. 旋转图像"),pylab.show()
```

运行上述代码，输出结果如图 9 - 7 所示。从图中可以看到两个图像之间的 BRIEF 关键点是如何匹配的。

原始图像vs变换图像

原始图像vs旋转图像

**图 9 - 7　原始 Lena 图像与变换图像（BRIEF）关键点的匹配**

2. 基于 scikit - image 库、ORB 与 BRIEF 匹配图像

ORB 算法采用了定向的 FAST 检测方法和旋转的 BRIEF。与 BRIEF 相比，ORB 具有

更大的尺度和旋转不变性，但即便如此，它也同样采用汉明距离度量进行图像匹配，这样效率更高。因此，在考虑实时应用场合时，ORB 优于 BRIEF。

3. 基于 cv2 库使用暴力匹配器与 ORB 匹配图像

以下代码演示了如何使用 cv2 库的暴力匹配器匹配两个描述符。在此方法中，一幅图像的描述符与另一幅图像中的所有特征匹配（使用一些距离度量），并返回最近的一个，同时使用带有 ORB 的 BFMatcher( )函数匹配两幅图像。

```python
import cv2
import numpy as np
from matplotlib import pyplot as plt
# 读取图像
img1 = cv2.imread( 'books.png',0) # queryImage
img2 = cv2.imread( 'book.png',0) # trainImage
# 创建 ORB 检测器对象
orb = cv2.ORB_create( )
# 寻找关键点和描述符
kp1,des1 = orb.detectAndCompute(img1,None)
kp2,des2 = orb.detectAndCompute(img2,None)
# 创建 BFMatcher 对象
bf = cv2.BFMatcher( cv2.NORM_HAMMING,crossCheck = True)
# 匹配描述符
matches = bf.match(des1,des2)
# 按距离排序
matches = sorted(matches,key = lambda x:x.distance)
# 绘制前 20 个 ORB 关键点匹配
img3 = cv2.drawMatches(img1,kp1,img2,kp2,matches[:20],None,flags =2)
# 显示结果
plt.figure(figsize =(20,10))
plt.imshow(img3)
plt.show( )
```

上述代码所使用的输入图像如图 9 - 8 所示。

图 9 - 8　图像匹配的两幅输入图像

运行上述代码，输出计算出的前 20 个 ORB 关键点匹配，如图 9 - 9 所示。

基于 SIFT 进行暴力匹配以及基于 cv2 库进行比率检验。两幅图像之间的 SIFT 关键点通过识别它们最近的邻居进行匹配。但在某些情况下，由于噪声等因素，第二个最接近的匹配似乎更接近第一个匹配。在这种情况下，计算最近距离与第二最近距离的比率，并检验它是否大于 0.8，如果大于 0.8，则表示拒绝。

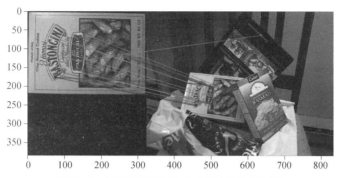

图 9 – 9  两幅图像前 20 个 ORB 关键点匹配

这有效地消除了约 90% 的错误匹配，且只有约 5% 的正确匹配（源于 SIFT 文献）。使用 knnMatchO( ) 函数获得 k = 2 个最匹配的关键点，同样应用比率检验。代码如下。

```
# 确保安装了 OpenCV 3.3.0 版本
# pip install opencv - python = = 3.3.0.10 opencv - contrib - python = = 3.3.0.10
import cv2
print(cv2.__version__)
# 输出:4.9.0
img1 = cv2.imread('books.png',0) # queryimage
img2 = cv2.imread('book.png',0) # trainimage
# 创建一个 SIFT 检测器对象
#sift = cv2.xfeatures2d.SIFT_create()
sift = cv2.SIFT_create()
# 使用 SIFT 找到关键点和描述符
kp1,des1 = sift.detectAndCompute(img1,None)
kp2,des2 = sift.detectAndCompute(img2,None)
bf = cv2.BFMatcher()
matches = bf.knnMatch(des1,des2,k =2) # 应用比率检验
good_matches = []
for m1,m2 in matches:
    if m1.distance < 0.75 * m2.distance:
        good_matches.append([m1])
img3 = cv2.drawMatchesKnn(img1,kp1,img2,kp2,good_matches,None,flags =2)
import matplotlib.pyplot as plt
plt.imshow(img3)
plt.show()
```

运行上述代码，输出结果如图 9 – 10 所示。从图中可以看出如何使用 K 最近邻（KNN）匹配器匹配图像之间的关键点。

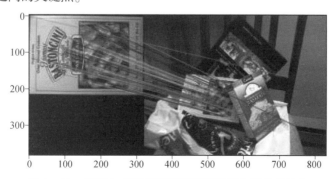

图 9 – 10  使用 K 最近邻匹配器匹配图像之间的关键点

## 9.6 类 Haar 特征及其在人脸检测中的应用

类 Haar 特征在目标检测中是非常有用的图像特征。它们是由维奥拉（Viola）和琼斯（Jones）在第一个实时人脸检测器中所引用的——后称为 Viola – Jones 人脸检测算法。利用积分图像，可以在恒定的时间内有效地计算任意大小（尺度）的类 Haar 特征。计算速度是类 Haar 特征相对于大多数其他特征的关键优势。每个特征对应一个单独的值，该值由一个黑色矩形下的像素和减去一个白色矩形下的像素和计算得到。图 9 – 11 所示为不同类型的类 Haar 特征以及人脸检测的重要特征。

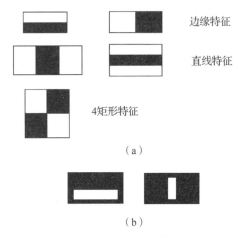

（a）

（b）

**图 9 – 11 不同类型的类 Haar 特征以及人脸检测的重要特征**

（a）不同类型的类 Haar 特征；（b）人脸检测的重要特征

图 9 – 11 所示的人脸检测的第一个和第二个重要特征似乎基于这样一个事实：眼睛区域通常比鼻子和脸颊区域暗，眼睛区域的颜色也比鼻子和脸颊区域的颜色深。

### 9.6.1 基于 scikit – image 库的类 Haar 特征描述符

本节可视化 5 种不同类型的类 Haar 特征描述符。类 Haar 特征描述符的值等于蓝色和红色强度值之和的差值。

以下代码演示了如何使用 scikit – image 库特征模块的 haareature_coord( ) 和 draw_haar_like_feature( ) 函数可视化不同类型的类 Haar 特征描述符。

```
import numpy as np
import matplotlib.pyplot as plt
from skimage.feature import haar_like_feature_coord
from skimage.feature import draw_haar_like_feature
images = [np.zeros((2,2)),np.zeros((2,2)),
         np.zeros((3,3)),np.zeros((3,3)),
         np.zeros((2,2))]
feature_types = ['type - 2 - x','type - 2 - y',
               'type - 3 - x','type - 3 - y',
               'type - 4']
```

```
fig,axs = plt.subplots(3,2)
for ax,img,feat_t in zip(np.ravel(axs),images,feature_types):
    coord,_ = haar_like_feature_coord(img.shape[0],img.shape[1],feat_t)
    haar_feature = draw_haar_like_feature(img,0,0,
                                          img.shape[0],
                                          img.shape[1],
                                          coord,
                                          max_n_features=1,
                                          random_state=0)

    ax.imshow(haar_feature)
    ax.set_title(feat_t)
    ax.set_xticks([])
    ax.set_yticks([])
fig.suptitle('The different Haar-like feature descriptors')
plt.axis('off')
plt.show()
```

运行上述代码，输出结果如图 9 – 12 所示。

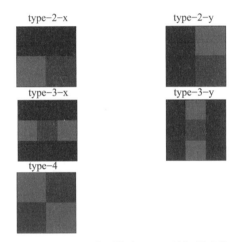

**图 9 – 12　不同类型的类 Haar 特征描述符**

## 9.6.2　基于类 Haar 特征的人脸检测的应用

利用 Viola – Jones 人脸检测算法，使用类 Haar 特征可以将图像中的人脸检测出来。由于每个类 Haar 特征仅是一个弱分类器，所以需要大量的类 Haar 特征来检测出准确率较高的人脸。首先，利用积分图像，计算出每个类 Haar 核的所有可能大小和位置的大量类 Haar 特征。其次，在训练阶段使用 AdaBoost 集成分类器从大量的特征中选择重要的特征，并将它们组合成一个强分类器模型。最后，利用所学习的模型对具有所选特征的人脸区域进行分类。

由于图像中的大部分区域通常是非人脸区域，所以需要检查窗口是否是人脸区域，如果不是，则立即丢弃，并且在可能找到人脸的位置检查另一个区域。这可以确保有更多时间检查可能的人脸区域。为了实现这一思想，引入级联分类器的概念。它不是在一个窗口中应用全部数量的庞大的特征，而是将这些特征分组到分类器的不同阶段并逐一应用（前几个阶段包含很少的特征）。如果一个窗口在第一阶段失败，则它将被丢弃，并且不考虑其上的其他特性。如果通过，则应用特性的第二阶段，依此类推。一个人脸区域对应通过所有阶段的窗口。基于 cv2 库使用级联类 Haar 特征的预训练分类器的人脸/眼睛检测。

cv2 库有一个训练器和一个检测器。这里使用预训练好的人脸、眼睛、微笑等分类器演示检测（跳过对模型的训练）。cv2 库包含了许多这样的模型，因此直接使用它们而不是从零开始训练分类器。这些预训练好的分类器被序列化为 XML 文件，并附带 cv2 库安装（可以在 "OpenCV/data/haarcascades/" 文件夹中找到）。

为了从输入图像中检测人脸，需要先加载所需的 XML 分类器，然后加载输入图像（在灰度模式下）。使用 detectMultiScale( ) 函数和预训练好的分类器，可以找到图像中的人脸。此函数接收以下参数。

（1）scaleFactor：该参数指定在每幅图像缩放时图像缩小的尺度，并用于创建缩放金字塔（例如，缩放因子为 1.2 表示将图像大小缩小 20%）。该参数越小，越有可能找到与模型匹配的尺寸以用于检测。

（2）minNeighbors：该参数指定每个候选矩形需要保留多少个近邻元素。该参数影响检测到的人脸质量；较大的值会导致较少的检测，但会带来较高的质量。

（3）minSize 和 maxSize：这两个参数分别表示可能对象尺寸的最小值和最大值。尺寸超过这些值的对象将被忽略。

如果找到了人脸，则 detectMultiScale( ) 函数返回检测到的人脸的位置 Rect( x,y, w,h )。一旦获得这些位置，就可以为人脸创建感兴趣的区域（然后对该区域应用眼睛检测（因为眼睛总是在人脸上）。以下代码演示了如何基于 cv2 库使用不同的预训练分类器创建人脸和眼睛检测器 [适用于使用正面人脸和上身预训练的分类器进行人脸检测，或使用眼睛（戴/不戴眼镜）的预训练分类器进行眼睛检测]。

```python
import cv2
face_cascade = cv2.CascadeClassifier ( cv2.data.haarcascades + 'haarcascade_
frontalface_default.xml')
eye_cascade = cv2.CascadeClassifier ( cv2.data.haarcascades + 'haarcascade_
eye.xml')
img = cv2.imread('yanjing1.png')
gray = cv2.cvtColor(img,cv2.COLOR_BGR2GRAY)
faces = face_cascade.detectMultiScale(gray,1.2,5) # scaleFactor =1.2,minNbr =5
print(len(faces)) #检测到的人脸数量
for (x,y,w,h) in faces:
    img = cv2.rectangle(img,(x,y),(x + w,y + h),(255,0,0),2)
    roi_gray = gray[y:y + h,x:x + w]
    roi_color = img[y:y + h,x:x + w]
    eyes = eye_cascade.detectMultiScale(roi_gray)
    print(eyes) #检测到的眼睛位置
    for (ex,ey,ew,eh) in eyes:
        cv2.rectangle(roi_color,(ex,ey),(ex + ew,ey + eh),(0,255,0),2)
cv2.imwrite('yanjing2.png',img)
```

运行上述代码，输出结果如图 9 - 13 所示。可以看到，这里使用的是不同的预训练好的类 Haar 特征级联分类器（分别是 eye 和 eye_tree_glass 分类器），以及两幅不同的输入人脸图像（第一幅图像中没有眼镜，第二幅图像中有眼镜）。

图 9 – 13　使用不同的类 Haar 特征级联分类器进行人脸检测

## 9.7　小结

本章讨论了一些重要的图像特征检测和提取技术，使用 scikit – image 库和 cv2 库从图像中计算不同类型的描述符；介绍了特征检测器和描述符的基本概念，以及它们的理想特征；讨论了如何使用哈里斯角点检测器来检测图像中感兴趣的点，并使用它们匹配两幅图像（从不同角度捕获同一对象）；讨论了如何使用基于拉普拉斯 – 高斯算子、高斯差分、黑塞矩阵的斑点检测器进行斑点检测；讨论了 HOG、SIFT、ORB、BRIEF，以及如何使用这些描述符匹配图像；讨论了基于 Viola – Jones 算法的类 Haar 特征和人脸检测。学完本章之后，读者应该能够使用 cv2 库计算图像的不同特征/描述符，并能够使用不同类型的描述符匹配图像（如 SIFT、ORB 等），并从包含人脸的图像中检测人脸。

## 9.8　本章练习

（1）使用 cv2 库实现子像素级别准确率的哈里斯角点检测器。

（2）使用 cv2 库实现一些不同的预训练好的类 Haar 特征级联分类器并尝试从图像中检测多张人脸。

（3）使用 cv2 库基于 FLANN 的近似最近邻匹配器而非暴力匹配器来与本章中的图像进行匹配。

（4）使用 cv2 计算 SURF 关键点，并使用它们进行图像匹配。

# 第 10 章

# 目标跟踪

目标跟踪是计算机视觉对人眼运动感知功能的一项仿生研究，其任务可以描述如下：对于一段连续视频序列，在序列初始帧中框选跟踪目标的位置和大小后，算法可以在随后的连续图像序列中自动预测目标位置框，从而获得目标的运动轨迹信息。目前目标跟踪已经在军事装备、医学图像诊疗、人机交互、智能安防、自动驾驶、智能机器人等领域得到广泛应用。

目标跟踪作为计算机视觉的基础课题，具有巨大的现实意义和应用价值。国际上，麻省理工学院、伦敦大学、IBM 研究院等诸多高校和研究机构率先进行目标跟踪相关课题研究，推动目标跟踪技术在智能人机交互、智能安防、智慧交通、视觉导航、自动驾驶、无人机、战场态势侦察等民用和军用领域广泛落地应用并取得成功。国内很多高校和研究所也开始进行目标跟踪相关研究并快速达到世界先进水平。随着学术界不断提出先进的目标跟踪理论，以及计算机软/硬件技术在算力方面的不断突破，速度更高、精度更高的目标跟踪设备进行大规模应用成为可能。工业界的谷歌、百度、旷视科技、依图科技等国内外顶尖公司和创业机构对目标跟踪展开了深入系统的探索，推动了目标跟踪相关技术的进一步发展。

目前，针对目标跟踪的各类应用场景，人们每年都提出大量算法，本章着重介绍目标跟踪的发展历程并对现存的比较具有代表性的目标跟踪算法进行梳理。图 10 − 1 所示为目标跟踪领域的发展脉络。早期的目标跟踪采用光流跟踪、粒子滤波、均值漂移等传统的方法。早期方法虽然简单、易实现，且比较轻量化，但是由于只关注目标本身信息，忽视了背景信息的影响，所以在背景中光照强度变化、目标外观尺度变换及位置快速移动等复杂情况下存在较大的局限性。相关滤波类目标跟踪方法将通信领域的相关滤波理论引入目标跟踪领域，有效利用目标本身信息和背景信息的差异来共同增强目标的表达特征，从而提高目标跟踪的精度和速度。深度卷积神经网络提取的深层特征相比手工设计的简单特征包含更多语义信息，因此深度学习在目标跟踪领域获得广泛关注。孪生网络由于很好地平衡了目标跟踪速度和目标跟踪精度而迅速成为目标跟踪领域的研究热点。另外，其他多种深度神经网络在目标跟踪领域得到了广泛的应用。Transformer 通过全局上下文信息的整合，提供了一种全新的视角来理解视频序列中的目标动态，与传统深度学习模型相比，Transformer 能够更好地处理时间上的连续性和复杂的场景变化，显示出强大的目标跟踪能力。本章从上述几个方面对目标跟踪的经典方法进行介绍。

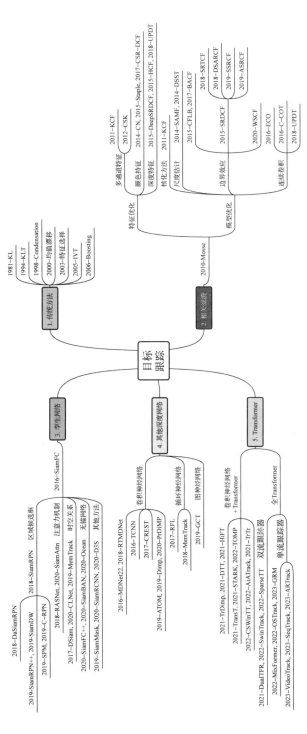

图 10 - 1　目标跟踪领域发展脉络

# 10.1 目标跟踪基本理论

目标跟踪的流程可以描述如下：对于视频序列，在初始输入图像中给定跟踪的目标及位置后，首先，结合给定的目标及位置信息为下一帧预测目标可能出现的候选区域；然后，通过设计的特征提取方法，从多维度对给定目标或候选区域内的图像信息进行特征表示；接下来，通过给定的目标区域和候选区域两者间的特征描述来判断目标是否出现，并对候选区域出现目标的概率进行评估并排序，根据评估、排序确定下一帧目标的最终位置；除此之外，为了防止帧间目标变化过大，设计一定的策略来更新判断目标的参数。目标跟踪的基本流程可分为运动模型、特征提取、观测模型、模型更新 4 个基本模块，如图 10-2 所示。

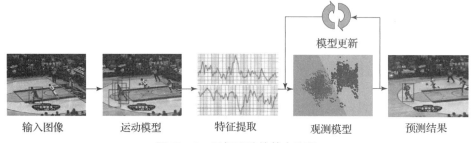

图 10-2 目标跟踪的基本流程

（1）运动模型，即根据当前帧目标位置信息为下一帧预测可能出现目标位置的跟踪边界框的集合。在目标跟踪过程中，连续帧间目标位置变化一般比较小，因此通过构建运动模型为下一帧估计目标位置，减少不必要的全局搜索。粒子滤波基于贝叶斯估计理论，通过粒子初始化、重要性采样、重采样和非线性滤波等得到粒子概率分布图来构建运动模型；相关滤波目标跟踪方法一般采用滑动窗口在目标可能出现的区域生成候选目标边界框；深度学习目标跟踪方法一般默认使用随机采样或密集采样的方式在上一帧目标周围构建运动模型。

（2）特征提取，即设计图像信息映射方法，对原始图像数据进行更具特点的描述，为后续的模型观测提供重要支撑。特征提取是目标跟踪流程的重要基础和目标跟踪的重点研究方向。目标跟踪的设计一般以更准确、更鲁棒和更高实时性为目标，因此既要求提取的特征能更好地表示目标特点以区分前景和背景，又要求能以更高的速度从原始图像数据中提取目标特征。传统目标跟踪方法中的特征提取部分主要以手工设计为主。早期一般使用简单的图像基础的颜色、纹理和形状信息，如灰度特征、颜色特征、类 Haar 特征等；接着对目标图像特性进行统计学方法分析，设计一些较为复杂的浅层特征，如具有几何和光学不变性的 HOG 特征、具有尺度和方向不变性 SIFT 特征、改进传统的 HOG 特征并融入高维度特征的 fHOG 特征、对 SIFT 特征进行简化加速的 SURF 特征等。随着深度学习的发展，深度学习目标跟踪方法通过深度卷积神经网络从原始图像数据提取具有丰富语义信息的深层特征。

（3）观测模型，即评估从运动模型预测的候选区域中提取的特征，判断目标是否在该候选区域，并对候选边界框集合进行评估、排序。观测模型是目标跟踪流程的核心部分，一般分为生成式模型和判别式模型。生成式模型的基本思路为从输入图像中给定的目标提取特征，构建表观模型，评估表观模型与候选区域特征的相似度，判定目标出现在该候选区域的概率。传统目标跟踪方法一般采用生成式模型，如粒子滤波、光流跟踪。判别式模型的思路是将目标跟踪转换为分类和回归问题，利用初始帧中的目标特征训练一个分类器，通过所训练的分类器直接判断候选区域的特征为前景目标的概率。由于判别式模型可以充分利用目标信息和背景信息构建表观模型，丰富了表观模型的表示特征，所以它比生成式模型更加鲁棒。

（4）模型更新，即利用帧间信息设计一种更新观测模型的机制，在目标跟踪过程中保持观测模型的鲁棒性，以应对目标变化较大引起的模型退化问题。然而，由于目标跟踪流程中只有初始输入图像中给定的目标信息为真实信息，所以引入模型更新模块会在观测模型补充帧间信息时带来不同程度的噪声，在防止模型退化的同时提高了模型污染的概率。考虑到模型更新带来的增益和引发的风险，是否使用模型更新模块以及如何设计更好的模型更新机制一直是目标跟踪领域的热门争议话题。目前常见的模型更新机制主要有固定频率的模板更新、基于在线更新阈值分类器的模板更新和基于增量子空间学习的更新等。

# 10.2　传统目标跟踪方法

早期的目标跟踪采用光流跟踪、粒子滤波、均值漂移等传统的方法。光流跟踪假定跟踪过程中目标的强度值（像素灰度）不变且相邻帧间目标位置变化较小，通过特征点获取光流信息，采用统计学方法捕获目标运动状态。粒子滤波基于贝叶斯估计理论，通过粒子初始化、重要性采样、重采样和非线性滤波等流程估计目标运动状态。均值漂移利用剪切的图像块与模板图像块间的概率分布相似度来迭代获取目标的精确位置。这些方法均是早期具有代表性的生成式目标跟踪方法。

## 10.2.1　光流跟踪

当人眼与被观察物体发生相对运动时，物体的影像在视网膜平面上形成一系列连续变化的图像，这一系列连续变化的图像不断流过视网膜，好像是一种光的"流"，因此被称为光流。光流是基于像素点定义的，所有光流的集合称为光流场。设图像上的点$(x,y)$在$t$时刻的像素值为$f(x,y,t)$，经过间隔$\Delta t$后对应点的像素值为$f(x+\Delta x,y+\Delta y,t+\Delta t)$，当$\Delta t \to 0$时，可以认为像素值不变。

$$f(x+\Delta x,y+\Delta y,t+\Delta t)=f(x,y,t) \tag{10.2.1}$$

将式（10.2.1）在点$(x,y,t)$用泰勒公式展开，忽略二阶和二阶以上的项，可以得到

$$\frac{\partial f}{\partial x}\cdot\frac{\mathrm{d}x}{\mathrm{d}t}+\frac{\partial f}{\partial y}\cdot\frac{\mathrm{d}y}{\mathrm{d}t}+\frac{\partial f}{\partial t}=0 \tag{10.2.2}$$

$$f_x u+f_y v+f_t=0 \tag{10.2.3}$$

式中，$u=\dfrac{\mathrm{d}x}{\mathrm{d}t}$，$v=\dfrac{\mathrm{d}y}{\mathrm{d}t}$分别为$x$和$y$方向上的光流分量。基本等式给出了光流计算的一个约束，但仅凭这一个方程无法确定两个未知量$u$和$v$，必须引入其他附加约束才有可能唯一

确定光流场。

光流跟踪是 Lucas 和 Kanade 提出来的，它是基于局部平滑性约束进行求解的算法。该算法假设在一个小空间邻域中运动向量保持恒定，然后使用加权最小二乘法估计光流。在图像上以点 $E(i,j)$ 为中心的空间邻域中，光流估计的误差定义如下：

$$e_{i,j} = \sum_{\{x,y\}\in W} W^2(x,y)(E_x + E_y + E_t)^2$$
$$i = 1,2,\cdots,N; j = 1,2,\cdots,N \qquad (10.2.4)$$

式中，$W(x)$ 表示窗口权重函数，常取高斯函数，使邻域中心对约束产生的影响比外围更大。式 (10.2.3) 的解为

$$A^{\mathrm{T}}W^2AV = A^{\mathrm{T}}W^2b \qquad (10.2.5)$$

式中，$A = [\Delta f(x_t),\cdots,\Delta f(x_n)]^{\mathrm{T}}$；$W = \mathrm{diag}[W(x_1),\cdots,W(x_n)]$；$b = -[f_t(x_1),\cdots,f_t(x_n)]^{\mathrm{T}}$；$V = [A^{\mathrm{T}}W^2A]^{-1}A^{\mathrm{T}}W^2b$。

式 (10.2.3) 是在两个假设条件下成立的。

（1）相邻空间之间的时间间隔很小并且图像中灰度变化很小。

（2）在一个小的空间邻域中运动向量保持恒定。

在实际应用中常采用目标区域光流跟踪来实现运动目标跟踪。如图 10-3 所示，假设第 $k$ 帧中有目标 A 和 B，A 向右运动而 B 向左运动，目的是通过 $k$ 和 $k+1$ 帧得到 A 和 B 的运动参数（如运动方向和速度等），然后预测在第 $k+2$ 帧 A 和 B 可能出现的位置。光流跟踪的特征点选取示意如图 10-4 所示。

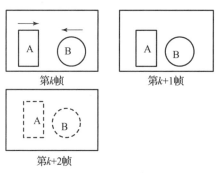

图 10-3 光流跟踪示意

图 10-4 光流跟踪的特征点选取示意

## 10.2.2　粒子滤波

粒子滤波的思想基于蒙特卡洛方法（Monte Carlo Method），它利用粒子集表示概率，可以用于任何形式的状态空间模型。其核心思想是通过从后验概率中抽取的随机状态粒子来表达其分布，这是一种顺序重要性采样法（Sequential Importance Sampling）。简单地说，粒子滤波通过一组随机采样的粒子来近似表示目标的后验概率分布，并根据观测信息逐步更新这些粒子的权重，从而实现对目标状态的估计。粒子滤波利用大量的粒子（样本）来表示目标状态的概率分布，每个粒子包含目标的一个可能状态，并赋予一个权重表示该状态的可能性，通过递归地更新粒子集来估计目标的状态。粒子滤波的步骤可以归纳如下。

（1）初始化。根据目标的初始状态分布生成 $N$ 个粒子。每个粒子表示目标的一个可能状态，通常用状态向量表示，如位置和速度。为每个粒子赋予相等的初始权重，通常为 $1/N$，表示在初始阶段没有任何粒子比其他粒子更有优势。

（2）状态预测。根据目标的运动模型，对每个粒子进行状态预测。运动模型可以是线性模型（如常速模型）或非线性模型（如带有随机噪声的复杂运动模型）。

$$x_t^i = f(x_{t-1}^i) + \eta_t^i \tag{10.2.6}$$

式中，$x_t^i$ 为第 $i$ 个粒子在时间 $t$ 的状态；$f(\cdot)$ 是运动模型函数；$\eta_t^i$ 是过程噪声。

（3）状态更新。根据观测模型计算每个粒子的权重。观测模型描述在给定粒子状态下观测到的当前帧特征的概率。常用的观测模型包括高斯模型和直方图模型等。对于每个粒子，根据当前帧的观测数据更新其权重。权重的计算公式为

$$w_t^i = p(z_t \mid x_t^i) \tag{10.2.7}$$

式中：$w_t^i$ 为第 $i$ 个粒子的权重；$z_t$ 为时间 $t$ 的观测数据；$p(z_t \mid x_t^i)$ 为在粒子状态 $x_t^i$ 下观测到的数据 $z_t$ 的概率。

（4）重采样。根据更新后的权重对粒子进行重采样。重采样的目的是去除权重较小的粒子，增加权重较大的粒子的数量。常用的重采样方法包括系统重采样和轮盘重采样等。重采样后，生成新的粒子集，每个新粒子的权重被重新设置为相等。

（5）状态估计。根据重采样后的粒子及其权重，计算目标状态的估计值。常用的方法是计算粒子的加权平均值。状态估计公式为

$$\hat{x}_t = \sum_{i=1}^{N} w_t^i x_t^i \tag{10.2.8}$$

式中，$\hat{x}_t$ 为时间 $t$ 的目标状态估计值；$w_t^i$ 是第 $i$ 个粒子的权重；$x_t^i$ 是第 $i$ 个粒子的状态。

在目标跟踪中，为了提高鲁棒性，粒子滤波被广泛用于从时间序列状态空间模型中估计目标状态，以便有效地处理表观变化。在这种框架中，可以合并不同类型的表观模型和特征。例如，子空间学习、稀疏表示、运动能量与颜色直方图结合等方法通过结合不同的表观模型和特征，显著提升了粒子滤波在处理表观变化时的效果和鲁棒性。

## 10.2.3　均值漂移

均值漂移是一种非参数密度估计算法，广泛用于目标跟踪和模式识别。它通过迭代地移动数据点到高密度区域来找到密集数据点簇，其核心思想是寻找密度函数的极值点。它

通过迭代地计算核密度估计的质心，将数据点向质心移动，直到收敛。

如图 10 - 5 所示，均值漂移的具体操作过程可以表述如下。

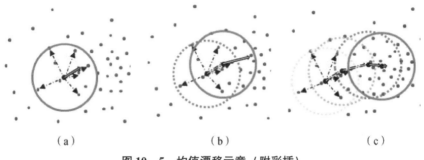

（a）　　　　　　　　（b）　　　　　　　　（c）

**图 10 - 5　均值漂移示意（附彩插）**

（1）初始化。如图 10 - 5（a）所示，红点表示特征点，这些点是要分析的数据。在初始状态下，蓝色区域表示检测区域，检测区域的中心用黑点表示。从检测区域中心到每个特征点都有一个向量，这些向量用黑色虚线箭头表示。计算检测区域内所有特征点的向量和，这个向量和用黄色箭头表示，称为均值漂移向量。

（2）迭代过程。如图 10 - 5（b）所示，经过一次迭代，检测区域的中心点沿着均值漂移向量移动。这个移动量等于上一次迭代中计算得到的均值漂移向量。通过这种方式，中心点逐渐向数据点密度最大的区域移动。

（3）多次迭代。如图 10 - 5（c）所示，经过多次迭代，检测区域的中心点逐步逼近最优相似区域。在每次迭代中，均值漂移向量会变得越来越小，直到其值小于设定的阈值。此时，认为算法已经收敛，找到了最优的高密度区域。

通过这种迭代过程，均值漂移能够有效地找到数据点的密集区域，从而实现目标跟踪和模式识别。在每次迭代中，检测区域中心点的移动方向和距离都由当前均值漂移向量决定，直到最终达到收敛条件，这个过程不仅能够处理表观变化，还可以应对部分遮挡等复杂情况。

## 10.3　相关滤波目标跟踪方法

在通信领域，变量之间的联系通过相关性表示。两个变量之间的相关性用互相关表示，两个频域变量的相关性用自相关表示。变量 $f$ 和 $g$ 在时域的相关性为

$$(f \otimes g)(\tau) = \int_{-\infty}^{\infty} f^*(t)g(t + \tau)\mathrm{d}t \tag{10.3.1}$$

目标跟踪领域相关滤波的大致思想是设计一个滤波器，让滤波器在目标所在位置的响应值达到最大，设计的滤波器为

$$g = f \otimes h \tag{10.3.2}$$

式中，$g$ 为滤波器的输出；$f$ 为包含目标的输入图像；$h$ 为针对目标设计的滤波器。

滤波器的构造原理如图 10 - 6 所示。

**图 10-6　滤波器构造原理**

卷积运算的成本比较高，可以使用快速傅里叶变换提高算法的运行速度，公式如下：

$$F(g) = f(f \otimes h) = F(f) \cdot F(h) \tag{10.3.3}$$

上式可化简为

$$G = F \cdot H^* \tag{10.3.4}$$

$$H^* = \frac{G}{F} \tag{10.3.5}$$

式（10.3.5）把跟踪目标变成计算滤波器 $H^*$ 的值。为了提高目标跟踪的精度和稳定性，选择目标的 $m$ 个模板图像作为滤波器的输入图像，公式如下：

$$\min_{H^*} = \sum_{i=1}^{m} |H^* F_i - G_i|^2 \tag{10.3.6}$$

上式展开可以得到式（10.3.7）：

$$\min_{H^*_{wv}} = \sum_{i=1}^{m} |H^*_{wv} F_{wvi} - G_{wvi}|^2 \tag{10.3.7}$$

计算上式的偏导数，当偏导数等于 0 时，可以计算出 $H_{wv}$ 的最小值，得到的滤波器模型如下：

$$H = \frac{\sum\limits_i F_i \cdot G_i^*}{\sum\limits_i F_i \cdot F_i^*} \tag{10.3.8}$$

执行具体的目标跟踪任务时，$f_i$ 根据预测边界框的运算得到，$g_i$ 通过高斯函数得出，得到的最大值就是当前帧目标 $f_i$ 的中心点坐标。为了有效提高目标跟踪的精度和稳定性，可以使用滤波器更新方式，如下所示：

$$H_i = \frac{A_i}{B_i} \tag{10.3.9}$$

$$A_i = \eta F_i \cdot G_i^* + (1 - \eta) A_{i-1} \tag{10.3.10}$$

$$B_i = \eta F_i \cdot G_i^* + (1 - \eta) B_{i-1} \tag{10.3.11}$$

式中，$\eta$ 为学习率。

把相关滤波理论引入目标跟踪的步骤如下。

（1）确定初始帧图像中目标区域的图像，提取目标图像的灰度特征、HOG 特征和颜色特征中的某一个或者某几个，对滤波器进行初始化和训练得到可以执行目标跟踪任务的滤波器。

（2）对当前帧图像中的目标进行跟踪时，提取上一帧图像中目标所在区域图像的各种特征，把它们通过余弦窗之后进行快速傅里叶变换，将得到的结果和滤波器做乘法操作，得到的响应值最大的位置就是目标的中心点，在当前帧目标的中心点处确定目标的尺寸，得到目标图像及矩形跟踪边界框。用当前帧得到的目标图像及其对应的特征更新滤波器，对后续视频序列的每一帧进行跟踪，一直跟踪到视频序列的最后一帧。

### 10. 3. 1　MOSSE

MOSSE 是第一个相关滤波目标跟踪方法，在 2010 年被提出时就以 600 帧/s 以上的运行速度，以及不错的精度受到研究者们的关注。MOSSE 利用初始帧选中区域的灰度特征初始化滤波模板，对后续帧进行相关滤波得到响应分数图，图中响应分数最大的点就是目标所在位置。MOSSE 能够快速适应尺度和旋转变化，还能够检测跟踪失败并从遮挡中恢复目标。

基于滤波的跟踪就是用在模板图像上训练好的滤波器对目标的表观建模。目标最初是基于以第一帧中的目标为中心的一个小跟踪窗口来选择的。从这点上来说，目标跟踪和滤波器训练是一起进行的。通过在下一帧图像的搜索窗口中进行滤波来跟踪目标。滤波之后产生最大值的位置就是目标的新位置。根据得到的目标的新位置完成在线更新。

为了得到一个快速的跟踪器，滤波过程在频域中进行，首先，对图像进行傅里叶变换处理：$F = F(f)$；然后，滤波器也进行傅里叶变换计算：$H = F(h)$。这样，在频域中的卷积运算就变成了对应元素的乘法运算。频域中的卷积运算公式如下：

$$G = F \odot H^*$$
(10. 3. 12)

式中，$*$ 表示复共轭；$\odot$ 表示频域中的卷积运算。

得到的 $G$ 通过傅里叶逆变换映射回空间域。这个过程的核心是计算傅里叶变换和傅里叶逆变换，这个过程的时间复杂度是 $O(P \log P)$，其中 $P$ 是跟踪窗口中像素的数量。

MOSSE 寻找一个 $H$，使实际输出和真实状态之间的误差平方和最小。问题如下：

$$\min_{H^*} \sum_i |F_i \odot H^* - G_i|^2$$
(10. 3. 13)

解决这个问题不难，但是需要考虑一些情况。首先，每个 $H$ 可以被独立地算出，因为所有操作都是在频域中进行的。上面的问题可以由下述公式解决：

$$0 = \frac{\partial}{\partial H^*_{\omega v}} \sum_i |F_{i \omega v} H^*_{\omega v} - G_{i \omega \omega}|^2$$
(10. 3. 14)

最后得到的滤波器由下述公式算出：

$$H^* = \frac{\sum_i G_i \odot F_i^*}{\sum_i F_i \odot F_i^*}$$
(10. 3. 15)

MOSSE 通过结合汉明窗和最大响应平面的策略，在面对目标尺寸、姿态变化以及光照强度变化等挑战时，保持稳健的目标跟踪效果。此外，MOSSE 采用快速傅里叶变换来加速计算过程，这使其在实时应用中表现出色。图 10-7 所示为 MOSSE 应用于 OTB100 中 david 序列的目标跟踪示例。左上角显示了帧号（FRAME）和峰值旁瓣比（PSR）。在每帧中，脸部周围的灰色细框代表跟踪窗口的起始位置，粗红色框则显示了跟踪窗口的更新位置，红点标示了跟踪窗口的中心点，帮助确定跟踪窗口是否偏离了原始位置。同时，启用了故障检测功能，如果检测到故障或遮挡，跟踪窗口中会出现一个红色的 "X"。图片底部展示了输入图像（从灰色矩形中裁剪出来）、当前帧更新的滤波器以及相关输出。

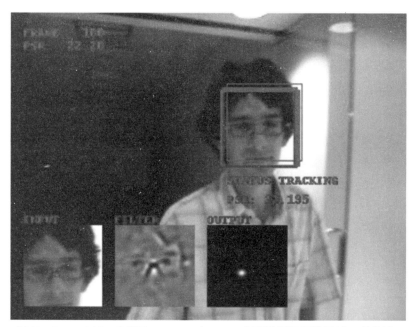

图 10 -7　MOSSE 应用于 OTB100 中 david 序列的目标跟踪示例（附彩插）

### 10. 3. 2　KCF

有了 MOSSE 之后，人们开始对它进行改进，各种相关滤波目标跟踪方法随之产生，其中最具影响力的是 KCF。KCF 十分简单，它的核心思想就是扩充了负样本的数量以增强目标跟踪的性能，而其扩充负样本数量的是采用循环矩阵的构造方法。

KCF 的全称为 Kernel Correlation Filter（核相关滤波）。它在 2014 年由 Joao F. Henriques 等人提出。KCF 是一种鉴别式目标跟踪方法，这类方法一般都是在目标跟踪过程中训练一个目标检测器，使用目标检测器检测下一帧的预测位置是否是目标位置，然后使用新检测结果去更新训练集，进而更新目标检测器。在训练目标检测器时一般选取目标区域为正样本，选取目标的周围区域为负样本，当然，越靠近目标，目标区域为正样本的可能性越大。

循环矩阵是一种特殊的矩阵，它的一维形式就是由一个 $n$ 维向量每次向右循环移动一个元素，直到生成一个 $n \times n$ 的矩阵，具体效果如图 10 - 8 所示。在 KCF 中，训练样本都是基于循环矩阵构造的，其中基样本为正样本，其他都是虚构的负样本，这样的样本集具有很好的特性，可以很方便地利用快速傅里叶变换和傅里叶对角化的性质进行计算，而不需要得知负样本的具体形式，从而将有关负样本的计算都转换到频域中。这样，采用循环矩阵的性质对输入图像的搜索区域进行密集采样，使得进行目标检测器训练时缺少样本的问题迎刃而解。因此，KCF 对目标检测器进行训练的目的就是利用这些样本生成一个滤波器，使其作用于这些样本时会生成期望的分布形式。任意的基样本 $x$ 所生成的循环矩阵都能够在傅氏空间中使用离散傅里叶矩阵进行对角化处理。

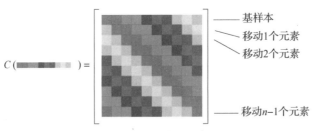

$$C(\ \rule{2cm}{0.3cm}\ ) =$$

—— 基样本
—— 移动1个元素
—— 移动2个元素

—— 移动$n-1$个元素

图 10 - 8　循环矩阵

与 MOSSE 不同，KCF 采用岭回归的方法训练目标检测器：

$$\min_{\boldsymbol{\omega}} \sum_i L(y_i, f(x_i)) + \lambda \parallel \boldsymbol{\omega} \parallel^2 \qquad (10.3.16)$$

式中，$L(y_i, f(x_i))$ 为损失函数，定义为 $(y_i - f(x_i))^2$；$\lambda$ 为正则化参数，引入正则项的目的是排除一些因循环矩阵变换而变形过度的虚拟样本。解得的 $\boldsymbol{\omega}$ 的形式如下：

$$\boldsymbol{\omega} = (\boldsymbol{X}^H \boldsymbol{X} + \lambda \boldsymbol{I})^{-1} \boldsymbol{X}^H \boldsymbol{Y} \qquad (10.3.17)$$

在一维形式下，$\boldsymbol{X}$ 的每一行代表一个样本，$\boldsymbol{Y}$ 的每个元素是其对应的一个回归分布的值。为了便于后续计算，简化后得到下式：

$$\hat{\omega} = \frac{\hat{x} \odot \hat{y}}{\hat{x} \odot \hat{x}^* + \lambda} \qquad (10.3.18)$$

上式中的除法和加法都是按元素计算进行的，$\odot$ 表示按元素相乘。从这里可以看出，原本复杂的矩阵求逆计算，在利用了矩阵对角化与循环矩阵的性质之后，算法复杂度大大降低，使目标跟踪速度得到了极大的提升。50 个序列上 KCF 的可视化目标跟踪结果如图 10 - 9 所示，与当时性能最好的 Struck 和 TLD 相比，KCF 取得了精准和鲁棒的目标跟踪结果。

Kernelized Correlation Filter (proposed)　　TLD　　Struck

图 10 - 9　50 个序列上 KCF 的可视化目标跟踪结果

### 10.3.3　SRDCF

在相关滤波目标跟踪方法中，循环平移的思想在解决了训练样本匮乏的问题，同时，边界效应的引入使目标跟踪效果受到了一定程度的影响。边界效应是指循环平移产生的训练样本是合成样本，如图 10 - 10 所示，在训练样本生成过程中，目标边界随着循环平移产生了大量非真实训练样本，严重降低了模型的判别能力。

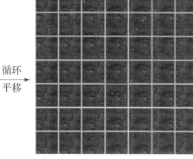

**图 10 - 10 边界效应**

为解决边界效应问题，经典的方法之一是 SRDCF，其核心思想是考虑在相关滤波目标跟踪的优化目标函数中加入空间正则化项进行约束。具体来说，在滤波器更新过程中，引入空间正则化权重 **W** 作为约束项，得到新的优化目标函数：

$$E_{\text{SR}}(\boldsymbol{F}) = \parallel \boldsymbol{X} * \boldsymbol{F} - \boldsymbol{Y} \parallel^2 + \parallel \boldsymbol{W} \odot \boldsymbol{F} \parallel^2 \qquad (10.3.19)$$

式中，第二项为正则化项，其中⊙指矩阵元素相乘操作，W 为服从二次函数分布的空间正则化权重：

$$W(i,j) = a + \frac{b}{W^2}\left(i - \frac{M}{2}\right)^2 + \frac{b}{H^2}\left(j - \frac{N}{2}\right)^2 \qquad (10.3.20)$$

图 10 - 11（a）所示为 SRDCF 中的空间正则化权重，图 10 - 11（b）~（d）所示为 ASRCF 中的自适应空间正则化权重。对于图 10 - 11（a），$i = 1, 2, \cdots, M; j = 1, 2, \cdots, N; a, b > 0$，是设定的参数；$W, H$ 分别为目标的宽和高。在滤波器的更新过程中，由于目标中心点处于采样图像的中心位置，所以正则化权重的引入可以起到对滤波器中非目标区域数值的抑制作用，缓解了边界效应。但是，由于空间正则化权重的引入，相关滤波目标跟踪方法在频域中的闭合解形式被破坏，需要利用迭代法进行求解。因此，SRDCF 大大降低了相关滤波目标跟踪方法的计算速度，无法满足目标跟踪的实时性需求。SRDCF 中的空间正则化权重为与样本中心距离相等的位置分配相似的值，并且这些值在目标跟踪过程中是固定的，而 ASRCF 则根据不同的目标改变空间正则化权重。

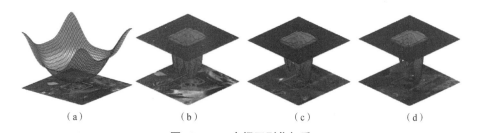

（a）　　　　　　（b）　　　　　　（c）　　　　　　（d）

**图 10 - 11 空间正则化权重**

# 10.4　深度学习目标跟踪方法

## 10.4.1　卷积神经网络目标跟踪方法

MDNet（Multi - Domain Convolutional Neural Networks）是早期的完全基于深度卷积经

网络的目标跟踪方法，也是 VOT – 2015 挑战赛的冠军算法。MDNet 通过在大量视频跟踪标注的数据集上训练，得到可用于通用目标表示的卷积神经网络。如图 10 – 12 所示，MDNet 包含共享层（Shared Layers）和多通道特定域层（Domain – Specific Layers），这里域对应训练集中不同的视频序列，而每个通道负责在该域上通过二分类任务确定目标位置。另外，在共享层，MDNet 通过在每个域上的迭代训练来获取更一般的目标表示。在测试序列上，MDNet 组合共享层和预训练的二分类卷积层并在线更新构建新的网络，通过上一帧目标位置随机选取区域候选框，利用二分类网络判定该区域是否为目标区域，实现在线目标跟踪。MDNet 虽然取得了比较好的目标跟踪精度，然而在 GPU 上仅有约 1 帧/s 的运行速度，无法实际应用。

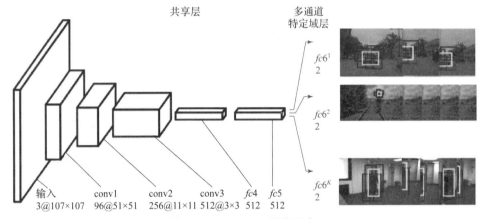

图 10 – 12　MDNet 结构示意

TCNN（CNN in a Tree Structure）将多个卷积神经网络模型构建成树结构，用于执行目标跟踪任务，是 VOT – 2016 挑战赛的冠军算法。TCNN 最重要的出发点是模型的可靠性问题，即在目标被遮挡或丢失的情况下，利用当前状态更新的模型其实已经发生漂移，使用这样的模型无法完成后续的目标跟踪任务。TCNN 利用树结构维持多个卷积神经网络，并对每个卷积神经网络进行了可靠性评估，还通过平滑的更新来保存模型的可常性。因此，TCNN 在模型的鲁棒性方面取得了明显的提升，达到了良好的目标跟踪精度，然而由于需要维持多个卷积神经网络，其速度只有约 1 帧/s。TCNN 结构示意如图 10 – 13 所示。

## 10. 4. 2　循环神经网络目标跟踪方法

为了更好地捕获目标跟踪过程中目标的表观变化以提升目标跟踪精度，有研究者考虑引入循环神经网络模型。RFL 直接将视频中的目标序列送入循环神经网络，用于训练适应特定目标表观变化的滤波器。与之前基于目标检测的目标跟踪方法需要在线调整网络参数以适应目标变化的方式不同，当 RFL 离线训练完成后，在线跟踪测试过程不需要针对指定目标进行网络参数的微调，这使 RFL 具备更高的实用性。MemTrack 提出了基于长短期记忆（LSTM）模型的动态记忆网络以适应目标跟踪过程中表观变化的情形。与 RFL 类似，MemTrack 在测试过程中可以完全利用前向传播计算结果并通过更新额外的记忆网络适应表观变化，而不需要在线调整网络参数。另外，RFL 离线训练完成后模型能力保持不变，而 MemTrack 的模型能力会随任务的记忆需求的增加而加强，因此可以更好地用于长时间目标跟踪。MemTrack 结构示意图如图 10 – 14 所示。

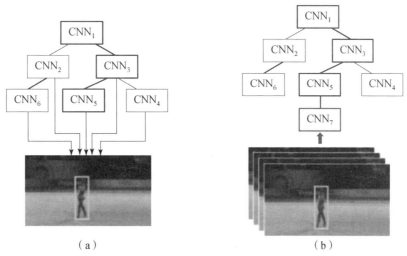

**图 10 – 13　TCNN 结构示意①**

（a）状态估计；（b）模型更新

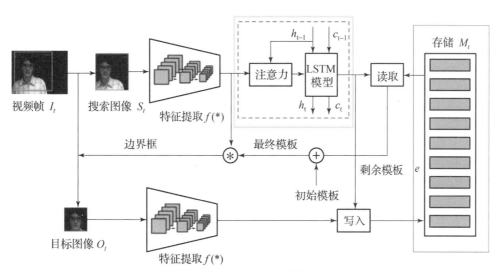

**图 10 – 14　MemTrack 结构示意**

### 10.4.3　图卷积神经网络目标跟踪方法

目标时空表观特征、环境特征对目标跟踪有很大帮助，但现有的目标跟踪方法大多没有充分利用不同环境下目标时空域中的表观建模。因此，GAT 在孪生（Siamese）算法框架下，综合考虑了两类图卷积神经网络模型用于目标表观建模，包括时空域 GCN（构建目标时序性的结构化特征），以及环境 GCN（利用当前帧目标上下文信息构建目标自适应特征），提高了模型对目标前背景的建模能力，提高目标跟踪的鲁棒性和精度。GAT 结构示意如图 10 – 15 所示。

---

① CNN 即卷积神经网络（Convolutional Neural Networks）的英文缩写。

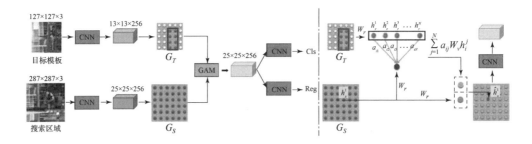

**图 10 - 15　GAT 结构示意**

目前，图卷积神经网络在目标跟踪领域的应用还很少，不过图卷积神经网络的强大关系表达能力对目标与周围环境之间的关系建模具有特殊的优势。未来，如果能进一步利用图卷积神经网络表达目标与场景中其他物体（特别是外观相似的同类物体）的空间位置及分布关系，以及目标在视频序列中的时空位置变化，则图卷积神经网络有望为目标跟踪带来新的可能性。

# 10.5　孪生网络目标跟踪方法

## 10.5.1　孪生网络结构

孪生网络是一种特殊的神经网络，它由两个结构相同并共享权重参数的神经网络组成，主要用于两个输入的相似性度量，孪生网络结构示意如图 10 - 16 所示。

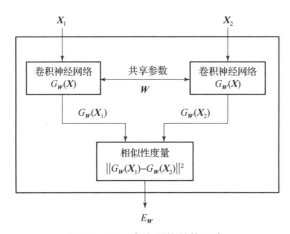

**图 10 - 16　孪生网络结构示意**

孪生网络通过相似性度量函数计算两个神经网络输出特征间的相似性，从而判断两个输入是否为同一类别。对于通用的目标跟踪场景，每次任务中的目标未知且一般只有首帧或前几帧信息为真实标签，因此孪生网络非常适用于目标跟踪。

## 10.5.2　SiamFC

SiamFC 率先将孪生网络用于目标跟踪，是目前经典且有较高应用价值的孪生网络目标跟踪方法之一。SiamFC 结构示意如图 10 - 17 所示，其中，孪生网络由两个共享权重且结构相同的主干网络 $\varphi(\cdot)$ 构成，主干网络 $\varphi(\cdot)$ 是去掉后 3 层全连接层的 AlexNet 卷积神经网络；上支为模板分支，输入 $z$ 为首帧中框选的目标图像，通过主干网络 $\varphi(\cdot)$ 得到模板特征 $\varphi(z)$；下支为搜索分支，输入 $x$ 为视频的待跟踪图像，通过主干网络 $\varphi(\cdot)$ 得到搜索特征 $\varphi(x)$；最后，模板特征 $\varphi(z)$ 和搜索特征 $\varphi(x)$ 通过互相关操作得到 $17 \times 17 \times 1$ 大小的特征响应得分图，其数学表达式如下：

$$f(z,x) = \varphi(z) * \varphi(x) \tag{10.5.1}$$

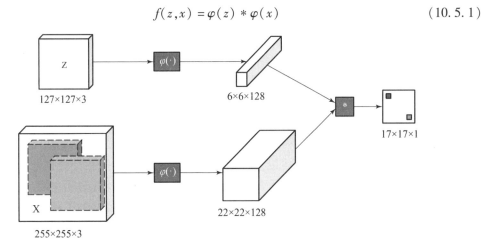

**图 10 - 17  SiamFC 结构示意**

SiamFC 采用逻辑损失函数进行训练，如式（10.5.2）所示。

$$l(y,v) = \log(1 + \exp(-yv)) \tag{10.5.2}$$

式中，$v$ 是特征响应得分图中每个位置的响应得分；$y \in (+1,-1)$ 是每个位置的标签。总损失函数计算特征响应得分图中每个位置损失的平均值，如式（10.5.3）所示。

$$L(y,v) = \frac{1}{D}\sum_{u \in D} l(y[u],v[u]) \tag{10.5.3}$$

式中，$D$ 表示特征响应得分图大小；$u$ 为特征响应得分图 $D$ 中的位置。真实标签 $y[u]$ 在 SiamFC 中的定义为：正样本，特征响应得分图 $D$ 中位置 $u$ 与目标中心位置距离小于 $R$；负样本，特征响应得分图 $D$ 中位置 $u$ 到目标中心位置距离大于 $R$。具体如式（10.5.4）所示。

$$y[u] = \begin{cases} +1, & k\|u-c\| \leq R \\ -1, & \text{其他} \end{cases} \tag{10.5.4}$$

式中，$c$ 为目标中心位置；$k$ 为孪生网络总步长。孪生网络采用随机梯度下降获得网络的最优权重参数 $\theta$，如式（10.5.5）所示。

$$\arg \min_{\theta} = \mathop{E}_{(z,x,y)} L(y,f(z,x;\theta)) \tag{10.5.5}$$

### 10.5.3  SiamRPN++

SiamRPN++ 是在 SiamFC 的基础上改进的目标跟踪方法。它采用了一种修改后的 ResNet 提取目标特征，并结合区域生成网络 SiameseRPN 来辅助目标定位。SiamRPN++ 结构示意如图 10 - 18 所示。

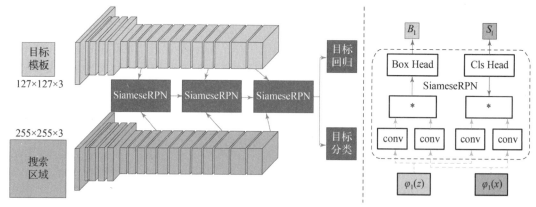

图 10 – 18　SiamRPN + + 结构示意

在特征提取主干网络方面，SiamRPN + + 使用 ResNet 替换 AlexNet。这一改进旨在获得更具表达能力的目标特征。ResNet 以其深层网络结构和残差连接在特征提取上表现出色，能够更好地捕捉复杂的图像特征。然而，ResNet 的深层网络在构建过程中需要使用像素填充来保证特征具有合适的大小，而孪生网络的互相关操作要求严格的平移不变性，这可能导致一些问题。为了应对这一挑战，SiamRPN + + 在训练过程中在搜索区域内随机平移目标，以抵消像素填充操作引起的平移不变性。这一策略确保了特征提取的稳定性和准确性。

对于区域生成网络 SiameseRPN，SiamRPN + + 分为目标回归和目标分类两个分支。具体而言，首先利用共享权重的主干网络提取目标模板特征和搜索区域特征。通过锚点在搜索区域生成 $k$ 个候选区域。目标分类分支负责判断这 $k$ 个候选区域是否为目标区域，同时目标回归分支回归 $k$ 个候选区域的边界框位置坐标。这一过程通过精细的特征匹配和回归分析，实现了对目标的准确定位。

此外，SiamRPN + + 采用了余弦窗和尺度变化惩罚策略进行排序，通过非极大抑制（NMS）选出得分最高的边界框作为最终的目标。该策略有效地减少了误检和多目标干扰，进一步提升了目标跟踪的精度和稳定性。

为了充分利用浅层特征和深层语义特征，SiamRPN + + 将最后 3 个残差块的多层特征分别输入 3 个 SiameseRPN，通过加权总和用于目标的分类和回归。这一设计使模型能够同时捕捉到目标的细节特征和全局语义信息，从而提高了目标跟踪的鲁棒性和精确度。

### 10. 5. 4　SiamFC + +

SiamFC + + 基于 SiamFC 设计，SiamFC + + 结构示意如图 10 – 19 所示。由于 SiamFC 基于模板匹配思想且主要通过暴力的多尺度搜索定位目标，所以 SiamFC + + 提出了一套实用准则来实现高性能目标跟踪。

（1）准则一，目标分类与目标回归分解。SiamFC + + 将孪生网络目标跟踪任务分解为两个子任务：目标分类和目标回归。分类器用于更好地分辨目标前景与背景及相似干扰，以提高目标跟踪的鲁棒性；回归器用于更准确地估计目标位置。通过将这两个任务分开处理，SiamFC + + 能够在复杂场景中更有效地进行目标跟踪。

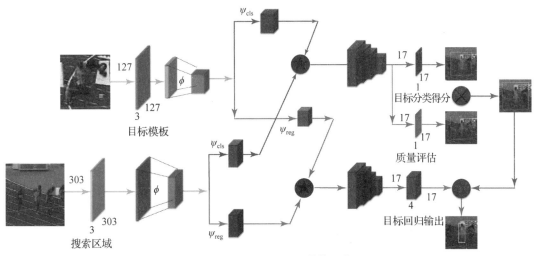

图 10 – 19 SiamFC ++ 结构示意

（2）准则二，直接分类评分。SiamFC ++ 采用更直接的分类器评分准则，即直接对前景和背景进行分类评分，而不再采用基于锚点的匹配原则。这一改进避免了传统方法中无法识别重合较小目标的问题，使其在处理小目标和密集场景时表现得更加出色。

（3）准则三，取消先验信息。为了提升目标跟踪的泛化能力，SiamFC ++ 取消了对先验信息的依赖。这意味着模型不再依赖预设的目标形状或大小，而是通过在线学习动态调整目标跟踪策略，从而在不同场景下表现出更强的适应能力。

（4）准则四，质量评估分支。SiamFC ++ 增加了一个质量评估分支，用于提高目标回归分支预测边界框的准确性。质量评估分支通过对预测结果进行评估，帮助模型在预测过程中更加精准地调整边界框的位置，从而提升了目标定位的精度。

## 10.6 Transformer 目标跟踪方法

### 10.6.1 Transformer 模型

Transformer 模型最早由谷歌研究团队于 2017 年年末提出，起初用于自然语言处理，在该领域取得了显著的成果。随着 Transformer 在自然语言处理领域的快速发展，其应用逐渐扩展到计算机视觉领域。在该领域 Transformer 进行了一系列卓越的探索，如图像分类中的 ViT 和目标检测中的 DETR，均获得了显著的成功。

Transformer 结构示意如图 10 – 20 所示，它由 $N$ 个编码器和 $M$ 个解码器堆叠而成。编码器包含多头自注意力模块（Multi – Head Attention）和全连接前馈（Feed Forward）网络，这两个模块参考了 ResNet 的设计，采用残差连接（Add）和层归一化（Norm）以促进信息的流动。解码器除了包含与编码器相同的两个模块外，还引入了交叉自注意力模块。这个模块对解码器和编码器中的多头自注意力模块的输出进行多头交叉自注意力计算。在解码器中掩膜多头自注意力模块使用掩膜限制后续位置对当前位置的影响。

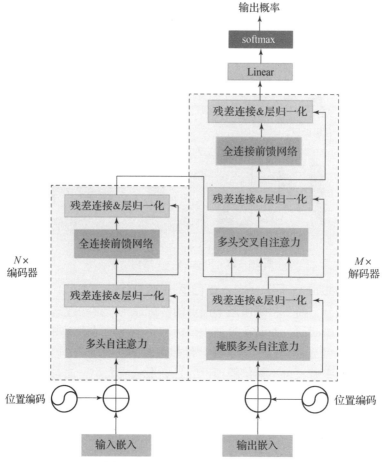

**图 10 – 20　Transformer 结构示意**

Transformer 模型的核心为自注意力机制。自注意力机制模拟了生物视觉的选择性注意机制，可以建立长距离的依赖关系。自注意力函数将查询向量（$Q$）、键向量（$K$）、值向量（$V$）分别通过可学习的权重矩阵——查询矩阵（$W_Q$）、键矩阵（$W_K$）、值矩阵（$W_V$）的线性投影得到，自注意力的计算公式如下：

$$\text{Attention}(Q,K,V) = \text{softmax}\left(\frac{QK^{\mathrm{T}}}{\sqrt{d_k}}\right)V \tag{10.6.1}$$

式中，$QK^{\mathrm{T}}$ 为自注意力矩阵（该矩阵中的元素为每个位置的自注意力得分）；$d_k$ 为 $Q$，$K$ 的维度；$\sqrt{d_k}$ 为缩放因子，用于防止内积结果过大，以稳定自注意力得分的方差。

编/解码器中的多头自注意力模块由多个自注意力模块拼接组成，其目的是学习来自不同位置的子空间信息，多头自注意力的计算公式如下：

$$\text{Multihead\_Attention}(Q,K,V) = \text{Concat}(\text{head}_1,\cdots,\text{head}_n)W^o$$
$$\text{head}_i = \text{Attention}(QW_i^Q,KW_i^K,VW_i^V) \tag{10.6.2}$$

式中，$n$ 为注意力头的个数；$W^o$ 为输出的投影矩阵。

图 10 – 21 所示为自注意力模块与多头自注意力模块。

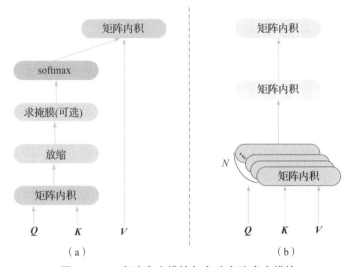

**图 10 − 21　自注意力模块与多头自注意力模块**

（a）自注意力模块；（b）多头自注意力模块

在 Transformer 中，为了考虑位置信息，引入位置编码。通过将输入的嵌入特征与位置向量相加，得到编码器和解码器的输入。位置编码的计算公式如下：

$$PE_{(pos,2i)} = \sin(pos/10\ 000^{2i/d})$$
$$PE_{(pos,2i+1)} = \cos(pos/10\ 000^{2i/d}) \tag{10.6.3}$$

工中，pos 表示序列特征中的元素在其中的位置；$2i$ 代表奇偶维度。

### 10.6.2　TransT

TransT 是一种将经典的卷积神经网络与 Transformer 结合的新型模型，特别适用于目标跟踪。TransT 提出了一种类似 Siamese 的新架构，并通过三大模块实现高效的目标跟踪：卷积神经主干网络、基于 Transformer 的特征融合网络和预测网络。TransT 结构示意如图 10 − 22 所示。

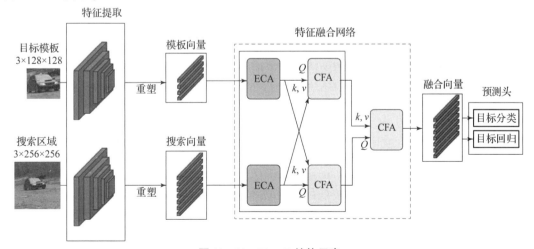

**图 10 − 22　TranT 结构示意**

首先，TransT 的卷积神经主干网络用于提取目标模板和搜索区域的初步特征。为了实现这一目标，TransT 使用 ResNet50 作为卷积神经主干网络。ResNet50 是一种深度残差网络，因其卓越的特征提取能力而被广泛应用于各种计算机视觉任务。在 TransT 中，ResNet50 提取到的特征经过 $1 \times 1$ 卷积层重塑，以确保这些特征能够更好地适应后续的特征融合网络。

特征融合网络是 TransT 的核心，它基于 Transformer 构建，具有多层次的结构，每层都包含两个关键模块——自注意力上下文增强模块（ECA）和交叉自注意力特征增强模块（CFA），如图 10-23 所示。ECA 模块的主要作用是增强自注意力，即关注输入特征内部的关系，从而提高特征的表达能力。通过这种方式，模型能够更好地理解特征内部的复杂关系。CFA 模块注重增强交叉自注意力，重点在于目标模板和搜索区域特征之间的相互关系。这种设计使模型不仅能关注单个特征的内部信息，还能捕捉到目标模板和搜索区域之间的关联，从而提高目标跟踪的准确性。

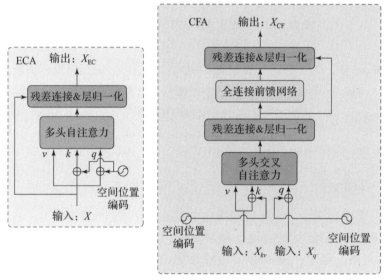

**图 10-23 TranT 中的 ECA 和 CFA 模块**

在完成特征融合之后，融合特征被传递到预测网络。预测网络包含两个分支：目标分类分支和目标回归分支。目标分类分支用于确定目标的位置，通过对特征的分类判断目标存在与否。目标回归分支则负责精确计算目标的坐标，通过对目标位置的回归分析，实现精确定位。这种设计使 TransT 能够在进行目标跟踪时，既能判断目标存在与否，又能精确计算目标的位置。

### 10.6.3 SwinTrack

SwinTrack 是一种完全基于 Transformer 构建的目标跟踪器，它充分利用了 Transformer 在目标检测中展示的卓越性能和较低的计算成本。Transformer 的特性使 SwinTrack 能够在特征提取和目标跟踪方面表现出更高的效率和精度。SwinTrack 结构示意如图 10-24 所示。

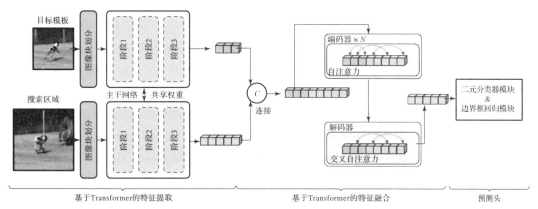

**图 10 – 24　SwinTrack 结构示意**

SwinTrack 采用了一种创新的特征提取方法。它将输入的图像和特征划分为不重叠的窗口。在每个窗口内,计算自注意力以捕捉局部信息。与传统的全局自注意力机制不同,SwinTrack 的窗口机制能够显著减小计算量,同时保持较高的特征表达能力。此外,为了确保特征之间的连接性,窗口在下一层中会进行滑动,这种滑动窗口的策略使不同窗口之间的信息能够有效地传递和融合,进一步提升了特征提取的效果(图 10 – 25)。

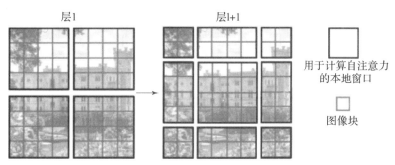

**图 10 – 25　SwinTrack 滑动窗口示意**

1. 基于 Transformer 的特征提取

SwinTrack 使用 Transformer 对目标模板和搜索区域的特征进行提取。提取到的特征被连接在一起,形成一个综合的特征表示。这些连接的特征及其对应的位置嵌入会被馈送到 Transformer 编码器中。编码器利用自注意力机制对这些特征进行进一步的处理和丰富,从而提升特征的表达能力和鲁棒性。

2. 基于 Transformer 的特征融合

使用 Transformer 解码器,通过交叉自注意力机制来查找目标模板和搜索区域特征之间的关系。交叉自注意机制能够有效地捕捉到目标模板和搜索区域之间的相关性,从而提高目标定位的精度。通过这种方式,SwinTrack 能够更准确地理解目标在搜索区域中的位置和特征,从而实现高效的目标跟踪。

3. 预测头

在完成特征处理后,融合的特征被输入预测头。预测头包含两个主要模块:二元分类器模块和边界框回归模块。二元分类器用于判断目标存在与否,而边界框回归模块则用于精确计算目标的边界框位置。通过这种设计,SwinTrack 在目标跟踪任务中既能准确地定位目标，又能精确地计算目标的边界框，从而实现高效的目标跟踪。

SwinTrack 的创新性设计和高效的特征处理机制使其在多个基准数据集中表现优异，显著优于基于卷积神经网络和 Transformer 的跟踪器和传统的基于卷积神经网络的跟踪器。这种性能上的提升不仅归功于 SwinTrack 的强大特征提取能力，还得益于其高效的自注意力和交叉自注意力机制。

### 10.6.4 OSTrack

OSTrack 是一种创新的单流单阶段全 Transformer 目标跟踪方法，其设计理念是通过整合特征学习和特征融合过程来提高目标跟踪的效率和准确性。OSTrack 采用 ViT 作为主干网络，并结合了基于自监督学习的 MAE（Masked Auto Encoder）用于初始化 ViT 的预训练模型。OSTrack 充分利用了 Transformer 强大的特征提取能力和自监督学习的优势，为目标跟踪提供了坚实的基础。OSTrack 结构示意如图 10 - 26 所示。

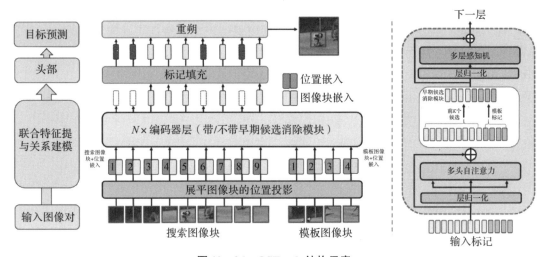

**图 10 - 26　OSTrack 结构示意**

在 OSTrack 中，搜索图像中的一些标记包含大量背景信息，这些背景信息在目标跟踪过程中是不必要的，甚至可能干扰目标的准确定位。基于这一发现，OSTrack 在某些编码器层中引入了一个早期候选消除模块。该模块的作用是在早期阶段消除包含背景信息的标记，从而提高了模型的处理效率和目标跟踪的准确性。通过移除不必要的背景特征，OSTrack 能够更专注于目标特征的提取和识别，从而提升目标跟踪性能。

候选消除模块的存在不仅提高了 OSTrack 的目标跟踪速度，还提高了其准确性。这是因为模型不再需要处理大量的背景信息，减小了计算开销，同时减小了背景特征对目标特征的干扰。由于这些改进，OSTrack 能够更快、更准确地定位和跟踪目标。

此外，OSTrack 还有效地利用了目标模板和搜索区域之间的信息流。这意味着模型能够提取特定于目标的区分线索，并排除不必要的背景特征，从而提高了目标跟踪的精度和稳定性。这种信息流的高效利用使 OSTrack 能够在各种复杂场景中保持卓越的目标跟踪性能。

# 彩　　插

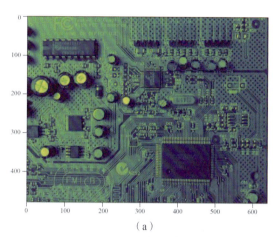

（a）

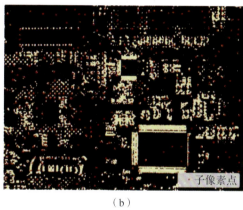

子像素点

（b）

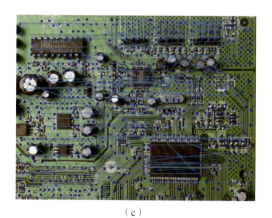

（c）

**图 9 – 3　角点和子像素定位标记**

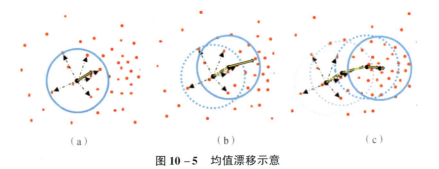

（a）          （b）          （c）

图 10 − 5   均值漂移示意

图 10 − 7   MOSSE 应用于 OTB100 中 david 序列的目标跟踪示例